国家电网公司
电力科技著作出版项目

高海拔地区电网安全技术

中国电机工程学会安全技术专业委员会 编著

中国电力出版社
CHINA ELECTRIC POWER PRESS

内 容 提 要

本书是基于西藏3000m以上高海拔地区电网工程建设和运维经验，梳理总结了环境、设计、施工、运行、医疗等方面的重要成果。全书共分八章，分别为高海拔地区自然环境、电网建设的特殊性、电网差异化设计、施工安全措施和管控、电网运行维护、电网运行安全风险防控、医疗健康保障、电网新技术应用。

本书突出工程实践，内容系统深入，图文并茂，可供高海拔地区输变电工程建设和运行维护人员使用，也可作为从事相关研究、教学人员的参考书目。

图书在版编目（CIP）数据

高海拔地区电网安全技术 / 中国电机工程学会安全技术专业委员会编著. —北京：中国电力出版社，2023.12

ISBN 978-7-5198-8541-0

Ⅰ. ①高… Ⅱ. ①中… Ⅲ. ①高原—电网—电力安全—研究 Ⅳ. ① TM7

中国国家版本馆 CIP 数据核字（2023）第 248855 号

审图号：GS 京（2024）0130 号

出版发行：中国电力出版社
地　　址：北京市东城区北京站西街19号（邮政编码 100005）
网　　址：http://www.cepp.sgcc.com.cn
责任编辑：匡　野
责任校对：黄　蓓　李　楠
装帧设计：王红柳
责任印制：石　雷

印　　刷：北京瑞禾彩色印刷有限公司
版　　次：2023年12月第一版
印　　次：2023年12月北京第一次印刷
开　　本：787毫米 ×1092毫米　16开本
印　　张：17.5
字　　数：324千字
定　　价：108.00元

序

自19世纪60年代第二次工业革命以来，人类进入了“电气时代”。经过一百多年的发展，电力已经融入社会生活的方方面面，成为促进社会和经济发展的“第一推动力”。可以说，社会要进步，经济要发展，人民生活水平要提高，电力建设就要先行一步。

位于我国西南边陲的西藏，平均海拔在4000米以上，低温、高寒、缺氧、辐射强烈、昼夜温差悬殊……自然条件极度恶劣，长期以来电力基础设施非常薄弱，严重影响了各项工作的开展。为了改变落后的面貌，走出发展困境，近年来，在党的关怀领导下，无数的电力建设者和西藏各族人民团结一心、顽强拼搏、踔厉奋进、勇毅前行，全力加快西藏电网建设，在“世界屋脊”上架设起一条条“电力天路”。

2011年12月，青藏联网工程建成投运，西北电网与西藏电网自此实现互联互通，结束了西藏电网孤网运行的历史。

2014年11月，川藏电力联网工程建成投产，实现了西藏电网与四川电网互联互通，川藏电力互补成为现实。

2018年11月，藏中联网工程投运，青藏联网工程与川藏联网工程实现互联，西藏主干电网架由此迈入500kV超高压大电网时代。

2020年12月，阿里联网工程建成投运，西藏统一大电网打通“最后一公里”，实现了对全区7地市、74县（区）的全覆盖，书写了西藏电力发展的新篇章。

……

一根根银线牵连起老百姓的万家灯火，一座座丰碑镌刻下建设者的丰功伟绩。西藏超高压电网建设取得的成就令世人瞩目，在建设过程中攻坚克难形成的技术成果更是凝聚了无数电网人的心血。如今，西藏500kV大电网建成已经两年有余，为当地国民经济的发展作出了卓越的贡献。如何总结好既有工程的建设成果，保障电网本质安全和建设运维人员的生命安全，同时为后续电网建设提供借鉴经验，成为电力建设者们新的历史使命和任务。

2022年5月，中国电机工程学会安全技术专业委员会组织相关单位编写了《高海拔地区电网安全技术》一书，对高海拔地区电网工程建设标准、输变电设备绝缘配合、高海拔冻土技术、地质勘察技术、设备运维及检修技术、作业人员安全保障等方面进行了全面、系统的回顾与总结，提出了新的应对技术及建议。希望此书的出版，能够更好地传播高海拔（西藏）地区输变电工程建设中的技术安全保障、建设运维人员生命安全保障方面的技术和经验，为西藏电网后续发展提供有益的借鉴和帮助，更好地保障西藏电网安全、稳定、高效地运行，更好地服务西藏社会经济发展。我坚信，随着西藏电网的不断完善，西藏在内的全国各族人民的心将更紧密地团结在一起，西藏各族人民的生活将更加充满希望，全面建设“富裕西藏、平安西藏、和谐西藏、生态西藏”的目标必将更快实现！

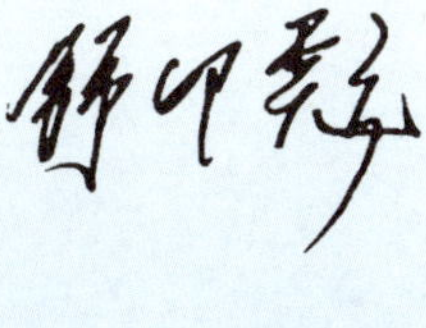

前言

安全是指不受威胁，没有危险、危害、损失。安全是人类社会发展的基本前提和保障，是人们追求的一项基本需求和权利。电网是国家关键基础设施，电网安全关系着国家安全和社会稳定，事关人民福祉、国计民生和经济发展。确保电网安全、人身安全和设备安全，防止电网解列和大面积停电事故，是电网企业应该履行的经济责任、政治责任、社会责任。高海拔地区电网安全在各方面都有其突出的特殊性和复杂性，这就是本书要总结研究和深入探讨的课题。

近年来，为进一步服务青藏经济社会发展、西南地区清洁能源送出，国家对青藏电网建设持续加大投入，2011 年至今十余年相继建成青藏联网、川藏联网、藏中联网、阿里联网等重大电网工程。西藏地区集高原、高山、河谷多种地貌于一体，气温低、温差大，气压低、含氧量低，太阳总辐射大、紫外线强，且生态脆弱、地质灾害严重，复杂的地理和气候环境对其电网建设与运行安全带来极大挑战。为全面深入了解高海拔地区电网建设运行存在的安全问题及影响要素，着眼于大安全观、保护生态环境，加快电网建设、提升供电保障能力，促进民族团结、社会稳定和经济发展，中国电机工程学会安全技术专业委员会组织电力规划设计总院、西北电力设计院有限公司、中国电力科学研究院有限公司、国网西藏电力有限公司等单位开展了专题研究。在《高海拔（西藏）地区电网安全相关问题研究》《高海拔冻土地区电网土建设施安全相关措施研究》项目成果的基础上，结合几代电力人的工程实践和医护人员的医疗救护经验，中国电机工程学会安全技术专业委员会组织多专业、多学科人员编纂本书。

本书基于西藏 3000m 以上高海拔地区电网工程建设和运维，聚焦保护人身安全和设备安全，从环境、设计、施工、运行、医疗等方面，梳理总结了积累的重要成果和经验，调研分析了存在的主要问题和成因，提出了优化改进的方向及对策。本书突出工程实践，内容系统深入，图文并茂，可为西藏、青海、四川等高海拔地区电网工程建设运行安全提供指导，也可供其他 3000m 以下高海拔地区电网工程参考借鉴。

全书共分八章，主要内容有高海拔地区自然环境、电网建设的特殊性、电网差异化设计、施工安全措施和管控、电网运行维护、电网运行安全风险防控、医疗健康保障、电网新技术应用等。

本书供高海拔地区输变电工程建设和运行维护人员使用，也可作为从事相关研究、教学人员的参考书目。

电网安全涉及面广泛，从电源点确定、电力系统规划、电网构架组成到勘测设计、建设管理、招标采购、施工安装、加工制造、调试运维以及生态保护、健康保障等。因编者业务范围和能力水平等限制，本书主要针对（西藏）高海拔地区电网工程设计建设和运行维护环节进行了论述，不足之处敬请批评指正。希望后续能有更多的关于高海拔地区电网安全的论著问世，以飨读者。

编者

2023 年 10 月

目录

第一章 高海拔地区自然环境

海拔也称绝对高度，指某地与海平面的高度差，通常以平均海平面作标准来计算，是表示地面某个地点高出海平面的垂直距离。海拔的起点叫海拔零点或水准零点，是某一滨海地点的平均海水面。它是根据当地测潮站的多年记录，把海水面的位置加以平均而得出的。海拔的划分一般以1500～3500m为高海拔，3500～5500m为超高海拔，5500m以上为极高海拔。在1500～3000m这个海拔上，绝大部分人在短时间内都可以适应。高海拔地区在地理环境、自然气候、水文条件等众多方面也有着显著的特点，给电力工程建设带来了一系列的技术难题。近些年在高海拔地区的工程建设，也推动电力工程在高海拔地区的快速发展，同时也提升了电力装备水平的质量和技术。本文提及的高海拔泛指海拔超过3000m。

第一节 地 理 环 境

青藏高原是世界上隆起最晚、面积最大、海拔最高的高原，被称为“世界屋脊”，南极、北极之外的“地球第三极”。青藏高原总地势由西北向东南倾斜，地形复杂，有高峻逶迤的山脉，陡峭深切的沟峡以及冰川、裸石、戈壁等多种地貌类型，其形成与最近一次强烈、大规模的地壳变动——喜马拉雅造山运动密切相关，表现为大幅度抬升，平均海拔超过4000m，有多座海拔6000～8000m的山峰，是世界上最年轻的高原。在中国地势西高东低的三级阶梯中，青藏高原处于最高一级，是亚洲许多大江大河的发源地，被誉为“亚洲水塔”，中国地势示意图如图1-1所示。由此向东，地势逐级下降，经东部低地及浅海大陆架最终没入太平洋海盆。青藏高原是全球一个独特地域单元，在数百万年以来的强烈隆起对高原及其毗邻地区自然环境的演化影响深刻，高海拔地域的分异规律别具一格，其气候环境变化与全球环境变化密切相关。青藏高原大面积、大幅度地抬升达到目前举世无双的高度始自上新世末，大约距今3百万～4百万年的时间。在高原自然地理环境的历史演变过程中，除受到全球性的冰期——间冰期气候波动的影响外，急剧增高的海拔在高原产生巨大自然地理环境变化中起着主导的作用。

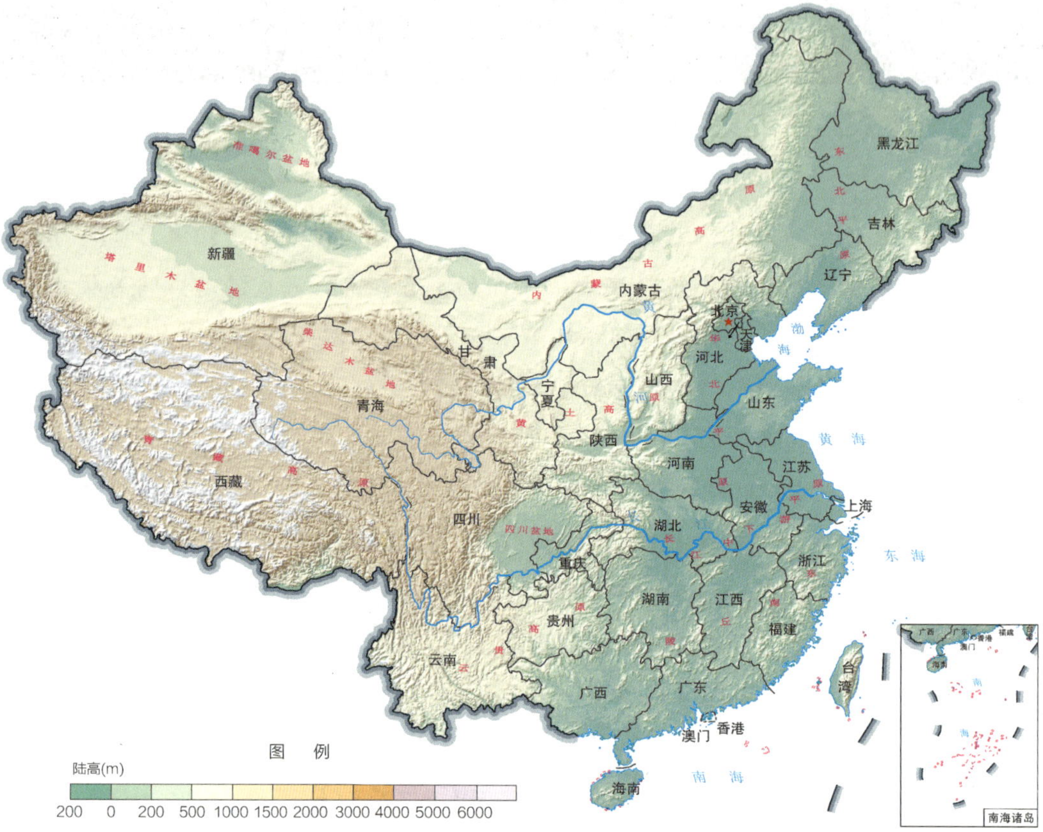

图 1-1 中国地势示意图

现今青藏高原的现代自然地理环境特征，既有历史的继承性，也有近代自然因素的差异性：

（1）高寒气候的特殊性和复杂性。

（2）寒冻风化和冰雪作用的普遍性。

（3）高原植被及生态的特殊现象。

（4）高原隆起对现代地理过程的影响。

青藏高原隆升过程中，强烈的构造作用形成了一系列北西—南东走向的不同级别的断裂带和高大山脉，发育了众多构造湖盆和谷地，形成了复杂的地形。高原隆升同时对大气成分、物理特性、环流过程造成深刻影响，也强烈改变着地表、地下水文过程，在冰川、冻土、气温、降水、风力、生物等外力作用下，在高原上形成了种类多样的地貌类型（图 1-2 和表 1-1）。

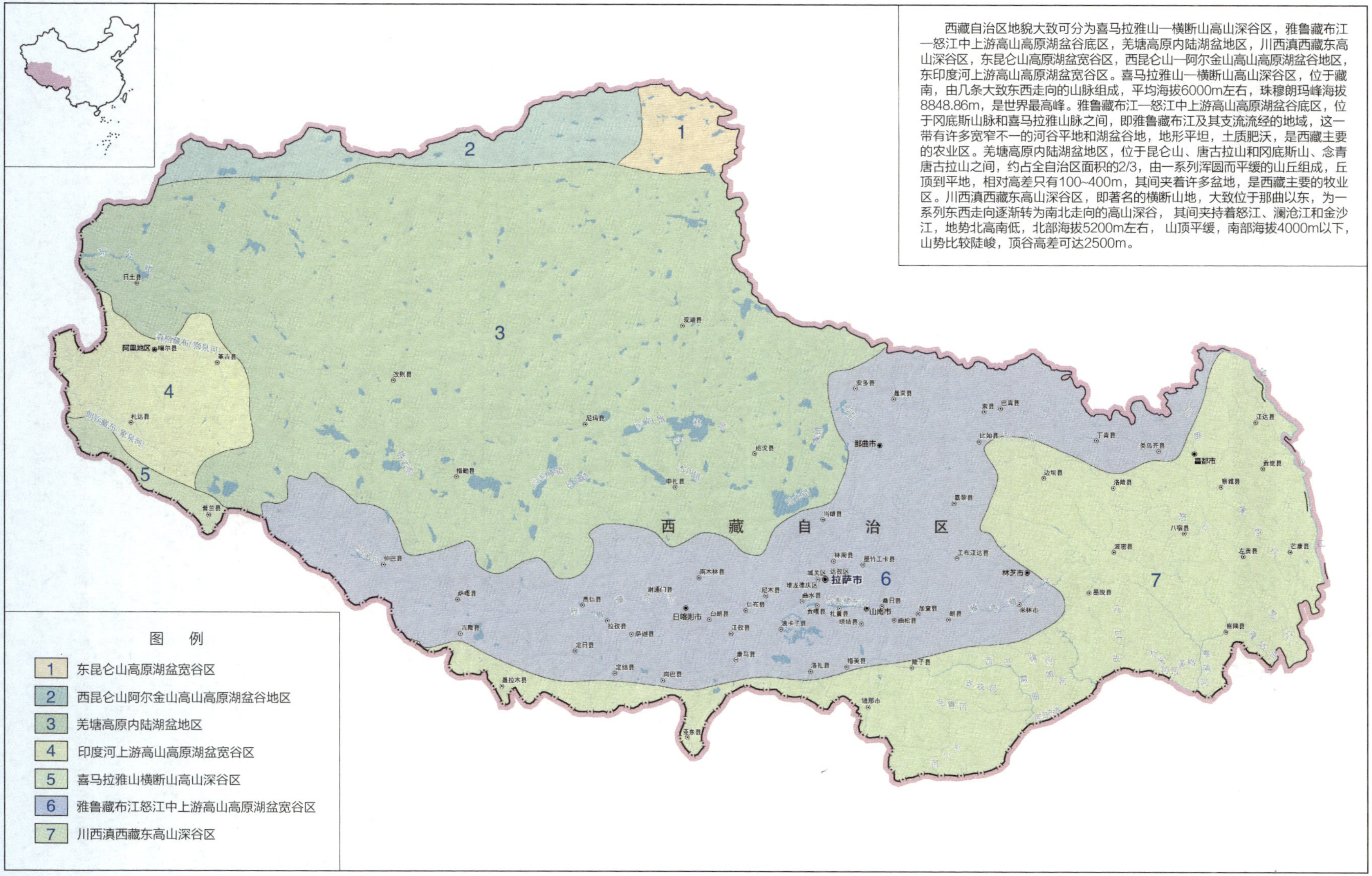

资料来源：青藏高原及邻区第四纪地质与地貌图（2013年）。

图 1-2　西藏地区地貌分区图

表 1-1　　西藏地区地貌分类表

成因类型	形态成因类型		地貌特征
构造侵蚀地貌	流水地貌	侵蚀剥蚀小起伏高山	海拔 4400～5000m，相对高度 200～700m
		侵蚀剥蚀中起伏高山	海拔 4500～5500m，相对高度 500～1000m
		侵蚀剥蚀大起伏高山	海拔 5000～6000m，相对高度 1000～1500m
		侵蚀剥蚀极大起伏高山	海拔相对高度＞1500m
剥蚀堆积地貌		河谷平原	松散堆积物沿河谷分布，起伏小于 220m
		湖积平原	松散堆积物沿湖泊分布，起伏不大，局部发育沼泽
构造溶蚀地貌	喀斯特地貌	喀斯特侵蚀小起伏高山	海拔＞4500m，相对高度 200～500m，岩溶作用为主
		喀斯特侵蚀中起伏高山	海拔＞4500m，相对高度 500～1000m，岩溶作用为主
		喀斯特侵蚀大起伏高山	海拔＞5000m，相对高度＞1000m，岩溶作用为主
构造剥蚀地貌	冰缘地貌	冰缘河谷平原	由冰碛、冰水堆积物组成，略有起伏，局部发育沼泽
		冰缘作用的小起伏高山	海拔＞4500m，相对高度 200～500m，冰冻泥流作用为主
		冰缘作用的中起伏高山	海拔 4500～5000m，相对高度 500～1000m，冰冻泥流作用为主
		冰缘作用的大起伏高山	海拔 4700～5200m，相对高度＞1000m，冰冻泥流作用为主
	冰川地貌	冰碛丘陵	海拔 3800～5000m，相对高度 500m，由漂石、卵石组成
		冰川作用的大起伏高山	海拔＞5000m，相对高度 1000～1500m，冰川作用为主
		冰川作用的极大起伏高山	海拔＞5500m，相对高度＞1500m，冰川作用为主

青藏高原岩石圈受构造带和隆升作用的控制，具有的垂向分层以及横向分带、分块的基本特征，岩石圈物性特征具有明显的区域差异。强烈的构造隆升加速了岩石圈的夷平剥蚀，在高原内部和周围形成了巨厚的陆源碎屑沉积，从而形成了物理性质差异显著的基岩暴露区和沉积物覆盖区，西藏地区区域地质如图 1-3 所示。

地震是现代地壳活动的直接证据和主要表现形式。根据国家地震工作部门 1988 年出版资料，西藏最早的历史地震记载见于公元 624 年，仪测地震自 1911 年开始，1986 年以前大于等于 4.7 级（面波震级，下同）地震总次数达 669 次。与我国其他省、自治区比较，在 1986 年前，西藏大于等于 4.75 级地震的活动频度，仅次于台湾（1699 次）和新疆（676 次），居全国第 3 位。总体看来，西藏的地震活动，不但频度高，而且强度特别大。西藏共发生过大于等于 8 级的地震 4 次，7～7.9 级地震 11 次，6～6.9 级地震 86 次，分别占全国地震总数的 21%、7.4% 和 11%。其中

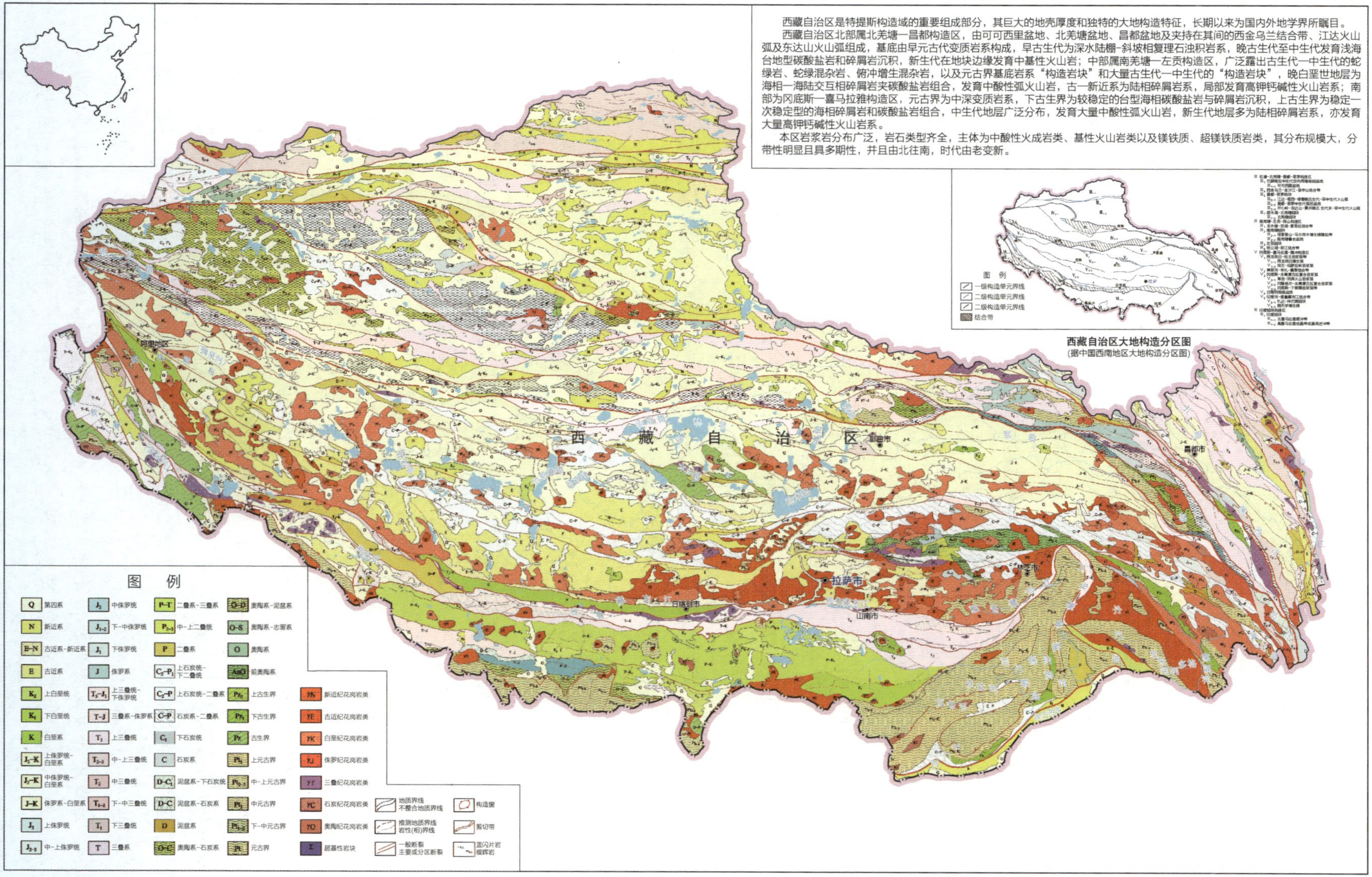

资料来源：中国西南地质图（2014 年）。

图 1-3　西藏地区区域地质图（2014 年）

1950 年 8 月 15 日发生的察隅—墨脱地震，震级达 8.6 级，是我国记录到的第一特大地震。

西藏地震的震源深度范围大致介于 1～107km 之间，基本上都发生在岩石圈内部，表明西藏岩石圈没有发生向软流圈的显著俯冲。震源深度在地壳范围内（小于等于 70km）的地震达 208 个，占总数的 98.1%，说明西藏的地震是浅源地震为主。震源深度分布并不均匀，似乎南部震源较北部为深。2000 年以来，西藏境内发生的 5.0 级以上的地震活动。近 100 年以来，东构造结地区共发生 27 次 6.0 级以上地震，其中最大的 2 次地震分别为 1950 年西藏察隅 M_s8.6 地震和 1947 年朗县东南 M_s7.7 地震。近 50 年来，该地区共发生 2000 余次 3.0 级以上地震和 240 余次 4.5 级以上地震。1950 年察隅地震是喜马拉雅地区有地震波形资料记录的最大地震。西藏自治区活动构造与地震震中分布见图 1-4。

青藏高原东南缘是我国地质灾害影响最强烈的区域之一，特别是在地震或暴雨条件下，崩塌、滑坡、泥石流等地质灾害最频繁的地区之一，严重阻碍了当地的社会经济发展。在全球气候变暖的大背景下，青藏高原冰川普遍退缩，融水增加，冰碛湖扩张迅速，潜在溃决风险有所增大。由于冰湖多位于高寒无人区，以往调查工作中的重视程度不够，形成了多次重大地质灾害。西藏自治区地质灾害分布如图 1-5 所示，西藏自治区地质灾害易发程度分区如图 1-6 所示。

第二节　气　　候

西藏面积辽阔，地形复杂，高差悬殊，从东南到西北依次出现了热带、亚热带、温带、亚寒带、寒带等气候类型。全区可分为 10 个气候地区，如图 1-7 所示，即喜马拉雅山南翼热带山地湿润气候地区、喜马拉雅山南翼亚热带湿润气候地区、藏东南温带湿润高原季风气候地区、雅鲁藏布江中游（“三江”河谷、喜马拉雅山南翼部分地区）温带半湿润高原季风气候地区、藏南温带半干旱高原季风气候地区、那曲亚寒带半湿润高原季风气候地区、羌塘亚寒带半干旱高原气候区等。另外，整个西藏山峦重叠，河流纵横，湖泊星罗棋布，又形成了多种多样的区域气候以及明显的垂直气候带。如亚热带内还可能出现温带、寒带气候类型。西藏高原主要气候特点：日照多辐射强烈，年总辐射量值高达 5850～7950MJ/m^2；气温低，积温少，气温随高度和纬度的升高而降低，日较差大，年较差小（见表 1-2）；干湿分明，降雨量由东南向西北逐渐减少，蒸发量大（见表 1-3）；冬季干冷漫长，大风多；夏季温凉多雨，冰雹多；四季不太明显，大部分地区的最暖月均温在 15℃以下，1 月和 7 月平均气温都比同纬度

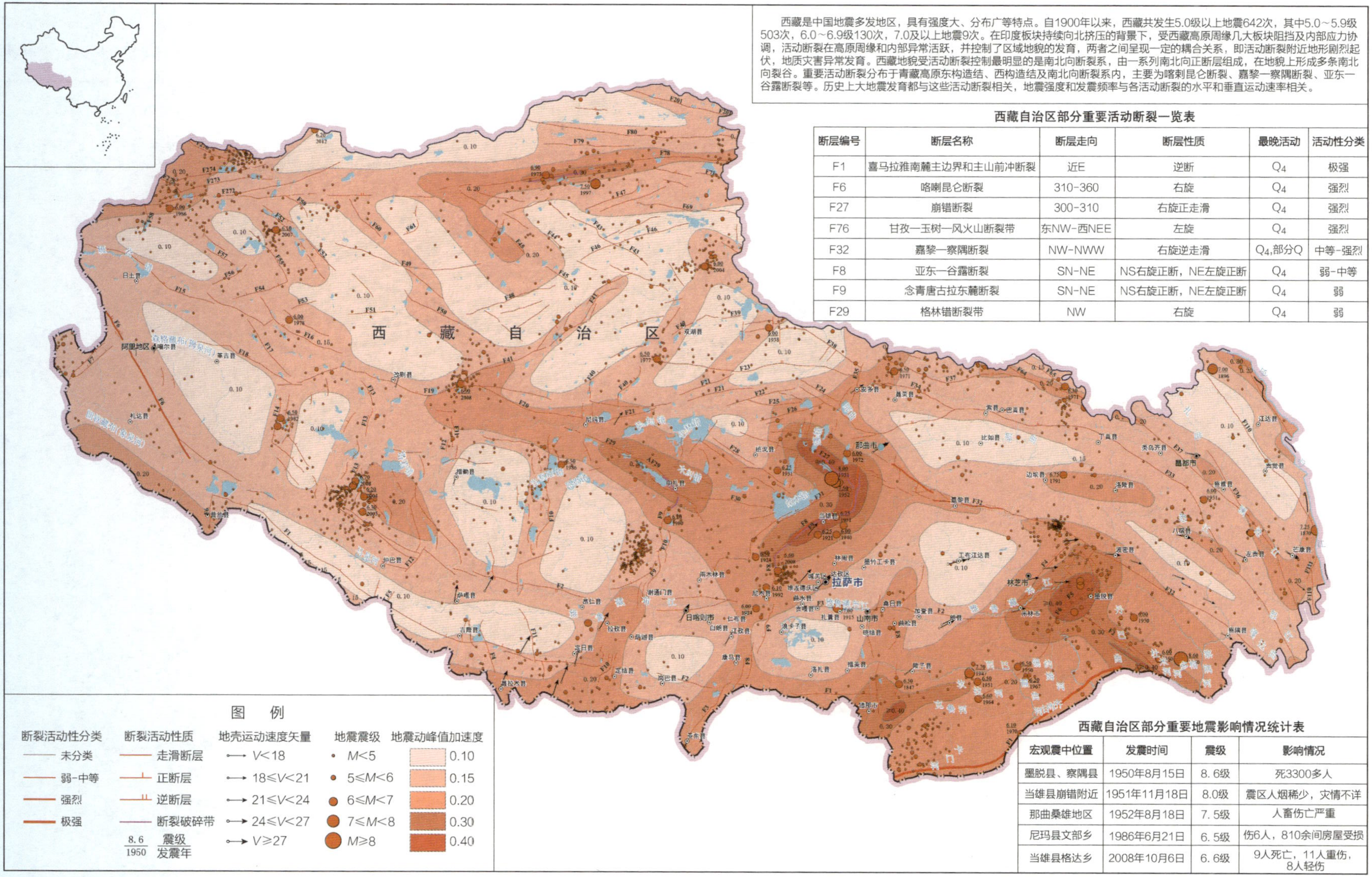

西藏是中国地震多发地区，具有强度大、分布广等特点。自1900年以来，西藏共发生5.0级以上地震642次，其中5.0～5.9级503次，6.0～6.9级130次，7.0及以上地震9次。在印度板块持续向北挤压的背景下，受西藏高原周缘几大板块阻挡及内部应力协调，活动断裂在高原周缘和内部异常活跃，并控制了区域地貌的发育，两者之间呈现一定的耦合关系，即活动断裂附近地形剧烈起伏，地质灾害异常发育。西藏地貌受活动断裂控制最明显的是南北向断裂系，由一系列南北向正断层组成，在地貌上形成多条南北向裂谷。重要活动断裂分布于青藏高原东构造结、西构造结及南北向断裂系内，主要为喀喇昆仑断裂、嘉黎—察隅断裂、亚东—谷露断裂等。历史上大地震发育都与这些活动断裂相关，地震强度和发震频率与各活动断裂的水平和垂直运动速率相关。

西藏自治区部分重要活动断裂一览表

断层编号	断层名称	断层走向	断层性质	最晚活动	活动性分类
F1	喜马拉雅南麓主边界和主山前冲断裂	近E	逆断	Q_4	极强
F6	喀喇昆仑断裂	310-360	右旋	Q_4	强烈
F27	崩错断裂	300-310	右旋正走滑	Q_4	强烈
F76	甘孜—玉树—风火山断裂带	东NW-西NEE	左旋	Q_4	强烈
F32	嘉黎—察隅断裂	NW-NWW	右旋逆走滑	Q_4,部分Q	中等-强烈
F8	亚东—谷露断裂	SN-NE	NS右旋正断，NE左旋正断	Q_4	弱-中等
F9	念青唐古拉东麓断裂	SN-NE	NS右旋正断，NE左旋正断	Q_4	弱
F29	格林错断裂带	NW	右旋	Q_4	弱

西藏自治区部分重要地震影响情况统计表

宏观震中位置	发震时间	震级	影响情况
墨脱县、察隅县	1950年8月15日	8.6级	死3300多人
当雄县崩错附近	1951年11月18日	8.0级	震区人烟稀少，灾情不详
那曲桑雄地区	1952年8月18日	7.5级	人畜伤亡严重
尼玛县文部乡	1986年6月21日	6.5级	伤6人，810余间房屋受损
当雄县格达乡	2008年10月6日	6.6级	9人死亡，11人重伤，8人轻伤

资料来源：中国主要活动断裂分布图（2007年），青藏高原东部及邻区现代地壳运动GPS监测（2010年），中国地震动参数区划图GB 18306—2015（2015年）。

图1-4 西藏自治区活动构造与地震震中分布图（2007年）

西藏自治区地质灾害的类型有崩塌、滑坡、泥石流、地面塌陷、地面沉降、地裂缝和土地冻融，以崩塌、滑坡和泥石流为主要类型。由于各市所处地理位置和地形地貌不同，地质条件、水文地质条件和岩土特征不一，地质灾害分布是不均匀的；日喀则地区分布数量最多，其次为昌都地区和山南地区；但拉萨市地质灾害密度最大，其次为山南、昌都、日喀则；昌都、林芝地区以滑坡、崩塌灾害为主；山南、日喀则以泥石流灾害为主，兼有崩塌、滑坡灾害发育；那曲、阿里以泥石流灾害为主，冻土冻融灾害较为发育，兼有崩塌、滑坡灾害发育；拉萨主要发育崩塌、泥石流灾害，偶尔有滑坡灾害的发育。

西藏自治区部分重要活动断裂一览表

灾害类型	地质灾害规模等级（处）				
	合计	巨型	大型	中型	小型
滑坡	1369	37	191	385	756
崩塌	2378	95	273	612	1398
泥石流	4661	180	342	1320	2819
其他地质灾害	48	/	/	1	47
合　计	8456	312	806	2318	5020

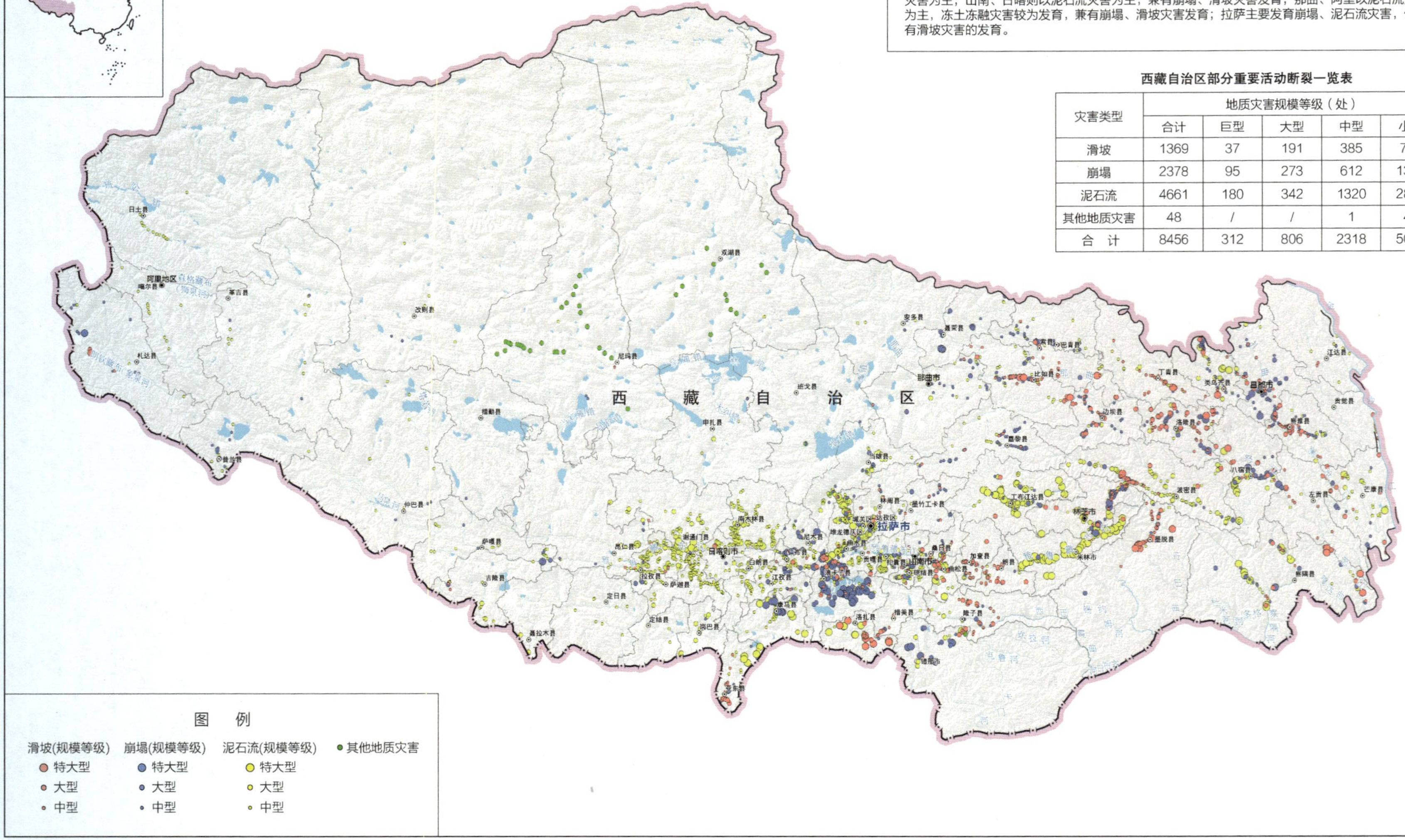

资料来源：西藏自治区县市地质灾害调查资料（2001 ~ 2009 年）。

图 1-5　西藏自治区地质灾害分布图（2001 年～2009 年）

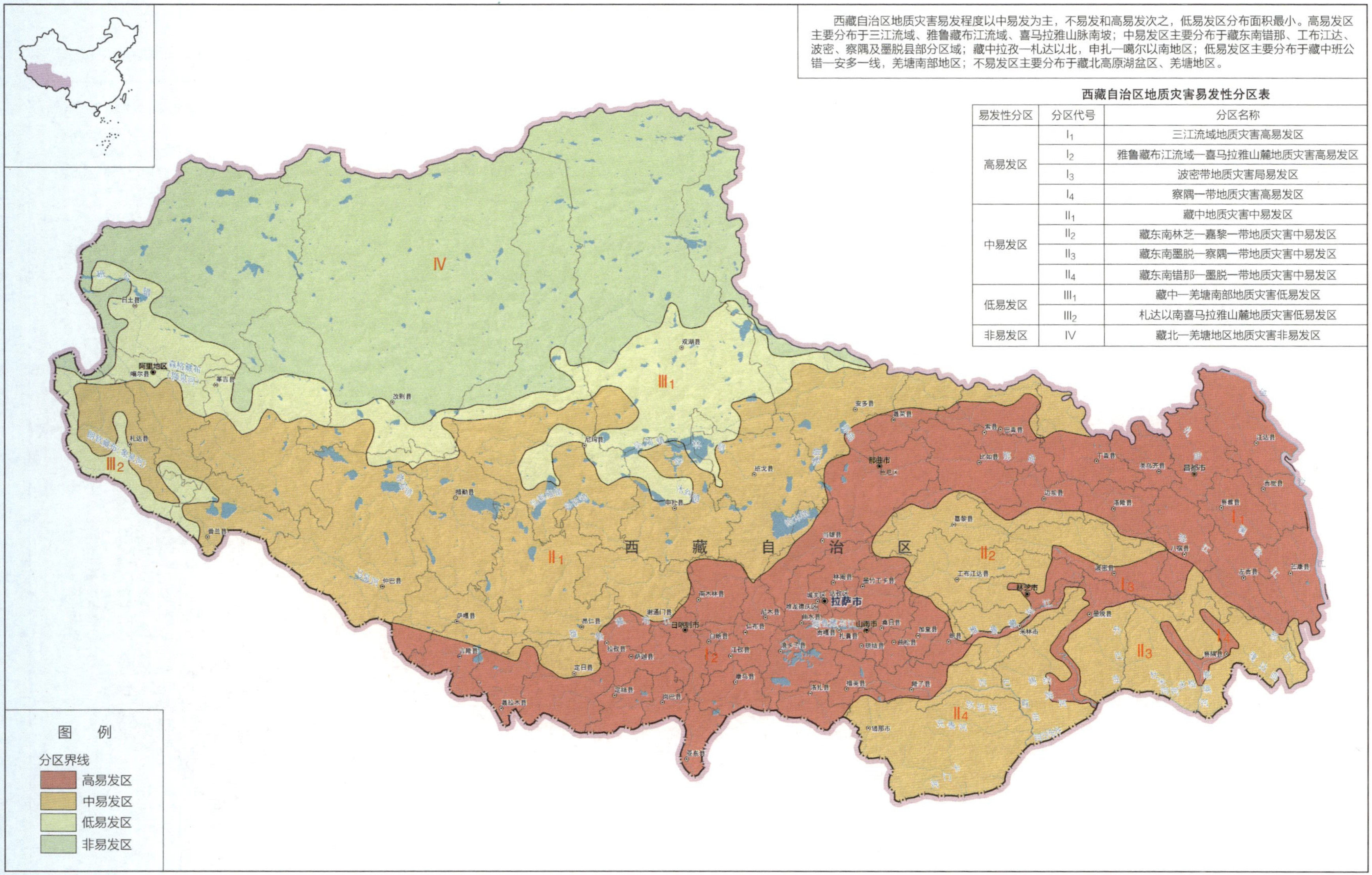

西藏自治区地质灾害易发程度以中易发为主，不易发和高易发次之，低易发区分布面积最小。高易发区主要分布于三江流域、雅鲁藏布江流域、喜马拉雅山脉南坡；中易发区主要分布于藏东南错那、工布江达、波密、察隅及墨脱县部分区域；藏中拉孜—札达以北，申扎—噶尔以南地区；低易发区主要分布于藏中班公错—安多一线，羌塘南部地区；不易发区主要分布于藏北高原湖盆区、羌塘地区。

西藏自治区地质灾害易发性分区表

易发性分区	分区代号	分区名称
高易发区	I_1	三江流域地质灾害高易发区
	I_2	雅鲁藏布江流域—喜马拉雅山麓地质灾害高易发区
	I_3	波密带地质灾害局易发区
	I_4	察隅一带地质灾害高易发区
中易发区	II_1	藏中地质灾害中易发区
	II_2	藏东南林芝—嘉黎一带地质灾害中易发区
	II_3	藏东南墨脱—察隅一带地质灾害中易发区
	II_4	藏东南错那—墨脱一带地质灾害中易发区
低易发区	III_1	藏中—羌塘南部地质灾害低易发区
	III_2	札达以南喜马拉雅山麓地质灾害低易发区
非易发区	IV	藏北—羌塘地区地质灾害非易发区

资料来源：西藏自治区地质灾害分布和易发程度分区图（2018 年）。

图 1-6 西藏自治区地质灾害易发程度分区图（2018 年）

西藏的气候，由于地形、地貌和大气环流的影响，独特而且复杂多样。气候总体上具有西北严寒干燥，东南温暖湿润的特点。气候类型也因此自东南向西北依次有：热带、亚热带、高原温带、高原亚寒带，高原寒带等各种类型。在藏东南和喜马拉雅山南坡高山峡谷地区，由于地势迭次升高，气温逐渐下降，气候发生从热带或亚热带气候到温带、寒温带和寒带气候的垂直变化。

随着海拔增高、气压降低、空气密度减小，每立方米空气中的氧气含量逐渐递减，海拔3000m时相当于海平面的73%上下，4000m时约为62%～65.4%，到5000m时为59%左右，6000m以上则低于52%。

在冬季西风和夏季西南季风的交替控制下，西藏干季和雨季的分别非常明显，一般每年10月至翌年4月为干季；5～9月为雨季，雨量一般占全年降水量的90%左右。各地降水量也严重不均，年降水量自东南低地的5000mm，逐渐向西北递减到50mm。

藏南和藏北气候差异很大。藏南谷地受印度洋暖湿气流的影响，温和多雨，年平均气温8℃,最低月均气温-16℃，最高月均气温16℃以上。藏北高原为典型的大陆性气候，年平均气温0℃以下，冰冻期长达半年，最高的7月不超过10℃，6～8月较温暖，雨季多夜雨，冬春多大风。

西藏是中国太阳辐射能最多的地方，比同纬度的平原地区多一倍或1/3；日照时间也是全国最长的。与中国内地相比，西藏多数地区气温偏低，拉萨、日喀则的年平均气温比相近纬度的重庆、武汉、上海低10～15℃。阿里地区海拔5000m以上的地方，盛夏8月白天气温仅为10℃左右，夜间气温甚至会降至0℃以下。

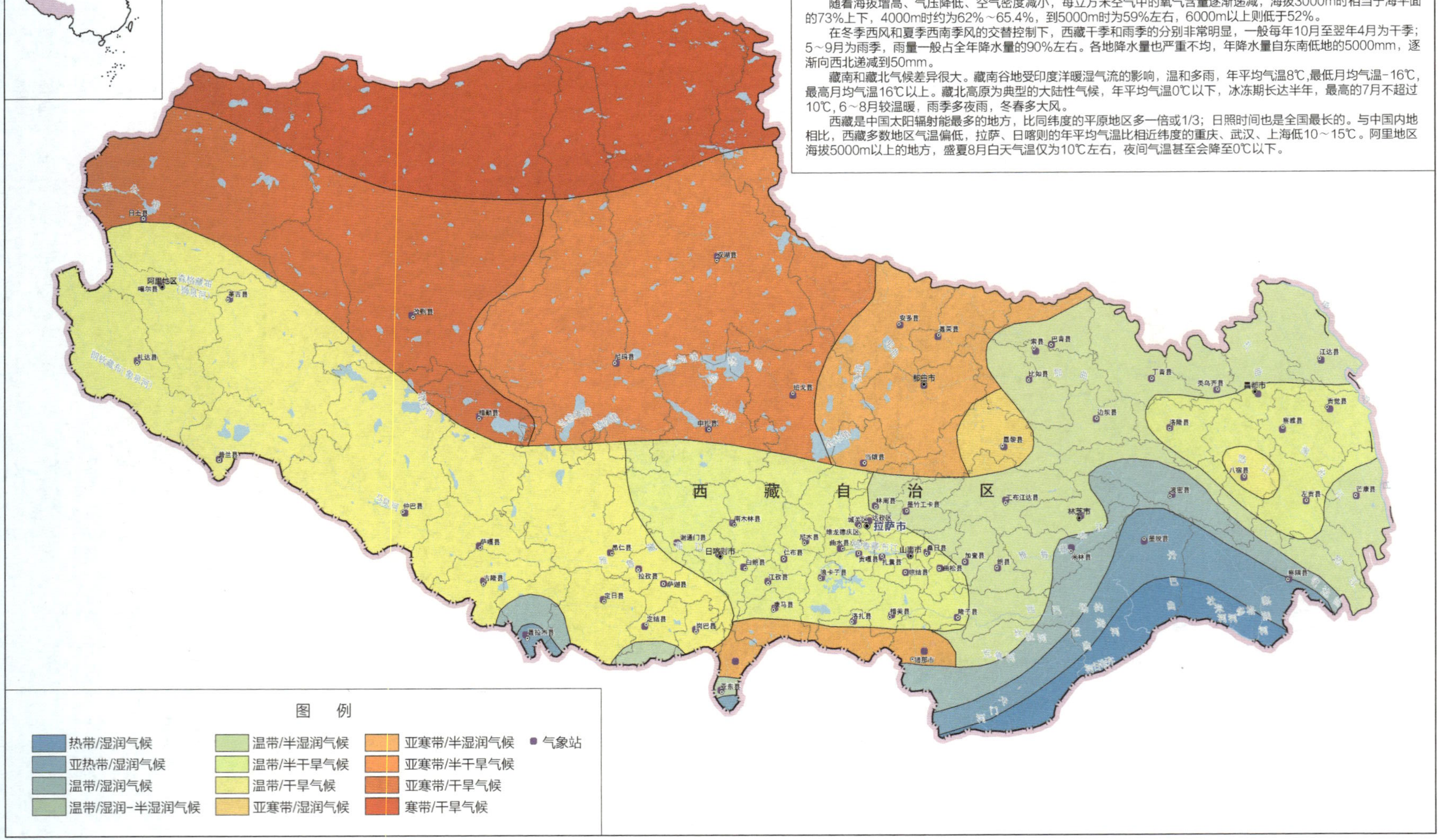

资料来源：青藏地区气候区划图（2016年）。

图1-7　西藏自治区气候区划图（2016年）

表 1-2 西藏气温特征值统计表

站名	地理位置		海拔高度（m）	最冷月平均气温（℃）	最暖月平均气温（℃）	极端最低气温（℃）	极端最高气温（℃）	平均气温低于 0℃月数	日最低气温≤0℃日数	日最低气温≤-10℃日数	日最低气温≤-20℃日数	日最低气温≤-30℃日数
	纬度	经度										
狮泉河	32° 30′	80° 05′	4278.0	−12.4	13.5	−34.6	27.6	7	265.9	166.1	54.6	2.6
安多	32° 21′	90° 06′	4800.0	−15.0	7.7	−36.7	23.3	7	280.7	172.5	68.6	2.4
那曲	31° 09′	92° 04′	4507.0	−13.8	8.8	−41.2	22.6	7	275.9	166.6	70.5	5.2
昌都	31° 09′	97° 10′	3306.0	−2.6	16.1	−19.3	33.4	2	167.5	46.4		
拉萨	29° 40′	91° 08′	3648.7	−2.3	15.4	−16.5	29.4	2	169.8	36.7		
林芝	29° 34′	94° 28	3000.0	0.2	15.5	−15.3	30.2	0	121.5	4.2		
泽当	29° 15′	91° 46′	3551.0	−0.9	15.4	−17.6	29.0	2	162.9	21.3		
日喀则	29° 15′	88° 53′	3836.0	−3.8	14.5	−25.1	28.2	3	188.4	76.0	0.7	
察隅	28° 39′	97° 28′	2327.6	3.9	18.7	−5.5	31.9	0	54.2			
聂拉木	28° 11′	85° 58′	3810.0	−3.9	10.5	−20.6	19.9	4	203.5	8.3	0.1	

表 1-3 西藏降水和冰雹、大风日统计表

站名	5~10 月降水量（mm）	占全年降水量百分比（%）	11~4 月降水量（mm）	占全年降水量百分比（%）	雹日	大风日
狮泉河	66.4	90.5	7	9.5	4.2	138
拉萨	434.9	97.8	9.9	2.2	6.2	34.8
日喀则	427.8	99.2	3.6	0.8	7.4	59.1
那曲	388.2	95.4	18.7	4.6	35.9	100.3
昌都	445	93.2	32.7	6.8	8.5	46.9
左贡	404	92.7	31.7	7.3	4.3	30
波密	639.9	72.6	240	27.4	0.8	3.8
察隅	498.6	62.8	295.3	37.2	0.0	1.4

东部平原低 15～20℃，除东南缘河谷地区外，整个西藏全年无夏。青藏高原地区的空气密度为海平面的 60%～70%，随着海拔增高、气压降低、空气密度减少，每立方米空气中的氧气含量逐渐递减，海拔 3000m 时相当于海平面的 73% 左右，4000m 时约为 62%～65.4%，到了 5000m 时为 59% 左右，6000m 以上则低于 52%。

一、气温

由于地势高，青藏高原是同纬度带气温最低的区域，1 月和 7 月平均气温都比同纬度东部平原低 15%～20%。气温随高度和纬度的升高而降低，整体表现为日差较大、年变化小的特点。青藏高原等温线的分布自东北部和东部边缘向西南部逐渐抬升，在祁连山及高原东部边缘最低，在高原西南部最高，其次为横断山区，表明相同海拔上气温自边缘向高原内部逐渐升高，印证了青藏高原的加热场效应。青藏高原气温的空间分布基本格局如下：

（1）高原西北部的羌塘高原为极寒冷区；

（2）藏北高原可可西里一带是寒冷区；

（3）高原南部和中部是温暖区；

（4）高原东南部是东亚季风和印度洋季风影响区，气温在冬半年较高。

二、降水

青藏高原的降水特点可概括为降水量少、地域差异大。青藏高原年降水量空间分布为东南多西北少。年降水量自高原东南侧（4000mm 以上）向柴达木盆地冷湖一带逐渐减少。雅鲁藏布江下游降水最多，柴达木盆地西北部降水最少，西藏地区降水、冰雹统计表见表 1-3，西藏地区降水量分布如图 1-8 所示。青藏高原有 4 个降水中心，其中东南地区有 3 个，分别位于横断山西南边缘、雅鲁藏布江大峡谷及高原东南边缘到四川盆地，第 4 个降水中心位于祁连山南侧的青海湖附近。降水主要出现在夏季，集中在 5～9 月，旱季雨季分明。

三、辐射

太阳辐射是地球能量的主要来源，青藏高原的下垫面条件复杂多样，这种下垫面特征使得高原不同区域的辐射相差较大，造成地表辐射加热极不均匀。青藏高原海拔高，空气稀薄干洁，太阳辐射通过的大气路程较短，所以太阳辐射被削弱少，太阳总辐射值高居全国之冠，总量在 5000～8000MJ/（m^2 • a），较同纬度东部地区多 2000～3000MJ/（m^2 • a）。在高原西部有辐射高值带，该高值带向东北和东南延伸，其中北支抵达内蒙古高原。高原地区总辐射分布格局与日照百分率的分布相似。在高原西部有一闭合大值中心，年均总辐射量在 7000MJ/m^2 以上。

青藏高原被称为“世界屋脊”，地球的“第三极”，在气候变化的背景下，对青藏

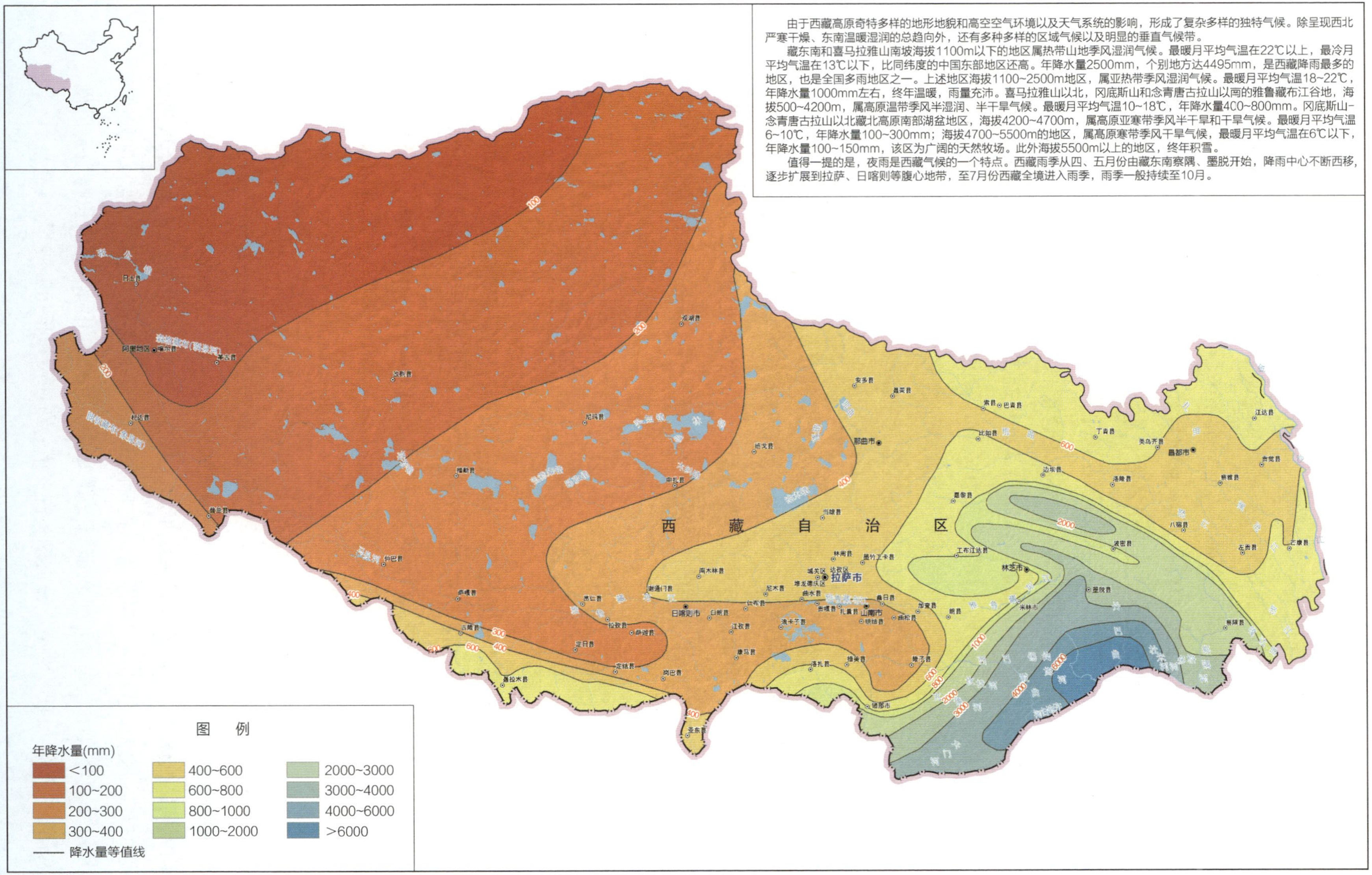

由于西藏高原奇特多样的地形地貌和高空空气环境以及天气系统的影响，形成了复杂多样的独特气候。除呈现西北严寒干燥、东南温暖湿润的总趋向外，还有多种多样的区域气候以及明显的垂直气候带。

藏东南和喜马拉雅山南坡海拔1100m以下的地区属热带山地季风湿润气候。最暖月平均气温在22℃以上，最冷月平均气温在13℃以下，比同纬度的中国东部地区还高。年降水量2500mm，个别地方达4495mm，是西藏降雨最多的地区，也是全国多雨地区之一。上述地区海拔1100~2500m地区，属亚热带季风湿润气候。最暖月平均气温18~22℃，年降水量1000mm左右，终年温暖，雨量充沛。喜马拉雅山以北，冈底斯山和念青唐古拉山以南的雅鲁藏布江谷地，海拔500~4200m，属高原温带季风半湿润、半干旱气候。最暖月平均气温10~18℃，年降水量400~800mm。冈底斯山-念青唐古拉山以北藏北高原南部湖盆地区，海拔4200~4700m，属高原亚寒带季风半干旱和干旱气候。最暖月平均气温6~10℃，年降水量100~300mm；海拔4700~5500m的地区，属高原寒带季风干旱气候，最暖月平均气温在6℃以下，年降水量100~150mm，该区为广阔的天然牧场。此外海拔5500m以上的地区，终年积雪。

值得一提的是，夜雨是西藏气候的一个特点。西藏雨季从四、五月份由藏东南察隅、墨脱开始，降雨中心不断西移，逐步扩展到拉萨、日喀则等腹心地带，至7月份西藏全境进入雨季，雨季一般持续至10月。

资料来源：西藏自治区水资源公报（2016年）。

图 1-8　西藏自治区年降水量分布图（2016 年）

高原的气温、降水、辐射等都带来较大影响，研究表明，相较于北半球增暖，高原增暖发生时间早，增温速率大。海拔依赖型增暖和年代际大气增湿导致晴空向下长波辐射的增强是高原表面增暖的主要原因。近十余年来，高原东部地区表面温度主要以年际变化为主。受持续增暖和年际、年代际尺度的海温与大气环流异常影响，高原不同季节和区域的降水呈现出多尺度变化特征。在高原与中高纬度地区增暖的经向差异及大尺度环流异常的影响下，高原表面风速在年代际尺度上变化显著。高原环境变化主要表现为湖泊扩张、多年冻土退化、植被返青期总体提前；受高原降水的年代际变化影响，自 20 世纪 90 年代以来，高原西部冰川趋于稳定甚至部分恢复，而东南部地区冰川持续退缩；夏季风系统的季节和季节内变化对高原植被生长和返青期的时空变化有较好的指示意义。不同季节和区域表面温度和风速变化的机理研究和数值模拟需进一步深化；提高气候模式对高原温度和降水的模拟性能仍是重要研究内容；高原高分辨率的区域气候模拟与资料同化的研究亟待加强。降水是全球水分循环的重要环节，其会影响东亚和南亚地区的水资源分布，同时还对高原自身的水循环、冰川冻土演变、沙漠化进程以及生态环境等有重要影响。这一系列的变化带来多年冻土退化、现代冰川消融、河流水系改变、湖泊扩张、植被返青等，对电网工程表现为地质灾害频发，影响电网工程运行安全与稳定，带来较大的危害和深远的影响。

第三节　水　　文

西藏是我国河流最多的省区之一，据不完全统计，区内流域面积大于 1 万 km^2 的河流有 20 多条，大于 2000km^2 的河流有 100 条以上。河流的归宿因地势、流向不同而异。藏北地区的河流大多为内流河，河流直接汇入内陆湖泊，组成数以百计的向心水系。藏南地区的河流大多为外流河，它们分别注入印度洋和太平洋，局部地区也有少量的内流河。区内主要河流径流特征值列于表 1-4。西藏湖泊众多，据有关资料，全区共有大小湖泊 1500 余个，其中，面积大于 100km^2 的有 35 个，大于 1.0km^2 的有 601 个。大致以东经 92°线为界，以西为内流湖，以东为外流湖。内流湖主要分布于藏北那曲以西和藏南浪卡子一带，湖泊分布多与地壳构造线一致，并多呈湖群或串珠状，属断陷湖；内流湖区气候干旱，降水少，蒸发量大，湖泊处于退缩消亡阶段，且多为咸水湖；主要湖泊有纳木错、色林错、当惹错、扎日南木错、羊卓雍错、昂拉仁错、班公错和玛旁雍错等。外流湖主要分布于东部和中部山区，多为冰川和山麓堆积物堰塞成湖，属淡水湖，主要湖泊有巴松错、易贡错、古乡错、布冲错和布托穷错等。

表 1-4 西藏主要河流径流特征值表

流域	面积（km^2）	河长（km）	年径流量（10^8m^3）	年平均流量（m^3/s）	径流模数（$m^3/s \cdot km^2$）
雅鲁藏布江	240480	2057	1380	4425	18.2
怒江	103330	1393	394	1250	12.2
澜沧江	38470	509	102	323	8.43
金沙江	23060	509	88.1	279	11.9
藏南诸河	129108		1310	4150	32.1
藏西诸河	52930		16.8	53.2	1.01
藏北内陆诸河	585572		214	678	1.16
藏南内陆诸河	26670		31.6	100	3.75
滇西诸河	2380		11.9	37.7	15.8

资料来源：2016 年西藏自治区水资源公报。

第四节 多 年 冻 土

青藏高原晚近期构造活动，导致高原抬升，气候变冷，冰川发育，在近代冰缘气候的影响下，高原上广泛发育着多年冻土，形成一个气候干寒、冻土发育的独特高寒环境。据现有资料统计，多年冻土分布面积在 159.1 万 km^2 以上，约占我国多年冻土分布面积的 74%。青藏高原具有高原型和高山型两种多年冻土类型。在切割微弱且仍然保留着原始高原面的广大青藏高原地区，基本类型属低纬度高海拔高原型多年冻土；在喜马拉雅山、横断山、昆仑山及祁连山，则属中低纬度高海拔高山型多年冻土。这两种类型的多年冻土，都具有明显的地带性特征。青藏高原多年冻土分布明显分 3 个条带：昆仑山北坡至唐古拉山南麓多年冻土在平面上呈连续分布；扎加藏布江河谷两侧呈大片连续分布；雅鲁藏布江河谷往南至喜马拉雅山呈零星分布。青藏高原南北跨越 12 个纬度，东西横亘近 30 个经度，纬度地带性和经向水平分异同时影响到冻土分布特征和区域差异。

多年冻土的下界高度随纬度增高而降低的规律十分明显，随经度也有较大变化。高原南部受海洋季风影响，在念青唐古拉山、喜马拉雅山及横断山脉，雪线分布的海拔分别为 4200、4300、4600m，其多年冻土下界海拔为 4600～4900m、4900～5000m；在珠穆朗玛峰北坡，多年冻土下界海拔为 5100～5300m，雪线高度比多年冻土下界低 400～700m。高原北部受大陆性高寒气候条件影响，多年冻土下界由南向北随纬度增高而逐渐降低。在唐古拉山北坡，多年冻土下界高度为4640～4680m；到昆仑山北坡则变为4150～4300m，平均每增高纬度1度，多年冻土下界约降低80～100m。多年冻土厚度随高度增加而增厚的垂直带性也很明显。在西大滩地区，海拔4150～4200m即由季节冻土过渡到岛状多年冻土区；到昆仑山北麓，海拔4350m以上才进入连续多年冻土区，大约海拔每上升100m，地温下降0.6～1.0℃，冻土厚度增加15～20m，最大多年冻土厚度达128.1m。祁连山地区的多年冻土厚度一般都在25m以上。在岛状多年冻土区，多年冻土厚度在25～35m，个别地段为3～13m，在连续多年冻土区，多年冻土厚度一般为50～95m，在黑河上游洪水坝盆地最厚达139.3m。多年冻土随地势升高而增厚，一般规律是海拔每升高100m，冻土厚度增加12～30m。

西藏地区地形分布复杂，与青藏高原腹地相比地形起伏更加剧烈，冰川、湖泊发育，地表植被类型比青藏高原腹地更为复杂多样，而且整体处于整个青藏高原多年冻土分布南界附近位置，因此多年冻土分布更为复杂。西藏地区冻土分布具有明显的垂直地带性和纬度地带性。垂直地带性表现为随海拔升高，冻土的分布及厚度均在增加；纬度地带性表现为自北向南空间分布的连续性逐渐减小。

青藏高原多年冻土具有温度高、厚度薄、热敏感性强的特点，与已建成的青藏铁路、公路不同，输电铁塔基础置于永冻层和多年冻土活动层中，而公路、铁路以路垫的形式铺设于活动层上，基础型式、水热交换方式、热辐射、荷载条件、地基基础相互作用、施工工艺、质量控制等诸多方面均存在显著不同。西藏多年冻土区主要工程地质问题表现为冻胀、融沉、差异性变形、流变移位（平面滑移）变形以及不良冻土现象五个方面。通过近些年在青藏线、川藏线等一系列高海拔冻土区电网工程的建设，在多年冻土勘察、杆塔基础设计、冻土基础施工、冻土基础稳定性监测与评估方面积累了大量的成功经验及关键技术。

第二章 高海拔地区电网建设的特殊性

高海拔地区电网工程与普通地区电网工程相比，具有地质条件复杂、气候环境恶劣、空气稀薄、紫外线强烈、生态环境脆弱、基础性技术资料薄弱、工程经验缺乏等特点，在工程勘察、线路路径选择、绝缘配合、金具选择、设备选型、接地与防雷、冻土基础、防鸟害、消防保护、生态环境保护等各方面都具有其特殊性，尤其藏区高海拔地区还存在着宗教、政治、民族融合等社会问题，这些都需要从工程勘察、设计和建设各个阶段针对不同方面做有针对性的处理。

第一节　地质水文勘察

高海拔地区线路工程建设，尤其输电线路勘测，区域分散，线路长，地质条件复杂，不可控因素较多，勘测组织策划、后勤保障与服务难度大；局部地区人烟稀少，生活物资稀缺，供给难度大；高海拔地区尤其在藏东南受高山峡谷地形限制，交通条件差，人员、设备运输和交通极为困难，勘测工作需克服难题较多。鉴于高海拔线路工程地质地形条件的复杂性，岩土工程勘察方法与常规线路勘察除具有一定共同性外，还具有一定的特殊性。

一、常规岩土工程勘察

高海拔地区中的山间河谷、高原丘陵、山前平地等场地属于常规岩土工程勘察范畴，勘察重点主要是选择岩土整治相对容易的塔基位置，采用适当的勘察手段或勘测方法进行逐基或逐腿勘测，勘察任务主要是查明各塔基的地形地貌特征、地层岩体分布、岩土性质及特点、不良地质作用和地下水埋藏条件；调查沿线地下水的埋藏深度、变化幅度，确定地下水、地基土对建筑材料的腐蚀性，并对其可能产生的影响进行评价；分析塔基适宜的基础结构类型和环境整治方案并提出建议。在常规岩土工程勘察中与低海拔地区相比主要有以下特殊性。

（1）往往由于高海拔地区海拔高，机具设备动能损失大，机具使用效能大幅降低，使得应用困难，成本代价极高。

（2）一些通常使用的常规轻便勘探设备几乎在高海拔地区失去作用，很难达到实际效果，如钎探、背包钻、洛阳铲、轻便钻机等。

（3）高海拔地区人烟稀少，交通条件差，使得岩土试样的取样送样都较为困难。

（4）海拔高、高差大、坡度陡、人员机具搬运困难，使得在大量冰水堆积物地层勘探中代价极为高昂（其勘探成本相对内陆地区往往在5倍以上），地质人员误判率较高，对于松散岩土陡坡的基岩面滑坡难以准确预估，误判率高。

（5）基础地质数据少且相对较弱，卫片、航片分辨率相对低、更新率少，使得很多数据信息来源有限，提取使用较为困难。

二、特殊工程地质问题

高海拔线路工程在地质构造上处于亚欧板块活动最强烈、断裂构造最发育、地震活动最频繁的地区之一，具有海拔高、落差大的独特地貌，受卸荷作用和构造活动影响，岩体破碎；水文气象条件复杂多变，物理风化、化学风化强烈，岩石强度低。在地壳内生动力和外部应力的作用下，滑坡、崩塌和泥石流等地质灾害频发，是我国乃至全球有名的地质灾害高易发区。以国道G318沿线线路工程为例，线路所在的三江并流—雅鲁藏布江等东西纵横1000km的地区，分布着金沙江—澜沧江—怒江等深切大峡谷两岸的巨厚层的堆积体滑坡、深厚层的卸荷松动带，米堆冰川作用的高陡斜坡，波密通麦天险的泥石流群和滑坡群，林芝雅江两岸的风积砂坡等特殊工程地质问题。

高海拔线路工程存在的特殊地质条件和复杂工程地质问题，对线路工程的安全提出了新的挑战，常规的岩土工程勘察已不能有效满足工程需要，需要采用专项问题专项研究的手段，解决影响路径和塔基安全的地质隐患，保证高海拔超高压电网工程的设计质量、施工安全和可靠运行。

三、多年冻土及寒冻风化问题与勘察

多年冻土及寒冻风化问题一直以来是青藏高原高海拔地区无法回避的工程技术难题，严重制约工程项目的推进和建设。冻土是由颗粒骨架、水、冰和孔隙等多相介质在低温特定环境条件下形成的特殊物质，其物理性质除与土体原有物理性质密切相关外，还与所在位置的温度场、水分场和应力场等密切相关，同时，高寒、干旱、缺氧，使青藏高原冻土区的生态环境极为脆弱，对扰动特别敏感，且破坏后难以恢复，因此，冻土特殊的工程性质决定了其与一般地区工程地质勘测方法和测试技术的差异性。寒冻风化是指中纬高山和高纬地区，气温变化于0℃左右，岩石裂隙、孔隙中因水分结冰时产生的巨大压力，使岩石崩解、破碎的现象，其代表性地貌有冰缘岩柱、石海、岩屑坡，其中对输电线路工程塔基稳定性影响最为严重的是岩屑坡。在高海拔区域植被覆盖率低，冻融及风化作用强烈，岩体破碎形成石海、石河、岩屑坡、石铺等不良地质现象。寒冻风化是高海拔基岩山区一个重要的技术难题，尤其是杆塔斜坡稳定性的评估与判定较为困难。冻土与寒冻风化问题的勘测与研究工作的特殊性主要表现在如下几个方面：

1．勘测对象的敏感性与多面性

由于特殊的物质组成及生存环境，使其易发生热扰动和具有强烈的水热活动，轻微的工程活动，都将对其稳定性构成威胁。同时由于冻土所具有的相变特性、物质迁移特性、热物理特性、体积膨胀—收缩特性以及强度（冻结强度、流变性等）等特性与常规土有明显的差异，因而给勘测工作带来巨大挑战和困难。

2．勘测季节的特殊性与制约性

由于冻土易发生热扰动及水热活动强烈，因此，根据勘测的对象和目的不同，其勘测时间也有严格的限制，具有明显的制约性。一般来说，在冬季勘测，容易调查冻结冻害问题，不易造成冻土的融化和施工滑塌，还能减少热侵蚀作用。但是，冬季由于表层冻土的冻结，使得一些物探仪器高阻屏蔽难以获得理想的勘探结果，同时，坚硬的地表也给一些钻探仪器的使用带来较大困难；夏季由于气温高以及多变的气候环境，便于调查热融冻害问题和融化深度，但勘探测试时容易发生热量侵入及雨水入渗，影响冻土的稳定性。因此，冻土勘测作出合理的季节安排以及在不同的季节侧重于某些冻土问题，对冻土稳定性及获得合理的勘测结果都具有重要意义。

3．勘测作业的特殊性与严格性

由于受地温和含冰量的影响，多年冻土热稳定性显得极为脆弱，轻微的热扰动，都将引起冻土工程性质的改变。一般情况下，对于不同含冰量地段的冻土，勘测施工方法是不同的。少冰、多冰冻土地段，勘测施工对冻土环境的热扰动小，因此可以采用开挖的方法进行。而富冰、饱冰以及含土冰层冻土地段，由于冻土环境对热扰动十分敏感，开挖的方式会影响冻土的稳定性。因此，冻土区勘测施工过程，作业方式的选择以及具体的勘探工艺与常规地区相比也具有明显的特殊性与严格性。

4．现场环境的特殊性与严酷性

青藏高原由于高寒、干旱、缺氧，使得冻土生态环境显得极为脆弱，对扰动特别敏感，且破坏后难以恢复。因此，在青藏高原多年冻土区进行勘测、施工，合理的施工环境协调显得尤为重要。一方面冻土区大多交通不便，一些适宜的勘测设备难以到达现场，即便可以到达现场，但机械施工对冻土环境扰动大，易于破坏冻土植被和冻土的稳定性；另一方面人工作业面临气候寒冷、缺氧严重、劳动强度大、无法长时间滞留高原之上等特点。与常规地区相比，其施工现场环境也具有明显的特殊性和严酷性。

第二节 线 路 路 径

高海拔地区线路路径选择除了执行输电线路常规路径选择原则外，还应考虑高海拔地区、多年冻土地区的环境特点，收集足够的多年冻土区气象、水文、地质和水文地质资料，查明沿线多年冻土的特点和不良地质现象的分布范围、类型、规模和严重程度，掌握其可能对线路产生的病害及解决办法，进而提出各种可行的跨越、绕避和通过方案。

一、常规线路路径选择原则

国内常规输电线路路径方案的选择，应根据电力系统总体规划设计的要求，结合地方城市规划及建设情况，自然保护及文物保护情况，军事设施及通信设施的布置情况、林业情况、矿产情况、风电场分布、水文及地质情况、沿线交通及污秽情况，考虑工程各种制约因素，统筹兼顾，相互协调。对于一般地区路径选择应按下述原则进行选择。

（1）根据电力系统规划要求，综合考虑线路长度、地形地貌、地质、水文气象、冰区、交通、林木、矿产、障碍设施、交叉跨越、施工、运行及地方政府意见等因素，进行多方案比较，使路径走向安全可靠，经济合理。

（2）原则上避开军事设施、城镇规划、大型工矿企业、自然保护区、旅游风景区及重要通信设施，减少线路工程建设对地方经济发展的影响。

（3）在经济合理的前提下尽量避开高山大岭、恶劣地质区和重冰区、已有的各种矿产采空区、开采区、规划开采区及险恶地形、水网、不良地质地段，尽量避让林木密集覆盖区。

（4）尽可能靠近现有国道、省道、县道及乡村公路，改善交通条件，方便施工和运行。

（5）充分考虑地形、地貌、避免大档距、大高差、相邻档距相差悬殊地段，为使新建线路安全可靠，力求避开严重覆冰地段和微地形地段。

（6）在路径选择中，充分体现以人为本的保护环境意识，尽量避免大面积拆迁民房。

（7）减少交叉跨越已建送电线路，特别是高电压等级的送电线路，以降低施工过程中的停电损失，提高运行的安全可靠性。

（8）综合协调本线路与沿线已建、在建、拟建送电线路、公路、铁路及其他设施间的矛盾。

（9）充分征求地方政府及有关部门对路径方案的意见和建议。

（10）尽量利用省、市分界地区，城镇、乡镇之间结合部，利用率较低的土地。路径方案技术可行，经济合理。

（11）综合协调线路与已建、在建、拟建输电线路、变电站及其他设施之间的矛盾。

（12）充分征求和听取地方政府及有关部门对路径方案的意见和建议，推荐路径方案取得了原则协议。

二、高海拔地区线路路径选择原则

路径选择应避让生态敏感区、不良地质区、交通困难区、人文宗教敏感区，以保证路径选择及优化的合理性，在工程设计和建设中还应采取“遵循冻土特性、注意生态环境保护、协调与已有工程建设的关系、加强多年冻土区人工作业安全、科学安排施工季节以及合理选择勘探手段”等措施，总体来说还应遵循以下原则：

（1）路径选择应考虑线路施工、运行、维护条件，尽量避开无人区等自然条件恶劣的区域，靠近并利用现有公路及乡村道路，兼顾机械化施工及运维的交通条件。

（2）避开生态敏感区，当无法避让时，应进行充分论证并采取适当措施。

（3）交通困难地区，施工运维不便，耐张段不宜超过 3km。

（4）塔位选择应尽量减小对当地群众生产生活的影响。线路路径应尽量避开神山、神水、神树、风水树，避免砍伐珍稀树种，避免迁坟。

（5）塔位选择应考虑不易被外力破坏。线路应与高陡坡保持安全距离，避免落石砸坏线路；对公路下坡急转弯外侧的铁塔，应设置防撞墩，避免铁塔被失控车辆撞倒，或在定位阶段避免此类塔位选择。

（6）尽量绕避工程地质条件复杂的不良冻土地段，宜选择在标高相对较高、地表干燥的地段立塔。

（7）线路在冻融过渡地段通过时，尽量选择在融区，减少在冻融过渡段和冻土岛等不稳定冻土地段的长度。

（8）塔基要尽量选择地表排水条件好、地下水不发育的部位。

（9）在确定线路方案时尽可能绕避和跨越，难以绕避时应采取可靠的工程措施。

第三节 绝 缘 配 合

输电线路沿线地形、气候复杂多样，绝缘配合尤为重要，也更加复杂，本节主要介绍输电线路的绝缘配合。依照《绝缘配合 第一部分：定义、原则和规则》（GB 311.1—2012）、《交流电气装置的过电压保护和绝缘配合设计规范》（GB/T 50064—

2014）、《高海拔污秽地区悬式绝缘子串片数选用导则》（DL/T 562—1995）、《污秽条件下使用的高压绝缘子的选择和尺寸确定》（GB/T 26218）和《电力系统污区分级与外绝缘选择》（Q/GDW 1152）、《架空输电线路电气设计规程》（DL/T 5582—2020）以及相关绝缘配合课题的结论、试验资料等进行绝缘设计，应使线路能在工频电压、操作过电压和雷电过电压等各种条件下安全可靠运行。

设计单位采用爬电比距法、污耐压法计算并进行海拔修正，确定工频电压要求的绝缘子片数，再分别按操作过电压和大气过电压进行校验，最终获得各海拔下单回路绝缘子片数，根据我国输电线路多年的运行经验，特别是西南地区运行经验，这种方法计算的绝缘子片数是可靠的，也适合高海拔地区采用。

但高海拔地区输电线路有一定的特殊性，气象资料缺乏、微地形微气象较多、大型鸟类活动频繁、大高差大档距较多、雷电活动较强烈等，对这些特殊环境设计单位应有针对性地做好绝缘和间隙计算校核，否则线路建成后就容易发生跳闸事故。目前西藏地区新建输电线路主要通过增加绝缘子片数和空气间隙数值的方式，在特殊环境下增加线路运行可靠性。

一、绝缘子片数

绝缘子片数选择时除按工频爬电距离选择绝缘子片数外，在海拔超过 1000m 地段还进行污秽绝缘子的闪络电压海拔修正，每串绝缘子片数应满足工频电压的爬电距离和操作过电压要求，同时按照大气过电压校验。

按工频电压确定绝缘子串片数有两种方法，即泄漏比距法和污耐压法。

由爬电距离来决定绝缘子的串长，首先根据输电线路所经地区的污秽情况，盐密和灰密的测量值，以及已有输电线路的运行经验，确定污秽等级，再依据国家标准《高压架空线路和发电厂、变电所环境污区分级及外绝缘选择标准》（GB/T 16434）来决定该污区所对应的爬电比距，根据所选绝缘子的爬电距离计算所需绝缘子的片数。

污耐压法根据试验获得的实际绝缘子在不同污秽程度下的耐污闪电压，使选定的绝缘子串的耐污闪电压大于该线路的最大运行电压，并留有一定的安全裕度。确定高海拔地区输电线路污秽外绝缘配置的方法就是以平原地区输变电设备外绝缘配置的选择为基础，找出污闪电压随海拔升高而降低的规律，计算出海拔地区所需输电线路外绝缘配置。由线路设计闪络概率确定 U_{max1}，进行不均匀积污校正、NSDD 校正、海拔校正，确定不同型式绝缘子单 I 串污秽外绝缘配置。

按工频电压确定绝缘子串片数还应按操作过电压和大气过电压进行校验。

增加线路耐雷水平最经济和最有效的措施是降低线路杆塔的接地电阻，但大部分高海拔线路位于山区，土壤电阻率很高，实际工程中降低接地电阻较困难，适当增加绝缘子片数加强线路的绝缘水平是必要的。

复合绝缘子具有优良的防污性能，已在输电线路中大量使用。从以往人工污秽耐受电压试验结果来看，无论是I型串还是V型串，复合绝缘子均能满足重污秽条件下耐受目标电压。超高压送电线路工程复合绝缘子的结构长度一般按照清洁区普通绝缘子的长度配置，其绝缘距离还应满足操作和雷电过电压要求。考虑到同一种塔型既可能使用盘式绝缘子又可能使用复合绝缘子，因此按照与盘型绝缘子等长替换原则，确定复合绝缘子参数。

为满足防鸟害间隙，对于悬垂串，考虑均压环距离铁塔横担下平面的距离，以增加绝缘子片数的方式实现。对于V型悬垂串，可采取加长金具的方式以满足防鸟害间隙。

二、空气间隙

按国家标准《交流电气装置的过电压保护和绝缘配合设计规范》（GB/T 50064—2014）规定，风偏后线路导线对杆塔空气间隙的工频50%放电电压、正极性雷电冲击电压波50%放电电压应符合要求。

按《电业安全工作规程》，带电检修考虑远方落雷及操作过电压两种情况。带电检修间隙受操作过电压控制。按照《交流线路带电作业安全距离计算方法》（GB/T 19185—2008）反算到指定海拔。

空气间隙海拔修正方法有多种，其中有《高压输变电设备的绝缘配合》（GB 311.1）、《110kV～750kV架空输电线路设计规范》（GB 50545—2010）和《交流电气装置的过电压保护和绝缘配合设计规范》（GB/T 50064—2014），各种方法海拔修正结果存在差异，但差异不大，一般按照《110kV～750kV架空输电线路设计规范》（GB 50545—2010）规定的方法修正。

各种电压空气放电（闪络）特性曲线查得的空气间隙存在差异。空气间隙选应参考科研单位提供的工频闪络特性曲线和雷电放电特性曲线及对操作冲击放电电压真塔试验的结论，参考科研单位提供的我国第一代500kV线路酒杯塔塔头空气间隙在操作、雷电冲击波下的50%放电电压曲线及750kV放电电压曲线等结论。

《交流线路带电作业安全距离计算方法》（GB/T 19185—2008）中4.1条说明，如果装有合闸电阻或在带电作业已停用自动重合闸，过电压倍数可小于2.0。

按上述原则，确定各种电压最小空气间隙。

500kV阿里与藏中电网联网工程首次提出防鸟间隙，阿里联网工程以后的500kV线路均按此要求进行塔头设计，见表2-1所示。

表 2-1　　500kV 线路防鸟害间隙值

海拔（m）	3000～4000	4000～4500	4500～5000	5500
防鸟害间隙值（m）	6.1	6.3	6.5	6.7

三、绝缘校核

高海拔地区输电线路绝缘校核应考虑以下建议：

（1）在高海拔鸟粪闪络易发地区应考虑防鸟间隙，根据防鸟间隙数值确定悬垂绝缘子片数（结构高度），塔头设计应考虑防鸟间隙。

（2）应加强高海拔地区输电线路沿线气象资料收集、分析和研究，确保输电线路气象区划分准确、可靠。

（3）开展高海拔地区绝缘配合、覆冰闪络等相关课题研究。

（4）对 500kV 及以上耐张塔逐塔进行三维跳线间隙校核，对其他电压等级导线金具串上拔或下压严重、大转角等特殊条件耐张塔进行三维跳线间隙校核。

（5）加强对多相交叉档、大高差、大档距等特殊条件下，相间、导线（跳线）对塔头杆件、导线（跳线）对地线等安全距离校核。

第四节　绝 缘 子 和 金 具

高海拔地区极端最低气温可达 −50℃，线路翻越高山峻岭，跨越大江大河，地形及气象条件复杂，自然环境严酷，塔位交通条件差。线路绝缘子和金具串型应有足够的机械强度和良好的电气性能以保证线路在恶劣环境下的安全运行。

一、绝缘子

盘形绝缘子主要优点是机械强度高，长串“柔性”好，单元件轻易于运输与施工，造型多样易于选择使用。由于盘形绝缘子属可击穿型绝缘子，绝缘件要求电气强度高，瓷绝缘子出现劣化元件后检测工作量大，一旦未及时检出可能在雷击或污闪时断串；玻璃绝缘子存在“自爆”现象，重污秽导致的表面泄漏电流可能加重“自爆率”，但自爆有利于线路维护和防止掉线事故的发生。为提高瓷绝缘子耐污闪性能而开发出了半导体釉绝缘子，流经绝缘子表面的泄漏电流使污层加热，绝缘子表面水分蒸发保持干燥，从而保持较高的闪络电压，但釉层寿命尚待长期考验，它的主要缺点是较多的电量“损失”。

棒形绝缘子主要优点是其不可击穿型结构、较好的自清洗性能以及爬距系数大（爬距与绝缘长度之比），在相同环境中积污较盘形绝缘子低，可获得较高的污闪电压，如爬距选择适当可有更长的清扫周期。棒形瓷绝缘子是名副其实的不可击穿绝缘子，其缺点是单元件重搬运与安装难度大，伞裙受损会危及其机械强度；棒形复合绝缘子的拉伸强度与重量之比高，具有优良的耐污闪特性，但存在界面内击穿和芯棒“脆断”的可能，而且有机复合材料的使用寿命和端部连接区的长期可靠性尚未取得共识（不确定性）。

瓷/玻璃复合绝缘子作为一种新型绝缘子，性能优良，但鉴于其尚未积累足够的工程运行经验，可推荐在工程线路部分杆塔上试用。从线路绝缘子可能发生的事故类型与现场维护检测来看，除防污闪要求外，绝缘子的选择应主要取决于其损坏率，而损坏率取决于制造厂的制造水平。

西藏地区已建投运的多条线路均使用瓷质绝缘子，且玻璃绝缘子抗外力打击能力较弱，在昼夜温差大运行环境差情况下易自爆，因此不推荐在藏区使用玻璃绝缘子。

复合绝缘子具有强度高、重量轻、耐污性能好、易于安装和维护工作量小等优点，在同样爬距及污秽条件下，其污耐压明显高于瓷和玻璃绝缘子，在重污秽地区采用复合绝缘子可以明显减小塔头尺寸、高度和走廊，而且复合绝缘子价格便宜，不容易破坏，不需要检测“零值”，不需要清扫，有利于线路的运行维护。

经调研复合绝缘子在青海、西藏地区的使用情况，青海地区运行经验较为丰富，青海省 1992 年 11 月首次在原 110kV 韵乐线 7 基直线塔上使用（处在小峡山、Ⅲ级污秽区），1994 年后大范围挂网运行，随后又进一步在 110kV 耐张串及 330kV 耐张跳线引流串上使用。2005 年自 750kV 输变电示范工程开始，青海电网在 750kV 跳线串和导线悬垂串上大范围采用复合绝缘子。而西藏地区由于大部分为清洁区，2013 年之前复合绝缘子使用很少，对于交流线路，2007 年在西藏地区 110kV 线路上进行了少量的试用，截至目前该批试用绝缘子的运行状况未见异常。2014 年川藏联网工程、2018 年藏中联网工程、2020 年阿里联网工程中 500、220kV 和 110kV 线路大量采用了复合绝缘子，目前已运行多年，运行状况未见异常。

从现有运行经验来看，在大多数地区，制造优良的复合绝缘子可以运行 20 年。恶劣工作环境如运行在很重灰密的重污染源附近，复合绝缘子可采用定期更换的方法（更换周期为 5～6 年），确保电网的运行安全。电科院对硅橡胶材料老化的影响，进行了加强紫外照射人工加速老化试验与 IEC 5000h 标准老化试验的对比，结果表明，强紫外照射并不会显著增加复合绝缘子的老化。

复合绝缘子在西部高海拔地区的使用情况是可靠的，高海拔强紫外运行条件不应成为复合绝缘子推广使用的障碍，并且在川藏联网工程、藏中联网工程和阿里联网工程轻、中冰区中已大量应用了复合绝缘子。

二、金具

单回路酒杯塔中相推荐采用V型串，可有效缩小塔头尺寸，减少走廊宽度，边相采用I型串。推荐单回路酒杯塔导线悬垂串边相采用I型串，中相采用V型串。

导线耐张串，按绝缘子强度有双联160、300、420、550kN，推荐挂点采用双联双固定，挂点金具采用GD耳轴挂板，耐张线夹采用液压型（双板插接式引流线）。

推荐耐张塔跳线一般情况下采用四分裂软跳线，针对耐张串上拔或下倾严重的情况推荐跳线串采用鼠笼式刚性跳线，满足跳线杆塔的间隙要求。

制造输电线路金具材料很多，有碳素结构钢、优质碳素结构钢、低合金高强度结构钢、合金结构钢、不锈钢、可锻铸铁、铸钢、纯铝，不同牌号的铝合金，以及橡胶等，归纳起来又可分为四类。

（1）钢及合金，产品有碗头挂板、球头挂环、联板等。

（2）可锻铸铁，产品有XGU型悬垂线夹、NLD型耐张线夹等。

（3）铝及铝合金，产品有NY型耐张线夹、CCS型悬垂线夹、间隔棒等。

（4）橡胶，如间隔棒中橡胶垫、预绞式悬垂线夹中的衬套等。

各类材料的主要特性见表2-2所示。

表2-2　　线路金具材料的主要特性

序号	牌号	种类	主要特性
1	Q235	碳素结构钢	含碳量适中，具有良好的塑性、韧性、焊接性能、冷加工性能，以及一定的强度
2	35、40	优质碳素结构钢	中碳钢，具有一定的强度，良好的塑性，冷变型塑性高，具有良好的切削加工性能，焊接性能良好
3	Q355	低合金高强度结构钢	综合力学性能好，低温性能、冷冲压性能、焊接性能和可切削性能都好
4	40Cr	合金结构钢	经调质处理后，具有良好的综合力学性能、低温冲击韧度及低的缺口敏感性，淬透性良好，冷弯塑性中等，正火或调质后切削加工性好，但焊接性不好，易产生裂纹，一般在调质状态下使用
5	35CrMo	合金结构钢	高温下具有高的持久强度和蠕变强度，低温冲击韧度较好，低温可至110℃，且具有高的静强度、冲击韧度及较高的疲劳强度，淬透性良好，无过热倾向，淬火变形小，切削加工性中等，焊接性不好
6	KTH-330-08	可锻铸铁	有一定的韧性和强度，用于承受中等动载荷和静载荷的工作零件
7	ZG270-500	铸钢	中碳铸钢，有一定的韧性及塑性，强度和硬度较高，切削性良好，焊接性尚可，锻造性能比低碳钢好
8	1050A	纯铝	比重小，导电、导热性好，化学稳定性好，塑性高，强度低，弹性模量低，压力加工性能好，热处理不能强化，焊接性尚好
9	ZL102	铸造铝合金	不可热处理强化，该合金的铸造性能优良，无热裂及疏松倾向，气密度较高。其密度小，耐蚀性好，可在受大气、海水腐蚀的环境中使用，可承受工业气氛的环境中浓硝酸、过氧化氢等的腐蚀作用；焊接性能也好。但该合金的力学性能低，耐热性和切削加工性差

通过各种材料在常温及低温下的静态及冲击性能试验分析可以看出，在最低温可达 −50℃的寒冷条件下，钢材品种可选用 Q355B 和 Q355C（以 Q355C 更佳），Q235C、35CrMo 和 40Cr 等材料，应视不同使用位置的金具品种而分别采用。具体情况如下：

（1）球头挂环及 U 型挂环等类产品，应采用 35CrMo 制造。该类产品受连接标准制约，破坏载荷裕度相对较小，且受力复杂，也是运行的输电线路金具发生事故最多的一种产品，应采用 35CrMo 制造，因 35CrMo 材料低温冲击韧度较好，低温可至 −110℃，且具有高的静强度、冲击韧度及较高的疲劳强度，抗拉强度在 980MPa 以上。

（2）板件类产品标称荷重标记 4～12 时，材料为 Q235C，标称荷重标记 16 及以上时，材料为 Q355R。该类产品设计裕度大、形状简单、没有制造的分散性，Q235C 和 Q355R 具有 0℃时冲击韧性的合格保证，满足《钢结构设计规范》第 3.3.4 条中的相关规定，可以用在寒冷地区。

（3）橡胶件采用 CU 型耐低温橡胶。低温地区线路金具材料选用对照见表 2-3。

表 2-3　线路低温金具选用材料对照表

金具名称	材质选择	
	一般地区	低温地区
板件连接金具	标称荷重标记 4～12 时，材料为 Q235A； 标称荷重标记 16 及以上时，材料为 Q355B	标称荷重标记 4～12 时，材料为 Q235C； 标称荷重标记 16 以上时，材料为 Q355R
U 型挂环等锻件连接金具	Q235A 或 35	35CrMo
球头挂环	Q235A 或 40Cr	35CrMo
碗头挂板	KTH330-08\ZG270-500\35\Q235A	35CrMo
悬垂线夹	ZL102\ZL104\ZL101A	ZL102\ZL104\ZL101A
耐张线夹	1050A 和 Q235A	1050A 和 Q235C
橡胶件	并用橡胶	CU 型橡胶

高海拔地区金具主要考虑海拔升高后电晕的影响，220kV 线路在高海拔地区使用时，需要加装均压环和屏蔽环，500kV 输电线路使用时应加大均压环、屏蔽环的管径和弯管半径，防振锤、间隔棒、悬垂等金具产品需要提高防晕等级，此外高海拔（西藏）地区往往运维困难，需要选择耐磨金具，使用 35CrMo 等高强度耐磨材料，地线金具串型不选用环环连接，采用槽型连接，防振锤应选用防滑移免维护的防振锤，间

隔棒应选用抗紫外线，抗老化的橡胶件，以延长间隔棒使用寿命。

综上对于高海拔地区绝缘子和金具的选择建议如下：

（1）复合绝缘子在西部高海拔地区有丰富、可靠的运行经验。

（2）高海拔运行维护困难的地区，建议选用耐磨、耐低温金具，如 35CrMo、Q355R 等。

（3）高海拔地区金具应考虑电晕的影响，220kV 线路需要加装均压环和屏蔽环，500kV 线路应加大均压环、屏蔽环的管径和弯管半径。

（4）500kV 耐张塔跳线一般采用软跳线，对耐张串上拔或下倾严重的情况推荐采用鼠笼式刚性跳线。

（5）防振锤、间隔棒、悬垂等金具产品需要提高防晕等级。

（6）橡胶件建议采用耐低温、抗紫外线，抗老化橡胶。

（7）中相绕跳线在穿越屏蔽环时，应加装调距线夹等装置，避免导线与屏蔽环相磨损。

第五节　杆　塔　接　地

杆塔接地装置对于防雷保护和工作接地以及系统的安全运行起着重要的作用。随着电力系统的发展，由于雷击而引起的事故也日益增多。据不完全统计，电网线路遭雷击跳闸占整个电网跳闸总数的 70%～80% 以上，而由于接地网损坏而造成跳闸的占电网跳闸总数的 50% 以上。由于接地网作为隐性工程容易被人忽视，往往只注意最后的接地电阻的测量结果。另外，在设计及施工时也不易控制，这也是工程建设中的难点之一。

一、杆塔接地现状

防雷设计需根据线路所在区域落雷密度、沿线各气象台站的统计数据，确定雷电活动强弱，再通过对附近输电线路的调研，了解雷击跳闸事故，并参考现有运行线路的经验确定防雷措施，一般线路按《110kV～750kV 架空输电线路设计规范》（GB 50545—2010）、《架空输电线路雷电防护导则》（DL/T 2209—2021）来进行防雷设计。

输电杆塔作为连接电力系统的纽带，在电力系统中占着举足轻重的作用，为了避免雷击造成的损失，在杆塔下方地平面以下建立接地网，并将接地电阻降低到相关标准以下，但由于现有杆塔接地采用钢材作为接地材料，使其接地网存在许多难以解决的问题。

（1）高土壤电阻率地区接地电阻难以达标。输电杆塔是电力输送的通道，遍及各个地区，在局部高土壤电阻率地区，输电杆塔的接地网利用现有材料很难满足要求，而恰恰这些地区又是雷击概率较高的地区，这样就更增加了杆塔遭受雷击造成损失的概率。

（2）巨大投入难以降低雷击造成的损失。每年，电力系统都会投入巨大的人力物力对输电杆塔的地网进行维护，但根据电网输电杆塔因雷击造成损失的宏观数据显示，雷击损失并未随着接地网投资的增加而减少。

在对西藏地区输电线路调研结果显示，调研线路除500kV查隆Ⅰ、Ⅱ线未安装避雷器外，其他线路均已安装。±400kV柴拉直流、500kV朗许双回、波林Ⅰ、Ⅱ线在雷电活动频繁地区安装避雷器，500kV林朗双回在山顶等塔高极高的杆塔和接地装置达到最大设计规格但仍不能满足设计要求的杆塔安装避雷器，其余线路根据雷区分布图，酌情安装避雷器。

运行过程中，±400kV柴拉直流、500kV朗许双回、500kV芒左双回均发生过绕击事故，并在事故位置增设了避雷器；500kV波林Ⅰ、Ⅱ线除发生过绕击外，还存在反击事故跳闸，在事故位置增设了避雷器。

调研线路主要接地型式有镀锌圆钢、石墨接地、模块及离子棒，其中工程采用情况如图2-1所示，线路运行过程中未见由于接地型式不当所带来的事故。

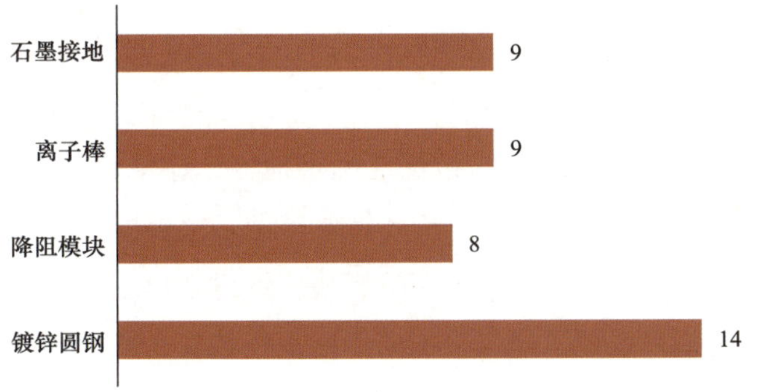

图2-1　调研线路接地型式使用情况

二、接地装置设计

降低接地电阻对降低雷击跳闸率效果很好，而对投资影响较小，考虑西藏高海拔地区同等线路铁塔较普通地区高，建议接地电阻适当留有裕度。接地按以下原则配置：

（1）每基铁塔均四腿接地，在雷雨季节干燥时，每基杆塔不连地线的工频接地电阻不大于规程规定，具体规定值见表2-4。

表 2-4　　工频接地电阻值

土壤电阻率（Ω·m）	≤100	100～500	500～1000	1000～2000	2000 以上
接地电阻（Ω）	10	15	20	25	30①

① 当采用 6～8 根总长度超过 500m 的放射型接地体或连续伸长接地体时，其接地电阻不受限制。

推荐在变电站出线段 2km 范围内杆塔工频接地电阻不大于 10Ω。

（2）为使接地装置有较良好的散流作用，接地引下线推荐采用热镀锌 ϕ12 圆钢，采用四点引下线型式。接地装置推荐采用接地框加水平接地射线的型式，接地体推荐采用 ϕ12 镀锌圆钢（ϕ28 水平石墨接地体）。接地装置埋设深度一般平丘及耕种地区采用 0.8m（且在耕作深度以下），山地 0.6m，岩石地区 0.3m，接地沟宽度 0.4m，冷压烧结等工艺成型的石墨类接地模块需埋设在冻土层之下。

（3）考虑到离子棒接地材料可以有效降低杆塔的接地电阻，在同等降阻效果条件下，采用离子棒型接地装置的施工最为便捷，同时接地沟开挖的土方工程量最小。结合藏中和昌都联网工程的经验，在土壤电阻率（ρ<3000Ω•m）条件下采用镀锌圆钢、石墨柔性接地体加接地模块的接地型式。在土壤电阻率（ρ≥3000Ω•m）条件下，建议采用离子棒型接地装置，以减小接地沟的土方量，增加环境友好性。

综上，对于高海拔地区防雷及接地方面的建议如下：

（1）多雷区、强雷区地段，经雷击风险评估后，可采取安装线路防雷用避雷器的措施来降低线路雷击跳闸率。

（2）中雷区及以上地区或地闪密度较高的地区，可采取安装并联间隙的措施来保护绝缘子，以降低线路运维工作量。

（3）在高海拔生态环境脆弱、植被恢复困难地区，应采用施工作业面积小的接地装置型式，以减少土地扰动，施工后应按环保要求做好植被恢复。

（4）冷压烧结等工艺成型的石墨类接地模块应埋设在冻土层之下。

（5）在高土壤电阻率区域，建议采用离子接地极装置，减少接地沟开挖。

第六节　冻　土　基　础

多年冻土区的基础病害主要由冻土地基冻胀和融沉引起，其中融沉的病害随着全球温度的急剧升高和青藏高原暖湿化趋势加速而日趋严峻。冻土地温控制方法可分为主动和被动两类，被动地温是在运行期间不需人为提供动力，也没有任何不停运动的机械部件，是冻土地温控制最常用的技术；而主动地温控制方法，需要动力支持或温控系统中有持续运动的部件，其显著的特点在于对冻结过程的人为可控制性和提供能量消耗。

被动地温控制方法用于解决岩土的热学问题，既可以用作加热，也可以用作冷却之用，适用于融土，高温不连续冻土以及永久冻土，目前已广泛地用于解决寒区工程的基础问题。根据传热理论，调控辐射、调控对流和调控传导均可以有效地调控冻土地基温度场，被动地温控制主要有自然对流、热障、热穴（汇）、架空结构设置、地表改良等。自然对流可分为开放式和封闭式，开放式只有单相变，而封闭式可分为单相变和双相变两类，一般把单相变和双相变对流系统分别称为“对流管”和“热虹吸管（器）”，把开放对流系统称作“空气对流桩”。三者的工作原理较为相似，是由于温度的垂直差异引起密度的垂向变化，促使工质开始运动。所不同的是开放对流装置中流动介质是空气而不是液体，单相对流主要传送的是显热，而双相对流主要传送的是潜热。其中在我国应用较为广泛的热棒是两相闭式热虹吸管的工程应用的称谓，当其兼做承载应用时称之为热桩。输电线路热棒基础现场如图 2-2 所示。

图 2-2　输电线路热棒基础现场

近年来，中国科学院西北生态环境资源研究院、中圣科技（江苏）有限公司等机构对基于热棒的多年冻土区病害防治和控温技术进行了大量的研究，大量的实践表明热棒在输电线路中具有以下作用：

（1）降温防止多年冻土衰退和融化：寒季冷却地基，储存的冷量足以补偿暖季热量的传入，从而防止多年冻土的衰退和融化。

（2）提高冻土基础的冻结强度：冻结强度与负温度是函数关系，负温度越低，冻结强度越大。热棒降温明显，冻结强度更高。

（3）提高冻土的抗剪强度和抗压强度：热棒冷冻地基后，从而力学强度提高，地基承载力增大，蠕变速率减小，地基稳定性增加。

（4）减小或消除基础冻胀：向冻结，而非垂直冻结，防止水平方向冰透镜体的形成和聚集，减小甚至消除切向冻胀力，防止基础冻胀。

（5）回冻冻结地基中已融化的多年冻土：施工破坏地表热平衡，产生热干扰，流入热量增加，冻土退化和融化，使多年冻土上限下降。

可以看出，设置热棒已经不单单是传统设计中应用于缓慢回冻的作用，还兼顾线路能够快速恢复投运、生态恢复、提高冻结状态承载能力、应对全球温度变化下的长期稳定等方面的综合作用，基于此，青藏直流联网工程进行了大比例的设计变更，塔基周围热管应用数量由以前的2600根，增加到6980根，约增加2.6倍，应用范围扩大约2倍；167基大开挖基础型式更改为抗融沉能力较强桩基础，占比为冻土区塔基数量的13.8%。通过工程实际应用证明，这些措施在大幅提高冬季降温效果、缩短工程建设周期的同时，确保了塔基的稳定。

热棒是较为精密的传热元件，埋设的深度、倾斜度、碰撞损坏均影响着实施效果，检测和判断热棒失效至关重要。另外，研究人员发现热棒在运行后内部工质可能发生分解，在热棒内部形成不凝结气体，从而大幅降低热棒的效率，而现场检测结果表明确实存在安装后的热棒失效及效能下降的问题，甚至有疑似因热棒失效导致基础稳定性显著降低的案例，图2-3为利用热红外方法检测得到的热棒失效及效能下降的典型案例。因此，为了确保冻土区工程建筑的稳定性，在热棒安装后应定期对热棒的有效性开展全面检测。检测时，应当确保热棒处于工作时间，因此，只能在冷季开展检测。同时，由于热棒在冷季的大多时段仅仅在晚上工作，因而检测时间应在晚上。为了确保热棒安装后能够起到降温作用，在安装后的当年就应当对其效能进行检测，此后应定期进行检测，建议每隔5年进行一次检测，一旦发现有热棒失效，应及时进行更换，防止其失效对塔基稳定性造成显著影响。研究表明，热红外方法并不适用于对输电线路热棒开展大规模检测，且该种方法也存在检测精度不足的问题，因此，检测过程中应以具有数据存储功能的热棒检测仪为主，已有研究证明该方法对热棒的失效、效能降低现象具有很高的识别精度。

目前，对于热棒监测主要采用地温及管壁温度监测，通过埋设温度传感器长期监测或采用热红外方法进行快速检测，若检测时间选取较好，可以得到很好的检测效果。然而，对于输电线路，由于其远离公路，加之检测时间需要在晚上，进行现场检测具有很大的安全风险，因此，适用于多年冻土区输电线路热棒效能大规模检测的技术较少，目前中国科学院寒区旱区环境与工程研究所联合国网青海省电力公司电力科学研

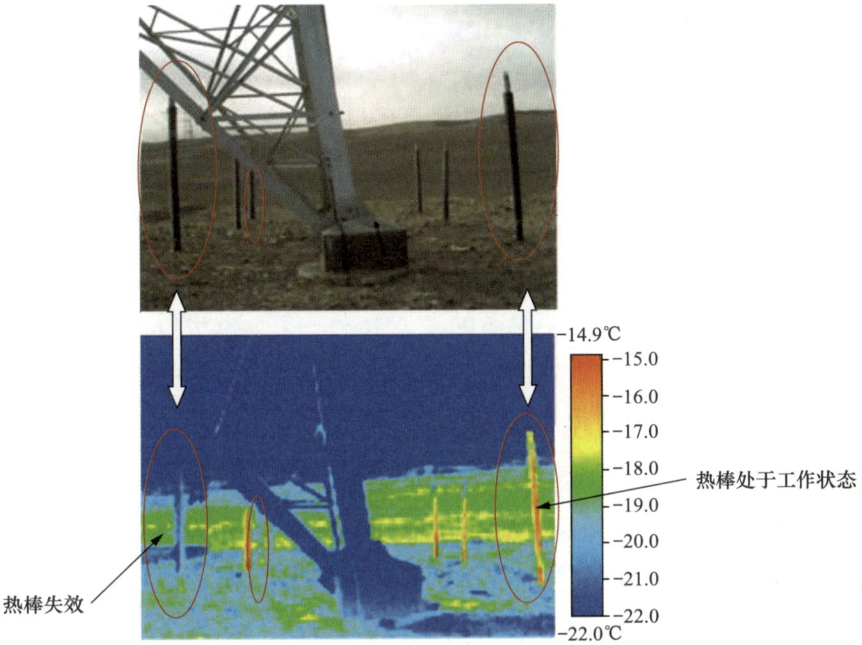

图 2-3 利用热红外方法发现的热棒失效及效能降低现象

究院在近期成功开发了基于热棒冷凝段温度和热流监测的热棒检测仪，通过对比其变化过程能够准确地识别热棒的失效问题，并可以定性分析热棒的效能下降问题，该仪器基于青藏直流输电线路的热棒取得了较好的检测效果。

与被动地温控制方法相反，主动地温控制方法是指需要动力支持或温控系统中有持续运动的部件，主要优点在于人为的可控制性，而其缺点在于要消耗能量并要不断维护。主动地温控制技术主要有机械通风、人工冻结等。其中机械通风包括管式和垫层通风，是为了加速回冻而采取的临时措施，既可以阻断上层传热，又可以用通入的冷空气降温。

人工冻结法，在冻土区对基础的沉降限制较高时，可以对基础下冻土实施永久冻结，或对已经融沉的基础回冻恢复，特点是不依赖于外界气温，但要持续消耗电能并需要维护。目前制冷循环系统主要分为两种：一种为氮循环系统，其效果是最佳的，但因其费用较为昂贵，一般情况下不使用这种方法；另一种为盐水循环系统，其效果仅次于氮循环系统，费用较低，是施工时常用的循环系统。短期冻结用循环液常为乙二醇或盐水，这两种液体泄漏会导致冻土融化，尤其在高温冻土区使用高浓度溶液，破坏性更大。因此长期冻结应考虑轻质油类或低黏度的硅树脂，并对冻土效果不断监测。

第七节 防 鸟 装 置

线路鸟害的危害常见四种：鸟衔异物故障、鸟巢类故障、鸟体短接故障、鸟粪类故障。

根据在国内其他地区线路运行经验总结以及当地运行单位收资调查结果，防鸟害装置主要分为4种：电子式驱鸟器、防鸟罩、防鸟板和防鸟刺。

其中电子式的驱鸟器由于长期驱鸟效果不佳，已经被运行单位淘汰。

防鸟罩是通过在塔侧的一片绝缘子的上方装上一个有机塑料或金属制成的罩，起到防止鸟粪直接落到绝缘子串上造成污闪的目的。这种防鸟罩的缺点是，由于防鸟罩的面积较小，对绝缘子的保护效果不理想。另外对V型绝缘子串也不能起到很好的保护作用。同时由于防鸟罩的安装，会造成清洁绝缘子的不便。

防鸟板的原理基本和防鸟罩一样，它通过在铁塔的整个横担上铺上一个较大的有机塑料板，解决了防鸟罩对V型串和长I型串保护不好的问题，但同时也存在不便检修等问题。

防鸟刺是通过在垂直于绝缘子上方的铁塔横担上安装一些散开的刺状的钢绞线，防止鸟歇落到铁塔上，达到防止鸟害的目的。这种防鸟装置的缺点是，在线路运行维护过程中，会造成工作人员的不便。

目前西藏地区主要采用防鸟刺、防鸟板作为防鸟害措施，根据鸟类活动规律、鸟的类型、线路的重要程度、运行检修的实际需要，针对性采取防鸟措施。

结合青藏联网工程、藏中联网工程、青海塘玛玉线以及110kV当那安线运行经验，高海拔地区鸟类活动频繁，大型鸟类（如鹰、隼、秃鹫）在塔头附近活动可能引起故障，其中鸟粪闪络发生率较高。

西藏高海拔地区防鸟措施建议采用防鸟针板。参考以往工程防鸟经验，在铁塔上安装防鸟针板的塔位的原则如下：

（1）防鸟针板保护对象为直线塔导线I型悬垂串、V型悬垂串、耐张塔跳线串。

（2）位于密集林区段的铁塔不安装防鸟针板，位于草原区、少植被区等非林区的塔位安装防鸟针板，位于灌木区、零星树木区、小片非连续林区等特殊区段的塔位安装防鸟针板。

第八节 消 防

随着海拔的升高，大气压力、氧气质量浓度以及环境温度等都会发生显著变化。高海拔地区的可燃物的燃烧过程和平原地区有着显著差异，主要集中在可燃物的点燃过程、燃烧速率、烟气的组分与探测设备的适用性等。

（1）点燃过程。由于海拔的升高造成了大气压力及氧气浓度的降低，这样将改变可燃气体（固体高温分解的可燃气或者液体蒸发的可燃气或者气体可燃物）在空气中的分压以及在燃烧区域的可燃气体与氧气之间的浓度梯度，进而将影响可燃物的点燃温度。相关研究表明随着压力的降低航空煤油的闪点也随之降低。

（2）燃烧速率。燃烧速率是火灾发展或者规模的一个重要体现特征。随着海拔的增加，可燃物的燃烧速率将随之降低。相对于海平面地区，高海拔地区的着火时间更长，着火温度更高，火焰体积更大。

（3）烟气成分及火灾探测设备的适用性。由于高海拔地区的大气压力及氧气浓度的降低，将影响燃烧所产生的烟气成分。相关研究表明，对于海平面地区，高海拔地区的火灾烟气中的碳颗粒浓度较小。烟气成分的不同将影响高海拔地区的火灾探测设备的适用性。相关研究表明，高海拔地区的火灾探测器的输出信号均低于平原地区。

第九节 后 勤 保 障

青藏高原独特的自然环境对广大建设者的身体健康、生命安全和劳动能力构成了极大的威胁。在高寒缺氧、强紫外线辐射的恶劣环境下，为保证工程的顺利实施，确保建设大军上得去，站得稳，干得好，国网公司在青藏联网工程建设之初，坚持“以人为本”的思想，本着“先生存，再生产”的原则建立完备的后勤保障系统，按照“全员、全过程、全覆盖”和“三结合”（一级医疗站与医疗队、二级医疗站与施工项目部、三级医疗站与习服基地相结合）的原则建立医疗保障，这些保障系统为工程建设的安全、顺利、高质量进行以及参建人员工作、生活的健康提供了切实保证，实现了“零高原死亡、零高原伤残、零高原后遗症、零鼠疫传播”的“四零”建设目标，创造了世界医疗保障的奇迹，也为后续工程建设的后勤保障系统建立提供了有效参考。

从青藏工程之后，国网公司参照青藏模式在川藏联网工程、藏中联网工程、川藏铁路供电工程、阿里与藏中联网工程等输变电工程建设中逐步建立完备的医疗、通信、物资供应、道路运输等一系列后勤保障系统，确保了参建人员的人身安全、工程顺利如期建成。

上述各类保障系统都是基于高海拔地区的长距离跨区输变电工程建立的，而在其他较低电压等级、较小规模工程中的保障系统或没有或不完善，给此类工程建设带来了诸多困难及人员安全隐患；此外，基于诸多工程建设保障体系的建立和运转成效，积累了丰富的经验和成果，应加以归纳和总结。因此，应对西藏高海拔地区电网建设的各类保障体系进行系统的研究，早日形成适用于不同规模和电压等级工程的保障体系标准化规程或文件。

第三章 高海拔地区电网差异化设计

高海拔地区电网工程较我国内陆一般地区具有明显的特殊性，在进行工程设计时，需要有针对性地采取有别于普通地区的差异化设计措施。在输电线路方面的差异化设计主要有：路径选择、绝缘配置、防雷、接地、防鸟害、导地线防振、铁塔、基础等，在变电站方面的差异化设计主要有：一次设备在线监测、构筑物防冻胀、防雷与接地、外绝缘、超长连续构架、避雷针、富氧设备等，以及在低气压、低温、强紫外线、大风沙等恶劣环境下的差异化设计。

第一节　输　电　线　路

一、特殊地段线路

西藏地区地形地貌复杂多样，线路经过高山峻岭，高山峡谷及堆积山间盆地、谷地等地貌，沿线山势陡峭，地形起伏剧烈，高耸的山峰和深邃的河谷组成叠嶂群山，对输电线路的设计及建设提出了严峻挑战。

（一）岩石碎屑坡线路选线

线路选线过程中，基岩上的覆盖层稳定性对塔位选择影响很大，而岩石碎屑坡对线路塔基的稳定性危害更甚，特别是线路从岩石碎屑坡中穿过时，潜在风险巨大。

1. 岩石碎屑坡特点

在高原气候区，气候垂直分带明显，降雨量450～1127mm，冬季最低气温可降至−20～−15℃，夏季最高气温可达35～40℃，昼夜温差可达30～35℃，寒冻风化强烈。在冷热反复交替环境下，岩体中的裂隙不断的扩展，最终崩解为大小不等的岩石块体，这些块体松散地堆积于坡面，在重力、流水作用下沿着坡面滑塌或溜滑于坡面，形成岩石碎屑坡。

例如东达山二十一道班附近的碎屑坡位于国道318的南侧，延伸长度约2km，海拔为3900～5300m，坡面起伏不平，有陇丘、沟槽、陡坡，也有平缓坡地。

地层岩性单一，以燕山期中—酸性黑云母花岗岩为主。受冻融风化影响，基岩多分布于海拔5000m以上，且以岛状形式分布，碎裂岩块分布于坡体中下部，呈多层裙带状分布，如图3-1、图3-2所示。

图3-1 东达山碎屑坡局部

图3-2 碎石堆积体

坡面岩石碎块由上往下粒径逐渐变小，粒径15～35cm，个别粒径大于150cm，级配较差，呈松散—稍密状态，上部几乎无充填，下部有砂和黏性土充填，堆积厚度逐渐变大，如图3-3所示。从剖面来看，坡面碎屑活动有明显的多期性，如图3-4所示。

图3-3 中上部坡面块石堆积体（无充填）

图3-4 碎石流堆积的期次性剖面

线路穿越岩石碎屑坡时，由于碎屑坡的滑塌具有不确定性，对线路的危害主要表现在塔基稳定性。由于能量的积累是渐进性的，碎屑的坡度多以天然休止角为主，变形迹象不明显，往往具有突发性强的特点，大量的坡面滚石、碎屑流对基础和铁塔的危害很大。

2. 差异化设计措施

碎屑坡对线路的危害，除了与气候、高程等因素有关外，还与线路所在区域的地形、地貌、地物、线路断面关系密切。一般情况下，线路不应穿越碎屑发育较严重区段，确实难以避让时，应尽量做到以下几点：

（1）阳坡日照时间长，积雪融化快，坡度较缓，坡体已经释放或积蓄能量较小，坡面植被相对较发育，致使坡体稳定性相对较好；而阴坡积雪、延留冰比较严重，且持续时间长，坡度较陡，坡体孕育着强大的潜在势能，植被不发育，不利于塔位的稳定。由于风化是一个持续不间断过程，在阳坡的上部仍会有岩石碎裂和滚动现象，因此需要在塔位的上边坡方向上采取防护措施。

（2）高处一般碎屑层较薄，基岩埋深较浅，塔位整体稳定性较好，但同时高处的物理风化也较低处强烈，易产生坡面不断剥蚀的风险，因此在单薄山脊走线时应适当增大基础埋深。

（3）若碎屑坡下部有开阔的谷地，起伏变化小的地形时，可选择在沟谷中距离坡脚较远的位置立塔。一般越靠近坡脚堆积体堆积年代越久，胶结和密实度相对上部堆积体较好，但需要注意碎屑流影响。对于坡面型碎屑流，可考虑拦挡措施，对于沟槽型碎屑流，应避开沟口和新近堆积体，可采取跨越式通过。同时，线路在坡脚走线时，需要考虑季节性滞水对施工的影响。

3．小结

碎屑坡发育段，电力工程选线应尽量做到以下几点：大规模碎屑坡应尽量避绕，小规模可跨越，需要穿越碎屑坡的，可考虑走高、走低、走阳坡方案，不宜从碎屑坡的中部穿过。

（二）陡峭山坡杆塔特殊设计

线路路径选择通常以“线位结合、以线为主”及“线中有位、以位正线”为指导思想，通过现场调查了解，并考虑地形、交通条件、施工、运行安全等综合因素，经技术经济比较后，决定最佳的线路路径方案。而输电线路往往大多穿越群山地区，杆塔多处于复杂山地环境下，受大坡度、窄山脊和风偏等不利因素影响，如采用常规的设计方法则线路路径及塔位的选择、塔型的设计十分困难。

1．陡峭山坡杆塔设计难点

高海拔地区因空气稀薄，导致线路电气间隙较大，从而使得杆塔塔头控制尺寸较大，横担较长；同时藏区大部分山体陡峭，坡度大多在30°以上。从导线对地距离角度来看，当塔头或横担尺寸越大，陡峭地势处靠近山体的导线对地距离越控制塔高；另一方面，当山体坡度逐渐加大时，靠近山体的导线对地距离随之减小，为满足陡坡内侧导线风偏距离，采取的办法只能通过加大杆塔高度来满足，这就导致杆塔使用高度较高，铁塔根开随之加大，使得本就陡峭的地形立塔条件就更为困难，需进行大面积的基面开方，不符合环保建设理念，同时杆塔及基础工程量也有所增加，使得工程本体投资增加，严重影响工程的经济效益。

2．差异化设计措施

超高海拔区段基本位于高山峻岭，高山峡谷地貌，如藏区的澜沧江、觉巴山、东达山、业拉山、怒江两岸等起伏较大的地段，地形相对高差一般在1000～2000m，地形起伏剧烈，高耸的山峰和深邃的河谷组成叠嶂群山，大部分塔位山壁陡峭，坡度在35°以上，立塔条件十分有限，如图3-5、图3-6所示。

图3-5 怒江沿岸地貌

图3-6 澜沧江右岸地貌

以藏中电力联网工程澜沧江段为例，该段地形如采用常规耐张塔存在一定困难，因考虑到耐张塔跳线串对地安全距离及档内的导线风偏要求，铁塔需使用69m呼高方能满足要求，而对应的铁塔根开则达到22m，根据工程实际地形条件，除非进行大面积山体开方，否则无法立塔，需改线绕行。为此新设计了一种特殊的下字型自立式耐张塔，该方案将常规的导线正三角排列调整为倒三角排列，使得最下端边导线横担远离山体侧，如图3-7所示。

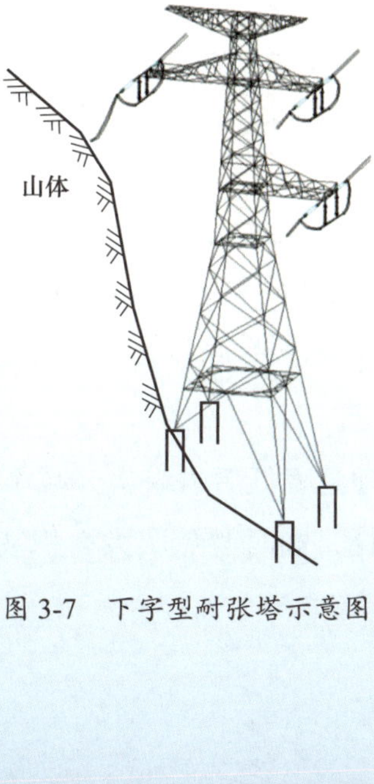

图3-7 下字型耐张塔示意图

采用下字型耐张塔后，由于下导线横担在山体的外侧，导线水平距离对陡坡侧的风偏控制较为有利，可有效降低杆塔的高度。经排位计算，采用下字型耐张塔只需54.0m呼高即能满足要求，如图3-8所示，且铁塔的根开减小了5.15m，长短腿级差由20.0m减小至14.0m，大大增强了铁塔对陡峭地形的适应性。

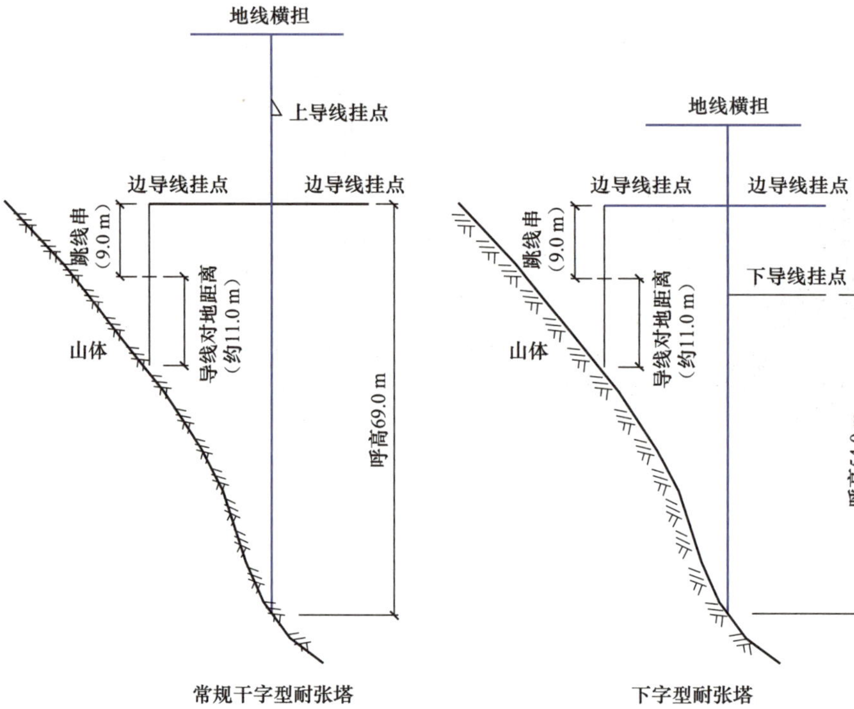

图3-8　常规耐张塔与下字型耐张塔比较示意图

常规耐张塔与下字型耐张塔各项指标对比见表3-1。

表3-1　常规耐张塔与下字型耐张塔根开及塔重比较

塔型	呼高（m）	根开（m）	塔重（t）	基础上拔力（kN）	基础混凝土（单腿）（m^3）
JF3115（下字型耐张塔）	54.0	16.4	100.76	2200	13.29
JK31152B（常规耐张塔）	69.0	21.55	122.74	2600	17.30

由表3-1可知，在困难陡峭山坡地形采用下字型耐张塔具有如下优点：

（1）与常规耐张塔相比，采用下字型耐张塔呼高降低了15.0m，满足了最下层横担的导线对地安全距离要求。

（2）与常规耐张塔相比，呼高降低后铁塔根开减小约31.4%，减小了长短腿级差，大大提高了铁塔对地形的适应性，同时避免了大面积基面开方及高露头基础或钢桁架的出现。

（3）与常规耐张塔相比，呼高降低后节省塔材约 22.0%，同时也避免了双肢角钢的出现，降低了施工难度，经济效益明显。

（4）采用下字型耐张塔，避免线路大范围改线绕行，有效地缩短线路路径，减少工程投资。

（5）与常规耐张塔相比，铁塔高度降低后使得基础作用力减小约 18.0% 左右，从而缩小了基础尺寸，减少混凝土方量。

下字型耐张塔的应用不仅节约了资源、保护了环境，同时也降低了工程的实施难度及工程造价，具有显著的社会和经济效益。下字型耐张塔的设计应用，为线路走廊紧张、地形陡峭、立塔较困难输电线路工程提供了可借鉴的设计新思路。

（三）大高差陡峭地形塔腿优化设计

高海拔地区沿线地形陡峭，塔位坡度较大，杆塔的长短腿级差已无法完全满足部分陡峭塔位的地形要求。因此，针对这些塔位需做出特殊的设计方案。

1. 陡峭塔位塔腿级差设计难点

高海拔地区，地势高差起伏大，山体坡度陡峭，部分塔位坡度大于 40°，对于常规铁塔全方位高低腿设计已无法满足现场部分超大级差，同时高海拔地区生态环境脆弱，环保要求极高，以往的降基面开方和升高基础主柱的方式已经不再适用，因此对陡峭山坡杆塔特殊设计提出了更高要求，既要保证铁塔安全可靠，现场施工方便，更要使生态环境得到保护，如图 3-9 所示。

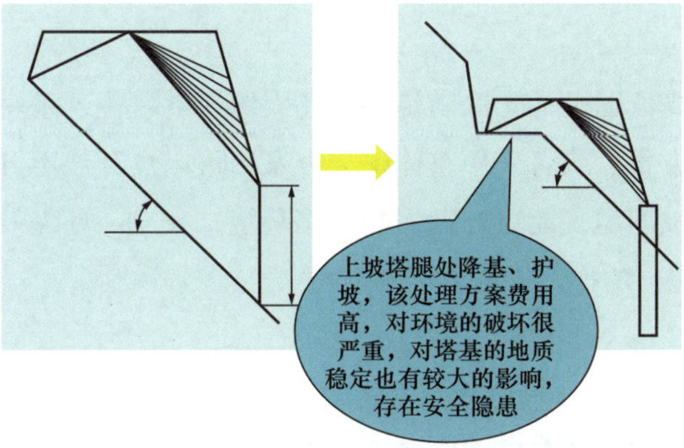

图 3-9　常规铁塔全方位高低腿设计

2. 差异化设计措施

为解决陡峭山坡塔腿级差不足问题，避免因强行降基引起的地质灾害以及对原本生态脆弱的区域造成环境破坏，对位于陡峭边坡的铁塔进行设计优化，对塔腿采用整体钢架和独立斜式钢桁架方案，如图 3-10、图 3-11 所示。

图 3-10 整体钢架应用照片

图 3-11 独立斜式钢桁架应用照片

整体钢架是在原塔腿横隔面位置采用变直坡，最大限度减小根开进而缩小塔腿级差，与常规塔相比，该方式优点是刚度较大，整体性能较好，缺点是塔重有所增加。较常规塔最大可增加塔腿级差约 5m。

独立斜式钢桁架是沿着原塔腿坡度向下新设计一个小斜式桁架，可以大大增加塔腿级差，充分适应陡峭地形。与常规塔相比，该方式优点是塔重较轻，结构形式安全可靠，缺点是斜桁架顶端位移需要严格控制。较常规塔可增加塔腿级差 5m 以上。

不管采取整体钢架还是独立斜式钢桁架，都能最大限度地减小上坡侧的基面开方，有效地解决了陡峭山区输电铁塔塔腿级差问题，避免土体的大范围扰动，有效地减少滑坡等地质灾害的发生。

3. 小结

对于常规铁塔高低腿设计无法满足现场超大级差的塔位，采用独立钢桁架结构结合全方位长短腿的方案，或者采用整体钢架方案，可以少开或不开基面，避免因施工开挖而出现的高边坡问题，能更好地保护生态环境，安全、环保效益明显，在高海拔地区陡峭地形具有很高的推广价值。

二、绝缘配置

根据《110～750kV 架空输电线路设计规范》（GB 50545—2010）的规定，一般情况下只有重要交叉跨越和荷载较大的场合才采用双联设计，其他情况下均采用单联设计；金具和绝缘子在最大荷载情况下，瓷绝缘子的安全系数为 2.7，复合绝缘子的安全系数为 3.0，金具的安全系数为 2.5。

1. 问题陈述

西藏地区地形地质条件复杂，局部区段交通困难（如图 3-12 所示），对于部分需要通过索道转运 3 基及以上的塔位，在发生故障情况下修复特别困难，加之运维人员到高原之后人体机能迅速下降，运行维护难度极大。因此对于西南高海拔地区的交通困难塔位，需提高安全可靠性，尽量做到免维护、少维护。

图 3-12　西南高海拔地区部分交通困难塔位

2. 差异化设计措施

在交通特别困难区段，对线路杆塔的金具和绝缘子差异化设计，其原则如下：

（1）导线悬垂绝缘子串采用双串双挂点，如图 3-13 所示，在输电线路单串或单个挂点失效的情况下，可保障不发生大的掉串事故，为运维修复争取时间，提高运维可靠性。

（2）绝缘子及金具设计安全系数比现行规程规定值增加 10%。例如，500kV 线路耐张串采用双联 420kN 盘型绝缘子串，相对于常规线路段采用双联 300kN 盘型绝缘子串，金具和瓷绝缘子的安全系数从 2.82 提高到 3.95，运行维护可靠性大幅提高。

3. 小结

综上所述，对于西藏高海拔地区交通困难塔位，为提高线路的安全可靠性，实现输电线路的免维护、少维护，对绝缘子及金具串采取双联双挂点、并提高安全系数等差异化设计，提高线路运行可靠性，为交通困难塔位后期的免维护、少维护奠定坚实的基础。

三、防雷

（一）问题陈述

高海拔地区由于海拔高、高差大、地形陡峭，有必要对输电线路防雷提出差异化设计要求。

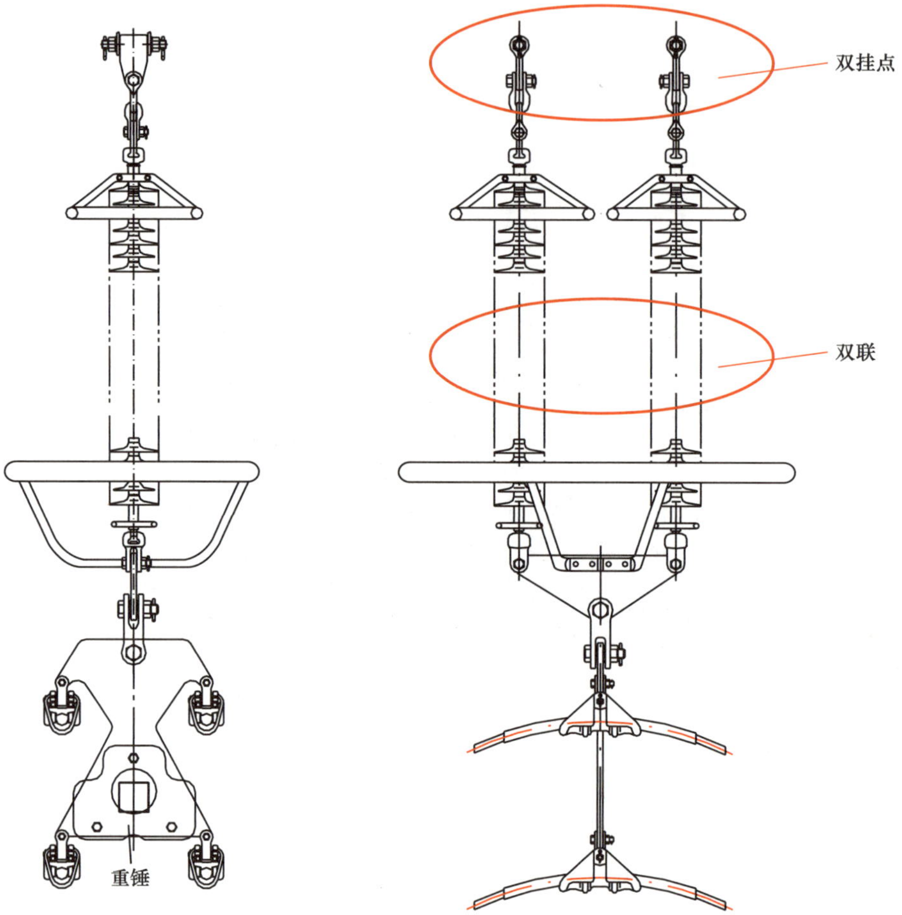

图 3-13　双联双挂点悬垂串示意图

（1）对于大地面倾角、大档距等易受绕击的区段，可采用减小保护角的措施。对于受塔头设计的限制保护角不可能大幅度降低的情况，应采取其他有效的绕击防护措施。

（2）对于反击风险大的铁塔，可采用水平外延接地体、深埋式接地极、填充低阻物质、加装导电接地模块等方式降低杆塔接地电阻。

（3）对于雷电活动强烈或土壤电阻率高、降低接地电阻有困难的区段，可加装线路避雷器或并联间隙。

（二）差异化设计措施

1. 绝缘子串并联间隙

根据国内外历年架空输电线路的运行情况，雷击是导致架空线路绝缘子串烧坏以及线路跳闸的主要因素。因为地理特征和天气条件等因素的影响，尤其在高海拔山区的雷电频繁路段，大部分线路故障是由雷击跳闸引起的，调查显示，输电网络中有 50% ～ 60% 架空输电线路故障的发生是由直击雷和绕击雷造成的，所以怎样有效避免架空线路绝缘子免遭雷击和迅速地排除故障，是目前防雷研究迫切需要解决的问题。

并联间隙安装在线路绝缘子串两端，雷电过电压下先于绝缘子串击穿放电，疏导工频续流电弧沿电极漂移离开绝缘子串表面，保护绝缘子串免于电弧烧损。并联间隙自身没有熄灭工频电弧能力，需要配合变电站内重合闸装置使用，安装并联间隙有助于提高线路重合闸成功概率。

线路安装并联间隙可以防止绝缘子串发生击穿或闪络，减小绝缘子维护成本，提高线路重合闸率，有效减少非计划停运时间，降低雷击事故率，减轻供电公司巡线人员的劳动强度。

常规并联间隙典型结构形状包括羊角形状、球拍形状、半跑道形状和开口圆环形状。对 500kV 交流线路用并联间隙，宜选择半跑道形状或开口圆环形状，技术要求和试验检验方法按照标准 DL/T 1293—2021 规定执行（500kV 交流线路用并联间隙宜参照国家电网企标 Q/GDW 11452—2015 执行）。绝缘配合上，一般取并联间隙电极间最短距离（Z）为与之并联安装绝缘子串长度（Z_0）的（85 ± 2.5）%。如图 3-14 所示。

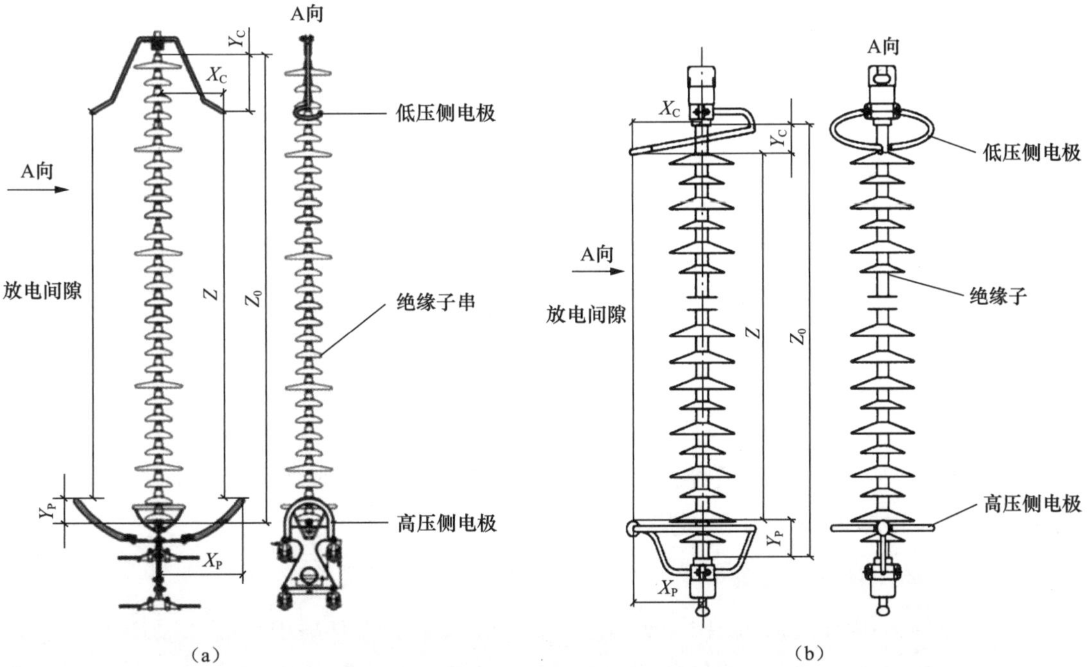

图 3-14 并联间隙典型结构示意图

（a）半跑道形状并联间隙；（b）开口圆环形状并联间隙

藏中电力联网工程在运维困难地区同塔双回路直线塔中一回安装绝缘子串并联间隙，导线悬垂 I 型串采用并联间隙后需保留复合绝缘子上、下端的小均压环，可不再安装大均压环。为实现并联间隙保护绝缘子的目的并且不过多降低线路整体绝缘水平，并联间隙 Z/Z_0 取 0.9。上、下电极横向伸出值 X_P 取 900mm；上电极材质采用镀锌钢，外径 30mm；下电极材质采用镀锌钢管，4000m 海拔外径取 60mm，5000m 海拔外径取 80mm。所采用的并联间隙的尺寸如图 3-15 所示。

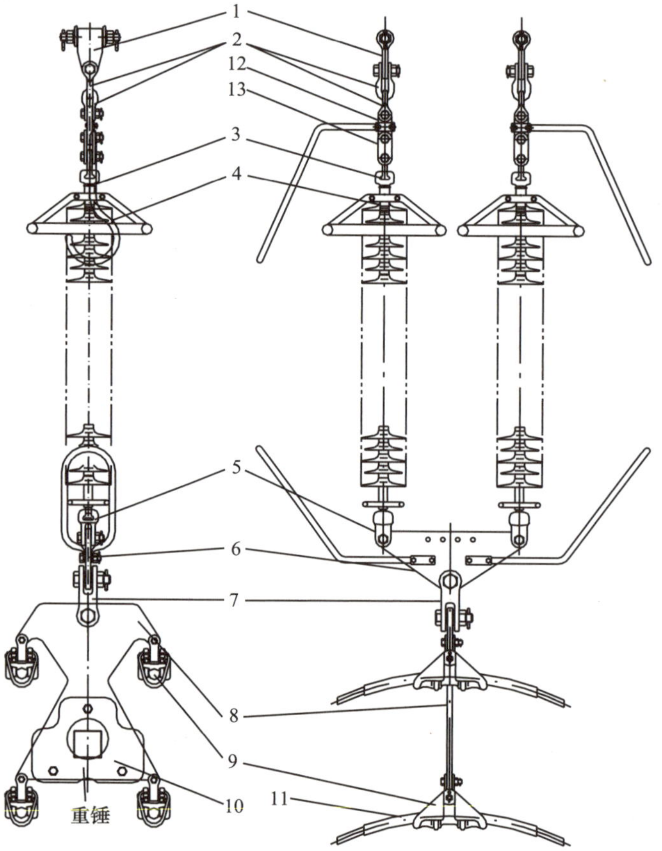

序号	型号	名称
1	EB-42/55-120	耳轴挂板
2	U-42140	U型挂环
3	QP-42100	球头挂环
4		420kN复合绝缘子
5	WS-42120	碗头挂板
6	L-84J-170/600ZHJ	联板
7	Z-84180	直角挂板
8	LX-84450	联板
9	XGC-21047	悬垂线夹
10	FZC-20	重锤片（配螺栓）
11		预绞丝护线条
12	SZ-42J-150	十字联板
13	P-42120	平行挂板

图 3-15　加装并联间隙的悬垂串组装示意图

安装并联间隙后可大大降低雷击损伤绝缘子的概率，在提高系统运行可靠性的同时，也大大减轻了运行维护工作量。该并联间隙的设计方案已在高海拔地区正常运行，可为后续高海拔输电线路的设计提供借鉴。

2．高雷击率地区避雷器配置

高海拔地区沿线各区域内的地形地貌差异很大，主要有高山峡谷、高山草原、草原湖泊、丘陵风化沙石带、终年冰川雪山等，易形成复杂多变的雷电灾害。输电线路的防雷保护是一个系统工程，需要因地制宜，根据不同区域的地形地貌和气候特点，合理地选择防雷保护措施。

根据雷电定位系统 2009—2011 年获取的数据分析得知：一年当中高于 90% 的闪电活动发生在4～9月，随着地表温度和湿度的增加，闪电活动在4月份开始明显增加，7、8、9 月是闪电活动发生的高发期。

为降低雷电灾害对线路正常运行所带来的影响，常规工程的做法都是运检单位根据线路运行过程中雷电灾害所发生的位置，在相应的杆塔上加装线路避雷器以达到提高输电线路防雷水平的目的。考虑到西藏电网现阶段的薄弱性以及工程的重要性，同时减少工程投运后运检单位工作的难度，工程在基建阶段即对避雷器进行加装。

由于线路避雷器造价相对较高，不适合全线普遍使用。因此需结合工程线路沿线雷电活动及输电线路的防雷设计情况，明确工程线路安装避雷器的具体塔位。同时结合工程所采用杆塔型式、杆塔所处地形位置等因素，确定避雷器的相关性能参数及具体安装方案，以兼顾输电线路运行的安全性和经济性。

（1）高海拔高雷击率地区避雷器的配置方案。在选择线路避雷器的安装地点时，遵循以下原则：

1）依据历年记录的统计结果及雷电定位系统等，确定易受雷击铁塔或线段范围。

2）分析并确认该铁塔或线段范围受雷击的种类：反击（雷击铁塔或避雷线）还是绕击（雷电绕击输电导线），或哪一类占主导因素。

3）属雷电绕击的可仅在易绕击相或两边相安装线路避雷器，雷电反击则应三相均安装线路避雷器，若临近杆塔接地电阻偏高或期望进一步提高耐雷水平，则相邻杆塔也应安装线路避雷器。

4）安装选点应使得无论雷击被保护线段内还是被保护线段外，均应确保被保护线段内的线路绝缘子串不闪络。

在确定安装数量、相别时，应遵循以下原则：

a. 安装在易绕击相。并根据易绕击的相数确定数量，既提高杆塔的反击耐雷水平又减少绕击跳闸。由于雷击一相放电最多，其次是两相放电，最少的是三相放电，因此原则上尽量按照一相考虑，雷击两相放电多的安装两相，雷击三相放电多的安装三相。

b. 孤立的杆（如位于山顶或者平地）：一般安装 2 支（两回路的中相）；在陡坡上，安装 1 支（远离山顶线路的中相）；接地电阻大时，安装 3 支。连续杆：一般 1 支和 2 支错开安装；上字排列杆、垂直排列杆、处于陡坡的杆安装 1 支（远离山顶线路的下相导线）；三角形排列杆（两回路的中相）、水平排列杆（边相）安装 2 支；连续上字排列杆，处于更高的或接地电阻较大的或两边陡度较大的，安装 2 支；接地电阻很大时，安装 3 支。

安装 1 支时：上字型，安装在上相，如单线侧在陡坡的下坡侧，则安装在单线侧；三角排列和水平排列，安装在陡坡的下坡侧向或者雷雨天气的主导风向侧；垂直排列，安装在下相。

安装 2 支时：上字型，安装在单线侧和上相，如单线侧在陡坡的上坡侧，则安装在双线侧两相；三角排列和水平排列，安装在左右两相；垂直排列，安装在中、下两相。

安装 3 支时：三相均安装避雷器。

（2）高海拔高雷击率地区线路避雷器的性能参数设计及安装方案。线路避雷器由本体和串联间隙组成，间隙可采用纯空气间隙或绝缘子支撑间隙两种型式，两种型式的线路避雷器结构示意图如图 3-16 所示。

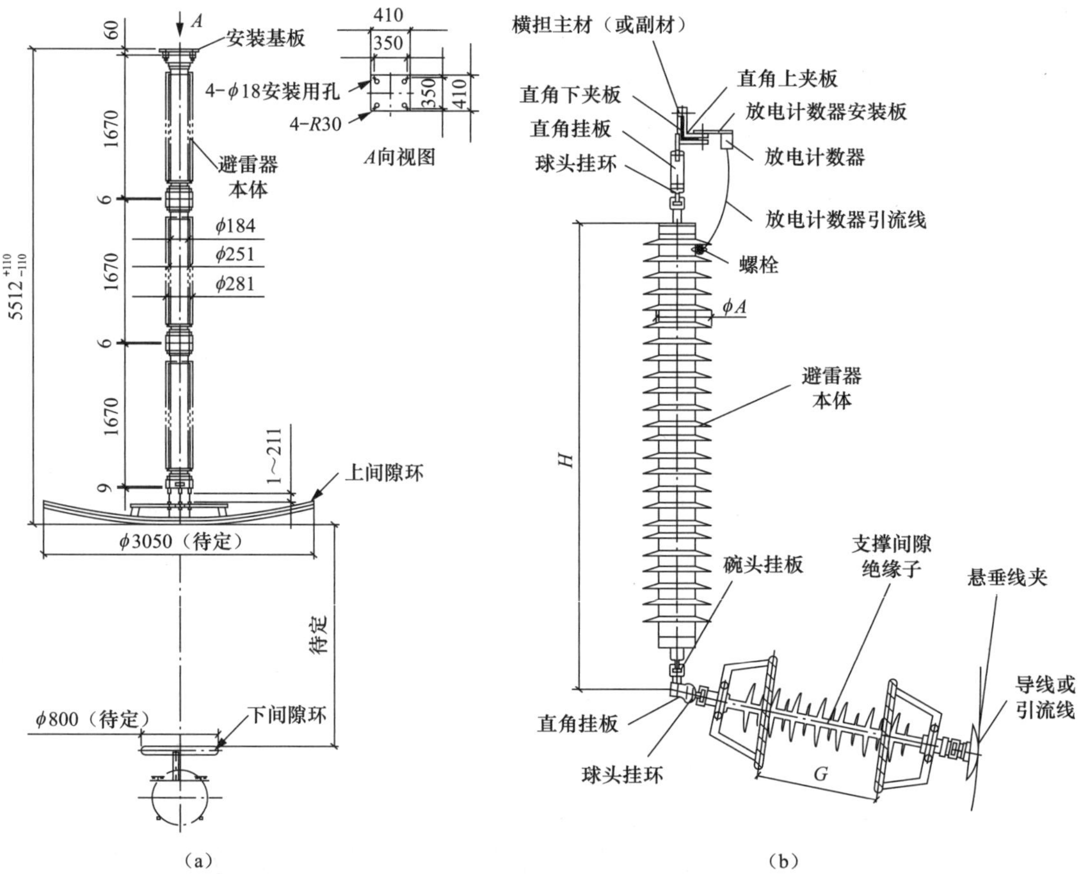

图 3-16　两种型式的线路避雷器结构示意图（单位：mm）

（a）纯空气间隙型避雷器；（b）绝缘子支撑型避雷器

为了保证避雷器的安装方便、运行可靠，针对不同形式的杆塔采取下列不同的安装方式：

1）单回路酒杯直线塔、双回路直线塔采用纯空气间隙型避雷器，如图 3-17 所示。

2）单回路猫头直线塔、单双回路耐张塔采用绝缘子支撑型避雷器，如图 3-18 所示。

图 3-17 纯空气间隙型避雷器在工程中的应用

图 3-18 绝缘子支撑型避雷器在工程中的应用

在对工程需要加装避雷器的杆塔形式进行了梳理后，针对线路避雷器的常规安装方案，分别对每种杆塔形式采取不同的避雷器安装方式，确保避雷器在安装过程中的便捷性，同时将避雷器安装后对铁塔荷载的影响降至最低。

3. 避雷器支架设计

西藏电网地处西南高海拔地区，各大区域的地形地貌差异很大，如高山峡谷、高山草原、草原湖泊、丘陵风化沙石带等，易形成复杂多变的雷电灾害，为保证线路的稳定运行，对雷电活动频度较大的特殊地段采用加装线路避雷器，可有效提高线路工程的整体耐雷水平。

（1）避雷器安装方式特点及难点。线路避雷器主要由避雷器本体和串联间隙组成，安装方式分为绝缘子支撑间隙型和纯空气间隙支撑型两种。绝缘子支撑间隙型安装方式为高压端通过拉杆等金具与导线连接，低压端通过拉杆等金具与塔身主材连接，其安装方式简单、方便，对于新建或已投运的线路工程均可加装（如图 3-19 所示）；纯空气间隙支撑型安装方式是在原塔导线横担端头加装避雷器支架横担，再通过避雷器支架横担及金具与避雷器本体相连的一种安装方式，其结构略复杂（如图 3-20 所示）。根据电科院相关试验结果，两种避雷器安装方式均适用于各种电压等级、各种塔型，均能达到避雷效果，在同等条件下采用纯空气间隙型安装方式的防雷效果更佳，但其安装条件较为苛刻。

图 3-19　绝缘子支撑间隙型

图 3-20　纯空气间隙型

（2）设计方案及措施。采用纯空气间隙型避雷器的塔位，为了解决上述技术难题，对藏中联网工程部分塔型采用了加装避雷器支架横担方案，该安装方案是在现有直线塔导线横担端部加装避雷器支架，再将避雷器本体与避雷器支架连接而成，如图3-21所示。

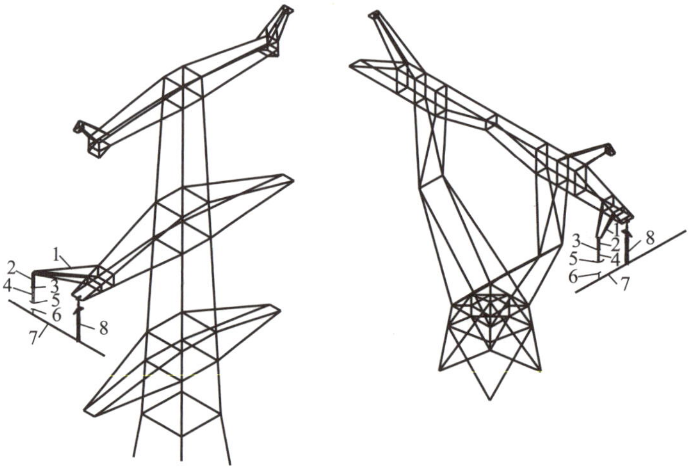

图 3-21　纯空气间隙支撑型示意图

1—避雷器支架结构；2—避雷器支撑吊架；3—吊架连接板；4—避雷器本体；5—避雷器上间隙环；6—避雷器下间隙环；7—导线；8—悬垂绝缘子

依据电科院的研究成果，避雷器安装位置距离导线挂点应不小于4m，避雷器支架通过紧固金具与铁塔导线横担相连，无需在导线横担主材上增加螺栓孔，也无需对铁塔本体进行大规模改造。考虑到导线与避雷器支架之间垂直距离的不确定性，在避雷器吊架上端均匀设有若干排螺栓孔，根据现场实际安装高度选取不同的螺栓孔来调整避雷器竖向位置，具体安装示意图详见图3-22～图3-24。采用此方案具有结构简单、安装方便、可靠性高、实用性强等特点，是当前输电线路避雷器安装最为有效的手段之一。

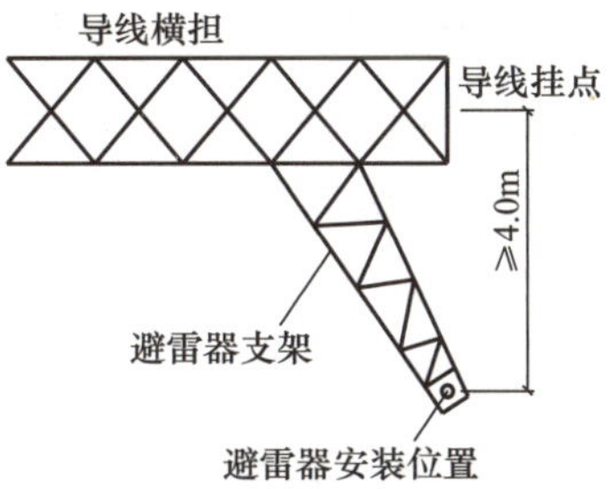

图 3-22 导线横担及避雷器支架平面图

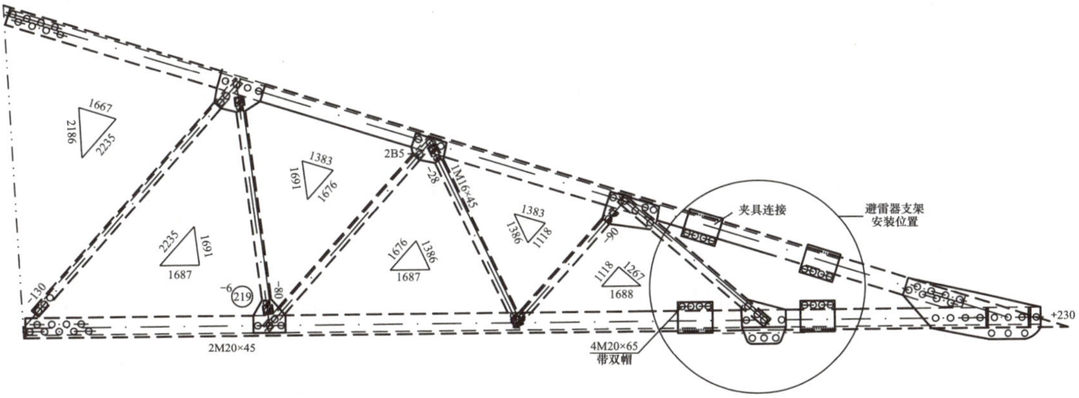

图 3-23 导线横担结构图（单位：mm）

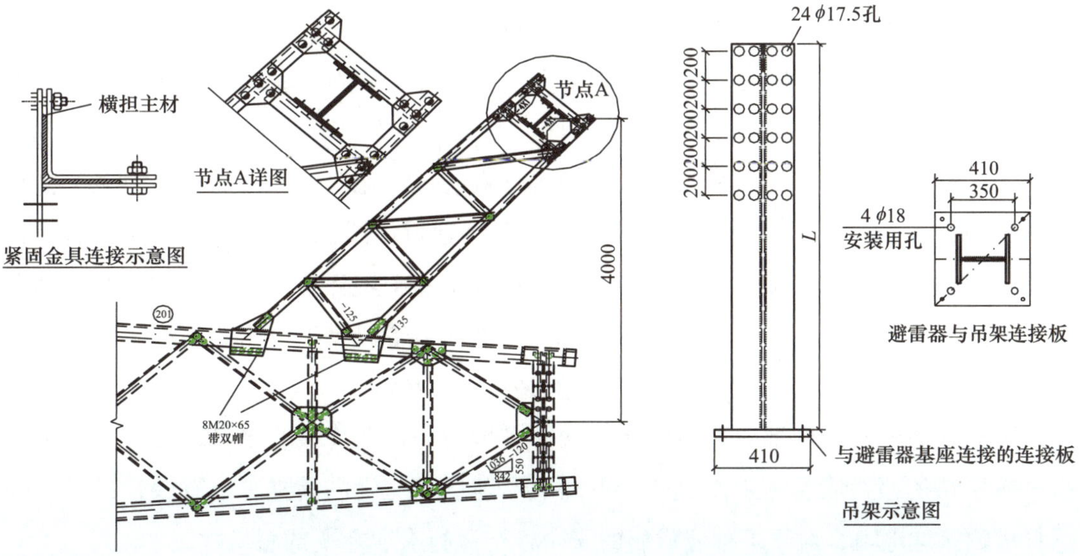

图 3-24 导线横担下平面及吊架示意图（单位：mm）

（三）小结

综上所述，对于雷电活动强烈或土壤电阻率高、降低接地电阻有困难的区段，可加装线路避雷器或并联间隙。安装并联间隙后可大大降低雷击损伤绝缘子的概率；根据易绕击的相数确定避雷器安装相数，既提高杆塔的反击耐雷水平又减少绕击跳闸；单回路酒杯直线塔、双回路直线塔采用纯空气间隙型避雷器，单回路猫头直线塔、单双回路耐张塔采用绝缘子支撑型避雷器；采取差异化防雷措施，在提高系统运行可靠性的同时，也大大减轻了运行维护工作量。

四、接地

1．问题陈述

高海拔地区输电线路沿线海拔高，地形起伏大，部分区域地形地质条件复杂，杆塔的接地沟开挖困难，接地装置敷设难度很大，同时受外部环境影响，接地装置在施工及运行过程中极易破坏。

架空输电线路杆塔的接地装置通过杆塔及引下线与地线连接，可将直击于输电线路的雷电流引入大地，以减小雷击引起的停电事故。降低杆塔的接地电阻是提高线路耐雷水平的一项重要措施，杆塔的接地电阻越小，雷击时加在绝缘子串上的电压越低，发生反击闪络的概率越小。

我国传统接地体采用金属材质，金属材质接地体在高海拔地区复杂地形地质条件下存在的问题如下：

（1）施工难度高。由于钢材的物理特性，施工单位难以根据现场的地形条件进行灵活处理，尤其是在山区，局部区域的接地沟难以按照直线进行开挖，这无形中增加了工程施工的难度和费用；同时接地体连接点需要进行焊接，而山区焊机的运输也相对困难；此外，当塔位附近的地表及地下分布有大量的碎石时，钢材质接地体的敷设也困难重重。

（2）锈蚀造成的接地不稳定。造成输电杆塔接地不稳定的原因有很多，最主要是由于接地材料的锈蚀。目前，输电杆塔主要采用钢材（圆钢和扁钢）作为接地材料，随着工程完工后的时间推移，钢材接地材料在复杂的土壤环境中会发生酸碱腐蚀和电化学腐蚀，尤其是在引下线入土处和焊接处，进而会造成接地电阻的不稳定，在大电流通流情况下，会导致锈蚀处发热断裂，宜造成雷击事故。

考虑到高海拔地区部分区域为高山峻岭且地质地形条件极为复杂，设计了一种新型的接地系统，在满足施工便捷性、不同地形地质适应性的前提下，有效且稳定地降低杆塔的接地电阻，对于工程建成后的安全稳定运行有着重要的意义。

2．差异化设计措施

（1）离子接地系统。高海拔地区雷电活动频繁，为了降低雷击跳闸率，必须有效地降低杆塔的接地电阻。然而高海拔地区的土壤电阻率往往较大，以藏中电力联网工程为例，线路沿线塔位的土壤电阻率分布情况极为不均，部分地区为高原山地，地表为出露、风化的岩石或石屑，土壤电阻率大于6000Ω·m，少数甚至大于20000Ω·m，接地处理的工程经验很少，而常规的接地圆钢、接地模块等接地材料难以满足高海拔地区特殊高土壤电阻率地区接地电阻的要求。

离子接地系统主要由电极、离子活性物质、离子缓释填料三大部分组成。离子接地极原理如下：首先，离子活性物质电解后变成液体，重力使得其在管内沉积并溢出到离子缓释填料中，经过填料的不断吸收达到饱和，最后缓慢向大地深处释放活性物质，改善土壤电阻率，降低接地电阻；电极采用耐腐蚀合金制成，电极自身的腐蚀率仅为铁的1/8，使用寿命比普通接地极更长。

离子活性物质被填充在电极内，无需人员维护，在埋入地下后自动电解，在电极周围溢出形成树根效应，改善土壤的导电性能。正是由于有离子活性物质不断的电解，接地电阻随时间会进一步降低，一年后降到最低值并趋于稳定。

电极外填充离子缓释填料，应用毛细孔原理，锁住水分保持湿度，并不断收集电解的离子活性物质，由于填料为离子活性物质提供缓释通道，降低接地电阻并延长离子活性物质的作用时间。

离子接地系统具有如下特点。

1）安装方便，电极单元水平安装，开挖量少。

2）安装不需要水，适合于野外、高山等缺水的施工现场。

3）降阻高效，采用三层降阻结构，在有限区域达到最佳综合降阻效果。

4）使用寿命较长，电极单元内外均做防腐处理，复合回填料能紧密包裹，同时对金属电极单元有缓蚀作用。

5）接地电阻稳定，复合回填料主要物质是导电石墨，靠电子导电，电极单元还将不断地向周围土壤中释放导电离子，改善接地体周围的土壤，接地电阻随季节变化影响较小。

6）安全性高，接地装置设计有泄流环结构，能有效降低大电流通过时引起的地电位上升，保障地面生命安全。

藏中电力联网工程中米堆冰川段线路是西南高海拔地区特殊高土壤电阻率地区的一个典型代表，该段线路共计包含36基杆塔，位于波密县米堆冰川景区北侧陡峭的山壁上，属于左贡—波密500kV线路工程的一部分。该段线路山势陡峭，土壤电阻率较大，普遍大于6000Ω·m，少数甚至大于20000Ω·m。为降低杆塔的接地电阻，该段线路全部采用离子接地装置，该接地装置可以有效降低高土壤电阻率塔位的接地电阻，同时有效减小接地射线的长度，根据现场实测，上述杆塔的接地电阻值均满足规程规范的要求。

离子棒接地材料可以有效降低杆塔的接地电阻，在同等降阻效果下，此接地装置施工最为便捷，同时接地沟开挖的土方工程量最小。

（2）石墨柔性接地系统。石墨柔性接地体采用柔化工艺将具有良好导电性和耐腐性的石墨进行柔化改性，使其电气性能、理化性能、力学性能满足防雷接地技术及工程施工要求，可以彻底解决输电线路杆塔接地装置的腐蚀及接地电阻不稳定问题，实现接地工程免维护。

其主要技术特征表现为以下几个方面：

1）具有良好的工程性，运输、开挖、回填等变得简单易行。

2）良好的耐腐性，适应于复杂的地质环境。

3）与土壤具有良好的粘结性，与土壤的接触电阻低且稳定。

4）大电流冲击下良好的动热稳定性，温升低，避免了土壤烧结。

5）石墨柔性接地体取代金属类接地材料，具有良好的技术经济性。

6）石墨材料无回收价值，可避免偷盗。

基于石墨柔性接地体的上述优点，在部分地形陡峭、塔位地形狭窄以及具有腐蚀性的部分塔位采用石墨柔性接地材料，替代传统的镀锌圆钢。石墨柔性接地材料在敷设时全部位于冻土层以下。

石墨柔性接地材料可以有效降低杆塔的接地电阻，同时凭借其耐腐蚀性、与土壤具有良好的粘结性、良好的动热稳定性、技术经济性以及施工的便利性，在局部复杂地形地质条件下的接地设计中发挥了重要的作用。

3. 小结

综上所述，采用离子接地装置，可以有效降低高土壤电阻率塔位的接地电阻，同时有效减小接地射线的长度；柔性石墨接地材料凭借其耐腐蚀性、与土壤具有良好的粘结性、良好的动热稳定性及施工的便利性，可在局部复杂地形塔位的接地设计中发挥重要作用。

五、防鸟害

1. 鸟害概述

鸟害一般分为鸟巢类、鸟粪类、鸟体短接类和鸟啄类四大类，其中鸟粪类又可分为鸟粪污染绝缘子闪络故障和鸟粪短接空气间隙。各类鸟害机理如下：

鸟巢类是指鸟类在杆塔上筑巢时，较长的鸟巢材料减小或短接空气间隙，导致的架空输电线路跳闸，如图 3-25 所示。

鸟粪类是指鸟类在杆塔附近泄粪时，鸟粪形成导电通道，引起杆塔空气间隙击穿，或鸟粪附着于绝缘子上引起的沿面闪络，导致的架空输电线路跳闸，如图 3-26 所示。

（a）　（b）

图 3-25　鸟巢类故障

（a）杆塔上的鸟巢；（b）均压环放电痕迹

（a）　（b）

（c）　（d）

图 3-26　鸟粪短接空气间隙类故障

（a）鸟粪痕迹；（b）表面放电痕迹；（c）复合绝缘子上鸟粪痕迹；（d）均压环放电烧伤痕迹

鸟体短接类是指鸟类身体使架空输电线路相（极）间或相（极）对地间的空气间隙距离减少，导致空气击穿引起的架空输电线路跳闸，如图 3-27 所示。

（a）

（b）

图 3-27 鸟体短接类故障

（a）被电击的大鸟；（b）放电痕迹

鸟啄类是指鸟类啄损复合绝缘子伞裙或护套，造成复合绝缘子的损坏，危及线路安全运行，如图 3-28 所示。

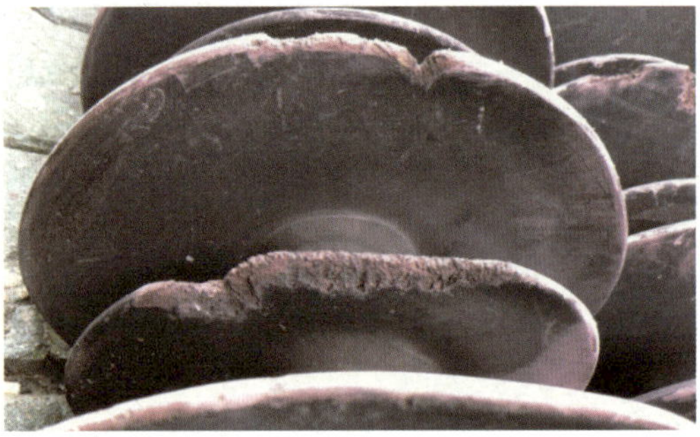

（a）

（b）

图 3-28 鸟啄类故障

（a）复合绝缘子伞裙啄损；（b）复合绝缘子芯棒外露

目前线路防鸟害措施主要分为：挡鸟、驱鸟及驱引防结合方式。

鸟巢类故障防治的措施主要有防鸟封堵盒（以下简称防鸟盒）、防鸟挡板等。鸟粪类故障的常用防治措施包括：防鸟刺、防鸟挡板、防鸟粪绝缘子、防鸟屏蔽罩、防鸟绝缘包覆、防鸟针板等，如图 3-29 所示。

（a）

（b）

图 3-29 主要防鸟装置示例（一）

（a）防鸟刺；（b）防鸟盒

图 3-29 主要防鸟装置示例（二）

（c）防鸟挡板；（d）防鸟屏蔽罩；（e）防鸟绝缘包覆；（f）防鸟针板；（g）风车式驱鸟器；（h）智能声光驱鸟器；（i）鹰模型惊鸟装置；（j）人造鸟巢平台

（k）

（l）

图 3-29　主要防鸟装置示例（三）

（k）电容耦合式驱鸟板；（l）栖鸟架

主要防鸟措施的优缺点对比如表 3-2 所示。

表 3-2　　　主要防鸟措施的优缺点对比表

装置名称	优点	缺点
防鸟刺	制作简单，安装方便，综合防鸟效果较好	（1）不带收放功能的防鸟刺会影响常规检修工作 （2）小鸟会依托防鸟刺筑巢
防鸟盒	使鸟巢较难搭建于封堵处，且能阻挡鸟粪下泄	（1）制作尺寸不准确可能导致封堵空隙 （2）拆装不方便 （3）不适用 500（330）kV 及以上线路
防鸟挡板	适合宽横担大面积封堵	（1）造价较高 （2）拆装不方便 （3）可能积累鸟粪，雨季造成绝缘子污染 （4）不适用于风速较高的地区
防鸟粪绝缘子	有一定防鸟效果，还可以提高绝缘子串耐雷、耐污闪水平	保护范围不足
防鸟针板	（1）适用各种塔型 （2）覆盖面积大	（1）造价较高 （2）拆装不便 （3）容易异物搭粘
防鸟绝缘包覆	增大绝缘强度，有一定的防鸟粪效果	（1）须停电安装 （2）造价高 （3）安装工艺复杂 （4）存在老化问题
旋转式风车、反光镜等惊鸟装置	使用初期有一定防鸟效果	（1）易损坏 （2）随着使用时间延长，驱鸟效果逐渐下降
声、光驱鸟装置	有一定防鸟效果，单个声、光驱鸟装置的保护范围较大	（1）电子产品在恶劣环境下长期运行使用寿命不能得到保障 （2）故障后需依靠设备供应商进行维修 （3）随着使用时间延长，驱鸟效果逐渐下降
人工鸟巢	环保性较好	（1）引鸟效果不稳定 （2）主要适用于地势开阔且周围少高点的输电杆塔
电容耦合式驱鸟板	驱鸟效果明显	（1）安装较复杂 （2）降低了线路绝缘水平 （3）增加塔上作业难度

2. 差异化治理措施

（1）防鸟措施。目前西藏地区主要采用防鸟刺、防鸟板作为防鸟害措施，根据鸟类活动规律、鸟的类型、线路的重要程度、运行检修的实际需要，针对性采取防鸟措施。

（2）防鸟间隙。高海拔鸟粪闪络易发地区，应考虑防鸟间隙影响。

1）防鸟粪闪络间隙距离。防鸟粪闪络间隙距离应综合考虑海拔、建设成本和运维条件等因素，按照可靠、经济的原则进行确定；在鸟粪闪络故障频发、运维困难的高海拔地区，在按照 GB/T 50064—2014 和 GB/T 50545—2010 绝缘配合基础上应适当增加防鸟粪闪络间隙距离。防鸟粪闪络间隙距离 H 推荐最小值见表 3-3。

表 3-3 架空输电线路防鸟粪闪络间隙距离 H 推荐最小值

输电线路标称电压			海拔（m）			
			3500～4000	4000～4500	4500～5000	5000～5500
防鸟粪闪络间隙距离 /（m）	交流 /（kV）	110	1.9			
		220	3.2			
		330	4.3	4.5	4.7	4.9
		500	6.0	6.1	6.2	6.3

2）鸟粪闪络防护宽度推荐值。防护宽度应综合考虑线路运行的可靠性要求和建设成本，基于疏堵结合、安全、经济和合理的原则进行确定；防护范围需考虑均压环尺寸、风偏和海拔的影响，防护范围与绝缘子的串型有关。杆塔防鸟粪闪络防护宽度 L 推荐最小值见表 3-4。

表 3-4 架空输电线路防鸟粪闪络防护宽度 L 推荐最小值

输电线路标称电压		交流（kV）			
		110	220	330	500
防护宽度 /m	I 串	1.0	1.5	2.0	3.0
	V 串	1.3	1.8	2.5	3.5

注：用于海拔 3500m 及以上地区。

3. 小结

综上所述，根据高海拔地区鸟类活动规律、鸟的类型、线路的重要程度、运行检修的实际需要，针对性采取防鸟针板、防鸟刺等防鸟措施，提出了防鸟粪闪络间隙距离和鸟粪闪络防护宽度推荐值，为高海拔地区输电线路防鸟设计提供支持。

六、大档距导地线防振

高海拔地区多分布高山大岭及河流，线路不可避免有大档距跨越，大跨越处易形成微气象，易因振动疲劳发生断股，且运维极其困难，因此有必要提高大档距线路防振设计标准。

1．问题陈述

当风以稳定速度吹向圆形截面绞线时，由于流体黏性的存在，使其在绕流过程中发生边界层的分离，进而在绞线背风侧周期性地脱落出旋转方向相反、排列成有规则的双列漩涡。漩涡的周期性产生和脱落诱发绞线产生上下交替的压力差，这一交替出现的冲击力激发绞线发生横向振荡现象。风速变化时，漩涡脱落频率随之改变，当某一风速下的涡脱频率接近绞线某阶固有频率时，绞线的振动频率发生“锁定”或称同步效应，此时绞线结构的振动频率在一定风速范围内不再变化，形成稳定持续的共振现象。

大跨越绞线弧垂高度大，风速随高度梯度分布，作用于绞线上的风速分布具有显著的垂直切变特性。在垂直切变风场中，风载荷与大跨越绞线更易形成共振现象。长时间的微风振动使架空绞线出线上下弯曲的振动波，产生循环交变的弯动应力，导致大跨越架空绞线疲劳断股甚至断线等事故，严重威胁大跨越输电线路的安全运行。

因此有必要选择更合适的防振措施，将大跨越绞线的振动强度限制在较低水平，吸收并消耗振动能量，降低振动强度。

2．差异化设计措施

交通困难跨江段线路防振措施参考大跨越设计，导地线采用防振锤加阻尼线的联合防振方式，结合理论计算确定其具体布置方式。

防振措施方案需对频率范围进行全保护，对重点频段进行加倍保护。整个防振方案的节点动弯应变不超过金属材料的疲劳极限，最有效地保护导线。为减少导、地线的弯曲应变和意外损伤，在悬垂线夹处加装预绞丝护线条保护，在防振锤等夹具紧固处加装护线条。导地线防振示意图和照片如图 3-30～图 3-33 所示。

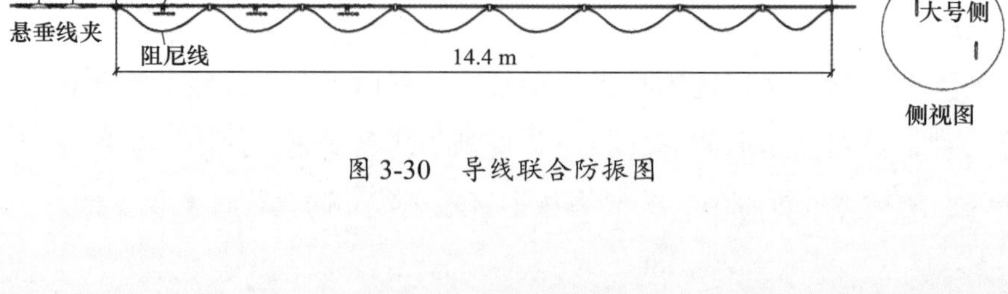

图 3-30　导线联合防振图

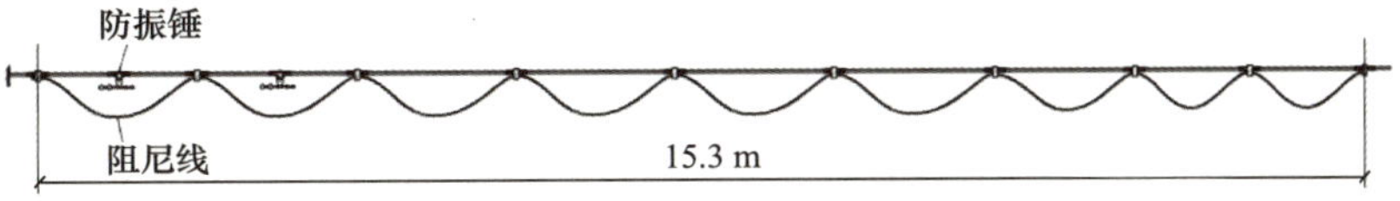

图 3-31 OPGW 联合防振图

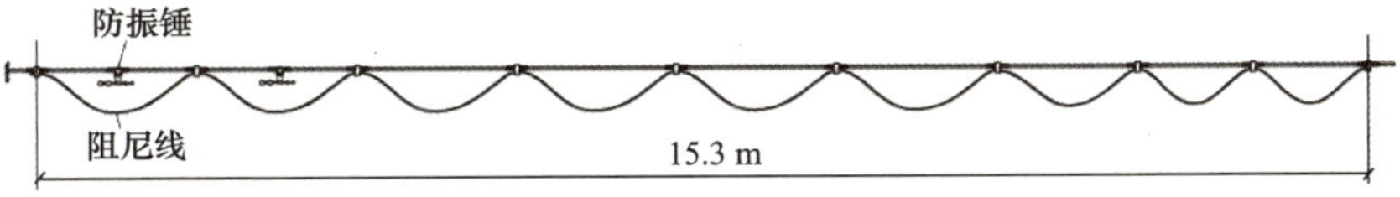

图 3-32 地线联合防振

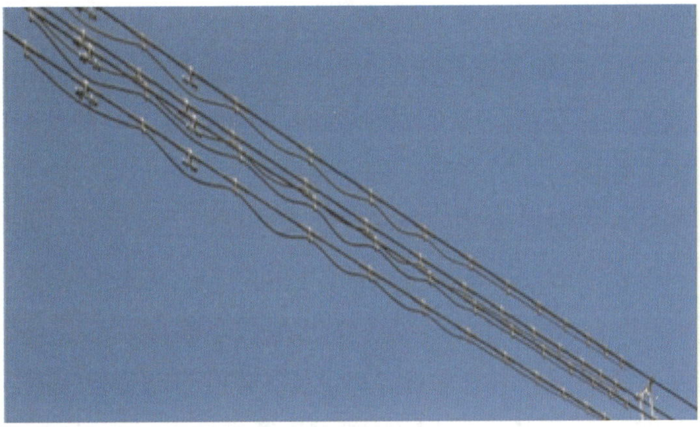

图 3-33 阻尼线加防振锤联合防振照片

3．小结

高海拔地区大档距线路参考大跨越进行防振设计，避免导线在寿命期内产生振动疲劳断股，保证了运行安全性，可为后续其他线路跨越江河、湖泊等大档距防振设计提供借鉴。

七、线路基础

高海拔地区地形多以峻岭、高山大岭、山地为主，施工条件恶劣，降低施工难度及施工安全风险是基础设计的重中之重。

（一）挖孔基础尺寸

高原地区生态环境脆弱，为减少对生态环境的破坏，基础选型主要以原状土挖孔基础为主。本着“施工可行性、施工安全性及施工便捷性”的原则，对原状挖孔基础提出尺寸优化措施，达到提高施工效率，降低井下施工风险的目的。

1．高海拔挖孔基础施工影响因素

（1）高寒缺氧环境下，工人体能只有正常环境下的六成，严重降低了施工效率；深基坑井下作业氧气更加稀薄，增加了挖孔基础施工的安全风险。

（2）陡峭地形广泛采用高露头基础，基础外露部分需使用大量模板，而不同直径的基础模板无法共用，周转效率低。

（3）扩底的尺寸对施工效率影响也较为明显。基础底盘外扩尺寸越大，扩底高度过高或者过低，都不利于施工人员在较为狭小的空间里进行施工。

2. 设计方案及措施

（1）挖孔基础最小直径要求。基础直径是挖孔基础设计的重要参数。常规工程中，挖孔基础最小直径一般为 800mm 或 900mm。采用较小的直径可以节省基础材料量，具有一定的经济效益。但直径偏小会造成井下施工空间不足，降低施工效率，增加施工风险，且基础直径大小直接影响井下供氧。考虑到高海拔地区降效问题，挖孔类基础直径不宜小于 1000mm，以便基坑开挖、钢筋绑扎、浇筑等施工工序的开展。

（2）挖孔基础长径比要求。增加挖孔基础长径比是降低基础指标的一种方法，常规工程中挖孔基础长径比为 8.0～10.0。随着深度增加，地基岩性由强风化层进入中风化、微风化层，基础开挖愈发困难；基础坑深度增加后，井下氧气更加稀薄，坑壁垮塌风险随之增加。综合考虑经济性和安全性，挖孔基础长径比区间建议取值 5.0～7.0，对埋深较浅的基础可取较大值，埋深较深的基础取较小值。

（3）挖孔基础直径优化。国内常规工程设计，挖孔基础直径一般以 100mm 的模数增加，基础规划较多，不适宜标准化施工。对于陡峭地形，为了减少挖方，基础立柱露出地面部分普遍较高。部分塔位基础露高达到 4.0～5.0m，基础浇筑过程中外露部分需准备各种直径的模板，模板周转效率低，造成极大浪费。基础开挖和钢筋绑扎需根据不同基础直径进行放样，增加人工成本。为提高施工效率，高海拔地区挖孔基础直径按 200mm 模数规划。挖孔基础井下作业如图 3-34 所示。

图 3-34　挖孔基础井下作业

3. 小结

针对高海拔地区的特殊气候、地形环境，提出了挖孔基础尺寸优化措施。通过规定挖孔基础最小直径及长径比，增加基础施工作业面，限制基础埋深；通过挖孔基础直径优化，提升施工标准化水平，提高模板周转效率。通过对高海拔地区挖孔基础进行尺寸优化，不仅能提高施工效率，而且能大幅降低井下施工风险，为工程施工顺利推进打下了坚实基础。

(二)挖孔类基础全护壁设计

高海拔地区部分区段地质复杂、岩层较破碎，基础施工风险较高，为降低基础施工风险，挖孔基础采用全护壁设计。

1. 复杂地质环境基坑护壁问题

以藏中电力联网工程为例，工程地处西藏中东部横断山脉和念青唐古拉山区，全线跨越澜沧江、怒江、雅鲁藏布江 3 条大江。翻越拉乌山、东达山、业拉山、色季拉山等垭口，是目前为止国内自然条件最复杂的电网工程。沿线岩石风化强烈，岩体完整性差，基坑开挖过程中破碎的地质条件存在坑壁坍塌的施工隐患，给挖孔类基础施工带来极大的安全风险。

2. 设计方案及措施

护壁是挖孔基础施工的主要安全措施，通过在基坑内壁浇筑一圈钢筋混凝土抵抗土体侧向压力，提升基坑的稳定性，防止坑壁石块掉落及基坑坍塌对坑内施工人员造成伤害。常规工程护壁从坑口延伸到中等风化岩层。中等风化岩层及以下区域岩石整体性较好，则不需采用护壁。

藏中电力联网工程沿线地质条件破碎，岩石整体性较差，挖孔基础施工风险较高，采用常规护壁难以满足要求。故对挖孔基础采用全护壁设计，主要原则性要求如下：

(1)护壁从坑口至扩大头部分做全护壁，护壁混凝土等级与本体一致，首节护壁设置锁口。

(2)护壁每节高度一般为 1000mm，首节护壁顶面高出地面不少于 150mm。施工时，每挖好一节后随即浇制一节混凝土护壁。上节护壁混凝土强度大于 3.0MPa 后，方可进行下一段的基坑开挖，上下节护壁的搭接长度不得小于 50mm。

(3)护壁模板的拆除在浇筑混凝土 24h 后进行(如遇土质特殊情况时应另行处理)；当护壁有空洞、露筋、漏水现象时，应及时补强或重做。

(4)为了保证基柱的垂直度，应每浇筑完三节护壁校核中心位置及垂直度一次。挖孔基础全护壁示意图见图 3-35。

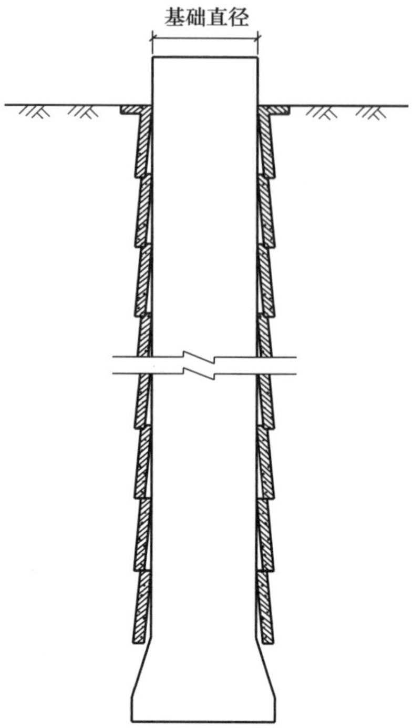

图 3-35　挖孔基础全护壁示意图

3．小结

针对高海拔地区的特殊地质条件，提出挖孔基础全护壁设计方案，有效提高了基坑稳定性，保障了基础施工人员的人身安全，为后续线路工程在岩体破碎区的深基坑设计提供了有益借鉴。

（三）优化基础主筋布置采用并筋设计

高海拔地区地质条件复杂，山区线路铁塔由于基础作用力较大、计算露头较高、覆盖层较厚。在基础结构尺寸一定的前提下会导致基础配筋面积大幅增加，这使得合理优化基础主筋的布置显得尤为重要。

1．高海拔基础主筋设计特点

随着基础作用力增大、计算露头增高和覆盖层厚度的增加，导致基础配筋面积大幅增加。为解决上述难题，通常采用以下两种方法，一是为满足钢筋间距而加大主柱宽度，带来的结果是混凝土量的增加；二是采用大直径、高强钢筋，在不增加混凝土用量的前提下，增大钢筋净距，这又带来钢筋采购的困难。设计人员通过合理优化基础主筋规格和布置方式，可解决钢筋选用难题，同时也解决了钢筋间距过密带来的基础浇制困难。

2．设计方案及措施

《混凝土结构设计规范》（GB 50010—2010）中提出了受力钢筋可以采用并筋（钢

筋束）的布置方式。国外标准中允许采用绑扎并筋的配筋方式，我国部分行业规范中已有类似规定。

目前国内输电线路铁塔基础钢筋直径一般小于36mm，采购大于36mm直径钢筋较困难。对此，设计采用小直径钢筋的并筋设计，可有效解决大作用力、高露头塔位的基础钢筋间距过小的问题。并筋时，基础钢筋可按2根或3根为一组，沿截面周长均匀布置，每组钢筋应绑扎牢靠，方形、圆形主柱的并筋分别如图3-36、图3-37所示。

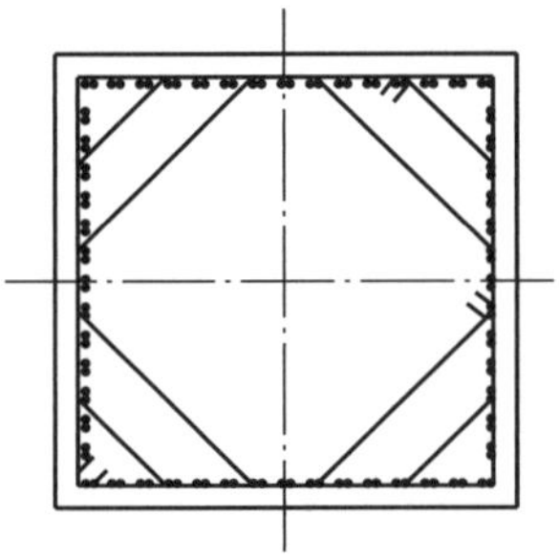

图3-36　方形主柱并筋示意

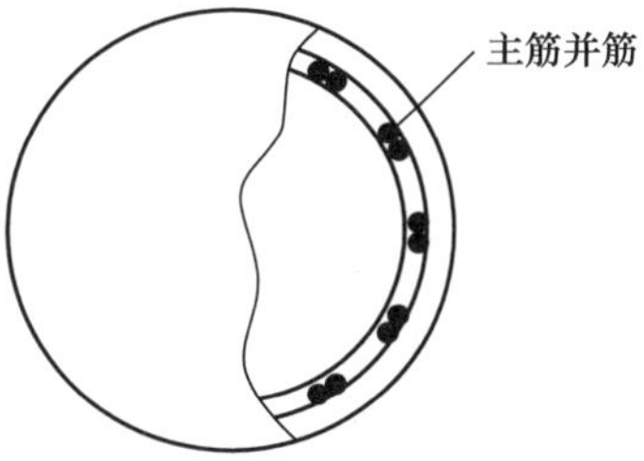

图3-37　圆形主柱并筋示意

两并筋可按横向或纵向的方式布置，三并筋宜按品字形布置，并均按并筋的重心作为等效钢筋的重心，如图3-38所示。

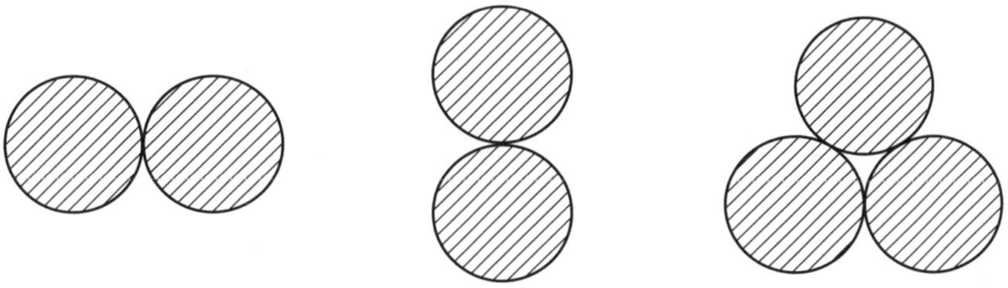

图3-38　基础并筋示意

(a) 2根（横向设置）；(b) 2根（纵向设置）；(c) 3根（品字形设置）

GB 50010—2010允许构件钢筋采用并筋的配置型式，但对并筋也做了以下原则性限制：

直径28mm及以下的钢筋并筋数量不应超过3根；直径32mm的钢筋并筋数量宜为2根；直径36mm及以上钢筋不应采用并筋。并筋应按单根等效钢筋进行计算，等效钢筋的等效直径应按照截面面积相等的原则换算确定，规范给出的并筋后等效直径取值见表3-5。

表 3-5　并筋等效直径取值

并筋数量	等效直径取值
2 根	1.41d
3 根	1.73d

注：d 为单根钢筋的直径。

同时，需要注意的是，并筋等效直径的概念适用于 GB 50010—2010 中钢筋间距、保护层厚度、裂缝宽度验算、钢筋锚固长度、搭接接头面积百分率及搭接长度等相关条文的计算和构造规定。

3．小结

基础施工时采用绑扎方式进行并筋，可操作性强。对于钢筋净距控制基础尺寸的情况下，采用并筋设计。不仅可避免基础立柱尺寸过大，浪费混凝土材料，而且还可以降低高海拔地区物资采购难度，加快基础施工进度。

（四）高露头基础地脚螺栓偏心设计

高海拔山区地线陡峭，为满足塔位长短腿高差要求，减少基面开方，山区线路大量采用高露头基础。采取地脚螺栓偏心设计可有效减少高露头基础的钢筋用量，提升工程经济性。

1．高露头基础的设计特点

常规工程基础平均设计露头值为 1.0～2.0m，低露头对基础设计的影响很小。高海拔山区基础平均设计露头值为 3.0～4.0m，高露头值对基础设计的主要影响是在相同荷载条件下，高露头会使基础承受更大的弯矩，导致部分受位移控制的基础直径增大，基础配筋量增加，进而增加工程投资。

2．设计方案及措施

（1）采用地脚螺栓偏心设置。基础计算露头较高时，水平位移和配筋常成为基础设计的控制因素。采用地脚螺栓偏心式设计，使地脚螺栓分布中心偏离基柱中心。基础地脚螺栓偏心后，相当于竖向作用力在基础主柱顶部施加反向弯矩，从而有效减弱水平荷载产生的弯矩作用，减小地面位移及基础尺寸，降低基础配筋量。地脚螺栓偏心连接图如图 3-39 所示。

（2）地脚螺栓偏心设计要求。地脚螺栓采用偏心设计与基础设计露头值直接相关。基础设计露头较小时，由水平荷载产生的弯矩相应较小。基础尺寸及配筋主要由竖向作用力控制，采用地脚螺栓偏心设计效果不明显。综合考虑基础升高值分布情况及各基础水平荷载大小，建议基础露头大于 3.0m 时采用地脚螺栓偏心设计。

图 3-39 地脚螺栓偏心连接图

基础直径是影响地脚螺栓偏心效果的重要因素。基础直径较小时，受构造要求控制，地脚螺栓可偏移量过小时，可提供的反向弯矩也相应偏小。根据特高压工程经验，结合高海拔地区具体情况，建议地脚螺栓偏心基础直径不宜小于 2.0m。

地脚螺栓偏心设计时，还应满足以下三点构造要求：

1）满足由塔脚板大小控制的最小基础直径或宽度。

2）地脚螺栓的边距满足混凝土结构构造要求。

3）螺栓锚板与基础钢筋的净距满足构造要求或施工要求。

地脚螺栓偏心示意图如图 3-40 所示。

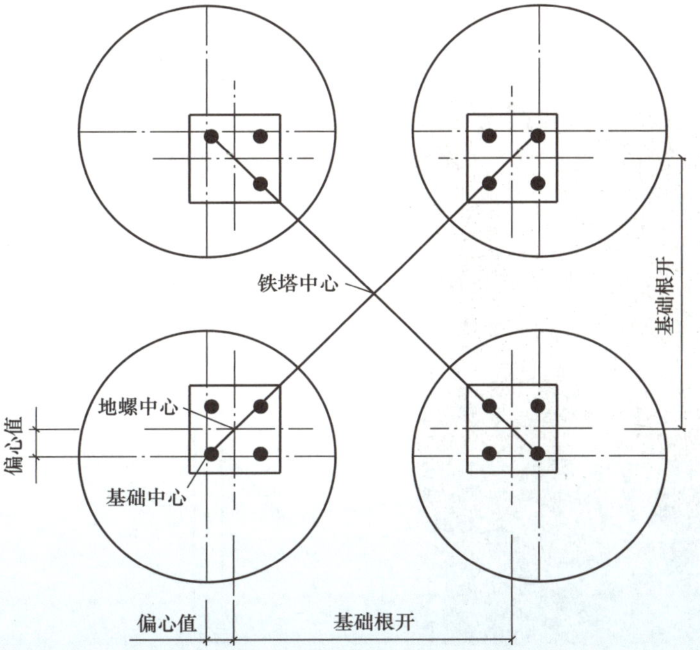

图 3-40 地脚螺栓偏心示意图

3. 小结

针对高海拔地区线路大量采用高露头基础的实际情况，采用地脚螺栓偏心设置，优化基础设计，可有效减小基础直径，减少基础配筋量，具有较显著的经济效益和社会效益。根据高海拔地区工程特点，提出了地脚螺栓偏心基础最小设计露头值、最小直径及相应的构造要求，可为后续高海拔工程提供参考。

（五）陡峭山区采用格构式塔架基础

1. 陡峭山区铁塔及基础配置特点

从目前铁塔和基础的设计情况来看，全方位铁塔塔腿的最大级差可做到 12m 左右，陡峭塔位直柱掏挖基础最大露头高度为 3m，按照这种配置关系，可解决塔位高度差在 15m 左右的山地。由于西藏地区山川峡谷较多，根据以往工程经验，15m 级差只能满足 30°～40°的斜坡。但对于西藏陡峭山区的塔基局部地形坡度往往超过 40°，常规设计已经不能满足级差要求，为解决这个问题，在以往工程中对于个别塔位往往采取削山头降基面的办法来解决。

采用这种方法可使基面降低，采用塔腿最大级差加一定的露出完全可以满足高度差要求，是一种有效的方法。但从工程经验来看，该方法破坏了原始植被，不利于环境保护。同时护坡处理需耗费大量人力、物力，而且在后期运行维护期间，这些位置经常会出现滑坡等不良地质现象，需要长期跟踪处理，处理较为复杂。

2. 设计方案及措施

为了避免大量开方或增加基础外露高度来满足铁塔接腿级差要求，建议可以采用如图 3-41 的格构式塔架基础，或者采用如图 3-42 的塔腿延伸段 + 不等长塔腿的方式。

图 3-41　塔架基础示意图

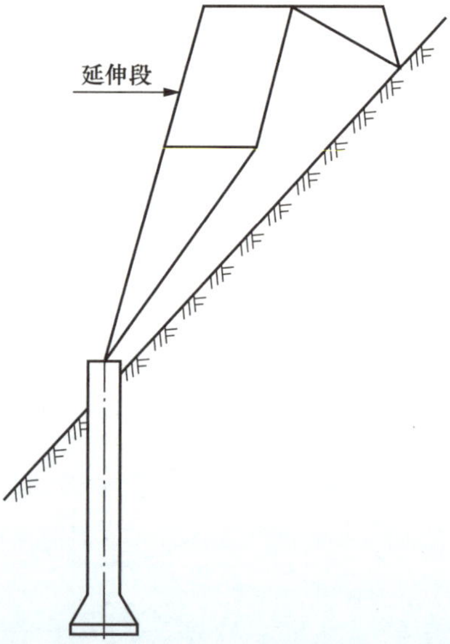

图 3-42　塔腿延伸段 + 不等长塔腿示意图

3. 小结

该差异化技术的优点在于在保障铁塔安全、降低工程造价、绿色环保的前提下，提出一种新型的塔身、延伸段、塔腿布置及连接方式，满足陡峭山区塔腿大极差对于塔腿及基础配置的需求。通过该技术，可以确保工程本质安全，节省工程本体造价，降低施工风险及难度，减少对沿线环境的破坏和扰动。

(六)装配式基础

1. 问题陈述

高海拔地区地广人稀、施工条件极端恶劣，施工质量、施工安全不易控制。尤其对于多年冻土地区，基础施工难免会扰动到多年冻土层，基坑若长期暴露，多年冻土层融化后，必然对杆塔基础的受力状态和工程特性造成影响。在环境承载能力较薄弱的冻土地区输电线路杆塔基础建设过程中必须采取措施减少人为扰动的影响导致地温的变化，保持地基土的天然冻结状态，否则会造成难以估计的工程损失。

2. 设计方案及措施

鉴于此，青藏联网工程在交通较为便利、地形较为平坦的高海拔地区采用了预制装配式基础，大大降低了施工风险、保证了工程质量。装配式基础组装示意图如图 3-43 所示。

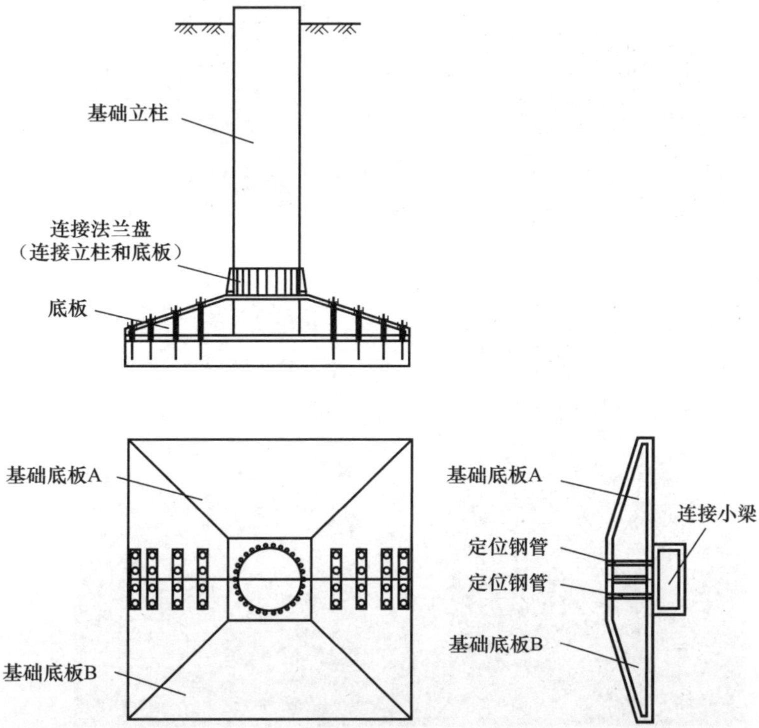

图 3-43 预制装配式基础结构组成

图 3-43 中基础底板分为 A、B 两个部分，通过“一”字型连接小梁（地梁）在基础底板 A、B 两部分的接缝处预留螺栓孔、预留螺栓进行连接，形成装配式基础的整体底板。经过装配形成的整体底板通过连接法兰盘与基础立柱连接，形成完整的装配式基础。装配式基础安装过程如图 3-44～图 3-46 所示。

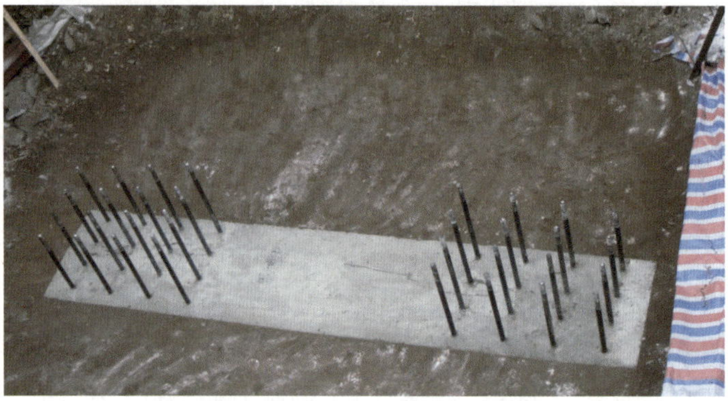

图 3-44　装配式基础底梁

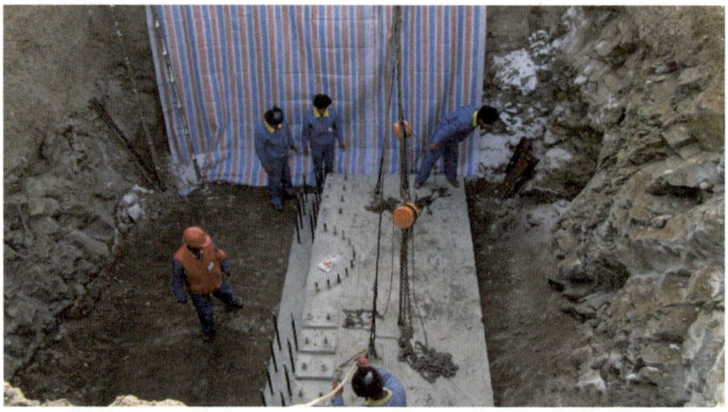

图 3-45　装配式基础地板吊装

图 3-46　装配式基础立柱吊装

3．小结

混凝土预制装配式基础具有如下优点：

（1）能够实现基础结构工厂化预制生产，有效保证施工混凝土质量，特别是在冬季施工条件下，从而延长了青藏高原冻土特殊条件下的施工工期。

（2）能够提高机械化作业程度，减少现场人工作业量和作业工序、利于人员健康、提高施工效率，有效保证施工工期。

（3）能够有效保护冻土环境，降低对冻土的扰动，保证施工区域冻土环境的稳定，以降低和避免冻土冻胀融沉病害对输电线路基础的影响。

（4）充分体现和贯彻国家电网公司“两型四新”的精神，确保线路基础稳定、安全，节约工程造价。

（七）因地制宜采用多样化基础防护措施

西藏高海拔地区地形地貌单元复杂多样，主要为峻岭、高山、高原区一般山地以及堆积山间盆地、谷地等地貌，沿线生态环境脆弱、地形条件恶劣、地质条件复杂，部分塔位需采取防护措施以确保工程本体安全。

1．高海拔塔基防护难点

常规工程基础防护通常采用浆砌块石护坡。但浆砌块石护坡存在占地面积大、透水性差、施工速度慢，施工质量不易控制、后期运行维护困难的缺点。西藏地区部分线路区段山高坡陡，地形条件恶劣，水文条件复杂，生态环境脆弱。塔位若采用浆砌块石护坡，原有被破坏的植被和水土并未得到有效保护，底部的土体容易受到雨水冲刷，导致土体自重压力增大。易引起护坡的不均匀沉降或开裂，甚至坍塌，影响线路的安全稳定运行。传统浆砌块石护坡示意图见图 3-47。

图 3-47 传统浆砌块石护坡示意图

2．设计方案及措施

以藏中电力联网工程为例，因地制宜地采用了传统护坡和新型防护措施相结合的多样化基础防护措施，满足了高海拔地区工程地质、水文条件复杂多变的实际要求。

新型基础防护主要采用主（被）动防护网。主（被）动防护网具有占地面积小、对原始地貌破坏小、布置方便灵活、高柔性、高防护强度、易铺展、工期短、易维护等优点，安装程序标准化、系统化，适用于面积较大的边坡防护。部分环境脆弱塔位采用主（被）动防护网代替传统的浆砌块石护坡，减小了对原始地貌的破坏，保护了生态环境，降低了后期维护难度。

（1）主动防护网。主动防护网是采用系统锚杆固定，并根据柔性网的不同，分别通过支撑绳和缝合张拉或预应力锚杆来对柔性网部分实现预张。从而对整个边坡形成连续支撑，其预张拉作业使系统尽可能紧贴坡面并形成了抑制局部岩土体移动，或在发生局部位移或破坏后，将其裹缚（滞留）原位附近的预应力，从而实现其主动防护（加固）的功能。主动防护网工程实例如图 3-48 所示。

（2）被动防护网。被动防护网由钢丝绳网或环形网（需拦截小块落石时附加一层铁丝格栅）、固定系统（锚杆、拦锚绳、基座和支撑绳）、减压环和钢柱等组成。钢柱和钢丝绳网连接组合构成一个整体，对所防护的区域形成面防护，从而阻止崩塌岩石土体的下坠，起到基础防护作用。被动防护网工程实例如图 3-49 所示。

图 3-48　主动防护网工程实例

图 3-49　被动防护网工程实例

目前主（被）动防护网广泛应用于公路、铁路、水利等领域。在西藏地区，G318 国道、S306 省道边坡防护均采用了大量的（主）被动防护网。

高海拔地区线路地质条件复杂，地形陡峭，塔位上方经常存在岩体破碎、滚石、危石等情况，根据主（被）动防护网特点，部分塔位采用了主（被）动防护网。主（被）动防护网设置的原则性要求如下：

1）明确物源区，分析危岩或松动块石的块体大小、滚动启动条件、滚动方向、起跳条件（植被、地表地层情况、地形起伏情况），对杆塔有威胁时可设置主（被）动防护网。

2）设置主（被）动防护网时，宜结合危石（岩）清理措施，合理设置。

3）主动防护网适用于危岩面积小、位置明确的塔位。

4）被动防护网主要适用于坡度较大、塔基上坡侧存在大量、散落的孤石，并难以判断孤石是否存在滚动可能性及方向的塔位。

3．小结

对高海拔地区线路工程因地制宜地采用传统的浆砌块石护坡和主（被）动防护网相结合的多样化基础防护措施。对保护原始生态地貌，减小环境破坏，保障输电线路安全运行和后期防护措施维护具有重要意义。

八、线路铁塔

（一）运维困难地区杆塔加强

高海拔地区气候环境恶劣，部分区段地形起伏较大、人员难以到达塔位，对后期运行维护提出了很高的要求，按照“本质安全性、建设可行性和运行便捷性”的要求，结合高海拔地区线路工程实际特点，对运维困难地区的杆塔进行加强设计。

1．高海拔线路运维特点及难点

线路工程整体海拔高，大部分沿山坡、山顶走线，塔位高差大、远离公路，交通运输条件极差。为满足施工要求，沿线需搭建大量用于材料运输的专用索道，而工程投运后所有索道需进行拆除，后期运维材料运输及线路巡检将是巨大难题。

2．设计方案及措施

针对高海拔地区特殊的运维背景，在已投运的藏中电力联网工程中首次提出了运维困难塔位杆塔加强设计理念。

为增强运维困难塔位铁塔可靠性，提高免维护标准，将铁塔重要性系数提高到 1.1 进行加强设计。铁塔荷载采用实际条件计算，对允许应力比超过 100% 的铁塔杆件、螺栓，在不改变杆件心线的前提下，优先加大肢厚进行加强。

藏中电力联网工程全线筛选运维困难塔位 152 基。在铁塔大部分杆件满足要求的情况下，通过加强部分薄弱构件的方式，大幅度减小铁塔在极端恶劣条件下的破坏概率，实现运维困难地区杆塔免维护或少维护目标。以 16R055 塔位为例，该塔位采用 ZK29105A 型直线塔，经过复核验算，塔身及塔腿构件均满足要求。主要对塔头导地线横担局部杆件进行了加强设计，如图 3-50 所示。

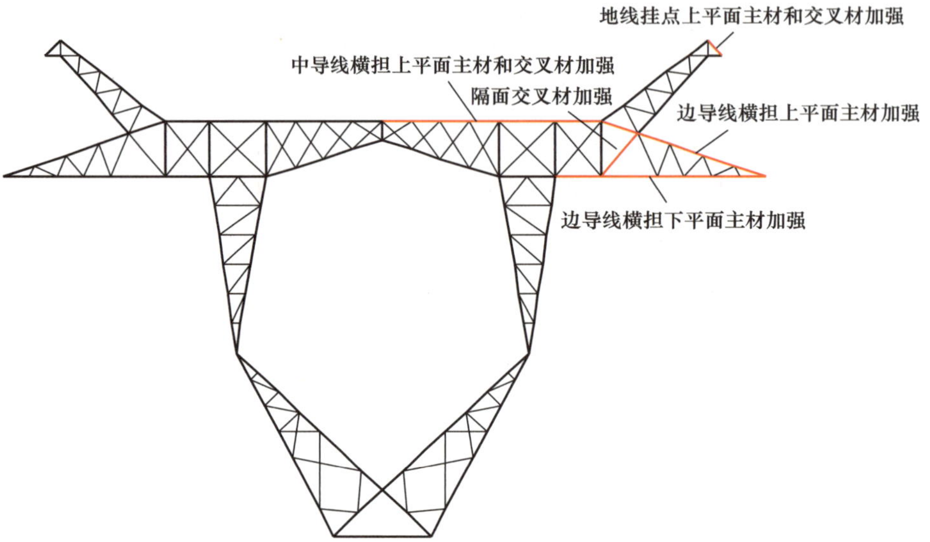

图 3-50　铁塔加强示意图

3．小结

输电线路全寿命周期中，后期运行维护时间跨度最长。有针对性地对运维困难地区杆塔加强设计，通过增加较少的工程投资，可显著提高整个线路的安全可靠性和运维便捷性，减少全寿命周期成本。

（二）运输困难地区塔材分段长度优化

铁塔从生产厂运输到施工现场，大都需要依靠火车、汽车、索道等多种运输工具，而西藏位于我国西南边陲，面积约占全国总面积的 1/8，部分生产厂的铁塔最长运输距离达到 4000km，塔材的高效运输是工程顺利实施的重要保障。

1．塔材运输难点

以藏中电力联网工程为例，铁塔运输主要依靠 318 国道。318 国道部分路段狭窄、蜿蜒崎岖，怒江大桥及怒江 72 道拐附近尤其险峻，交通运输条件极差。鉴于道路转弯半径小的现状，铁塔杆件长度过长将导致塔材运输车辆无法通行，因此，对塔材分段长度进行合理优化十分必要。同时，受到施工现场地形条件、索道运输吨位、组塔设备负荷能力等因素限制，有必要对铁塔单根构件长度、单根主材或辅材的质量提出具体限制条件，以减轻铁塔组立困难。318 国道怒江大桥段交通情况如图 3-51 所示，318 国道 72 道拐的运输情况如图 3-52 所示。

图 3-51 318 国道怒江大桥段交通情况

图 3-52 318 国道 72 道拐的运输情况

2. 塔材长度优化

塔材长度一般主要受供货原材料长度及镀锌槽长度的控制，按照《输电线路铁塔制图和构造规定》（DL/T 5442—2010）规定，塔材长度肢宽 100mm 以下构件长度不宜超过 9m；肢宽 100mm 以上构件长度不宜超过 12m。线路工程铁塔主材多使用 200mm 以上肢宽（大规格）角钢，以 L250×35 规格长度 12m 为例计算，单根构件质量达到 1539kg。可见构件长度较长、质量较重使现场材料运输和杆塔组立都十分困难。因此，在兼顾杆塔经济指标的基础上，充分考虑 318 国道沿线交通运输条件的制约，合理选材、合理分段以及对节点、隔面的优化设计、优化布置非常必要。

经过对 318 国道现场调研及统筹考虑，藏中电力联网工程全线铁塔单个构件长度控制在 9.0m 左右，单件主材或辅材质量控制在 1.0t 以内。这样有效降低了单个构件的运输质量，减轻了索道运输的压力，降低了组塔设备的负荷，有效提高了铁塔组立效率。塔材搬运和铁塔组立现场如图 3-53 所示。

图 3-53 塔材搬运和铁塔组立现场

3. 小结

通过对塔材分段长度的合理优化，使塔材的运输不再受道路转弯半径的限制。保证了所有铁塔材料严格按照预定计划，按期运抵中转站或施工材料站，保障了工程的顺利实施。为后续同类施工条件、类似交通运输条件的输电线路工程提供了借鉴经验。

（三）铁塔安全防护措施

高海拔地区输电线路因其所处的自然环境恶劣和运行条件艰苦，使线路施工及巡检中的铁塔攀爬强度高、体力消耗大，对登塔人员是不小的挑战。按照从设计源头抓好本质安全的管理思路，在杆塔的设计阶段制定相应安全防护措施，是保障工程顺利实施及后期运维安全的有效手段。

1. 铁塔施工、运行维护特点及难点

（1）海拔高。高海拔地区空气稀薄，含氧量不足，杆塔的攀爬极其困难。其中藏中电力联网工程最高海拔达到5295m。这一海拔的含氧量不足平原的60%，基本属于登塔作业的禁区。

（2）铁塔高。高海拔地区地形起伏较大、地质构造复杂，铁塔的平均高度远高于平原，最高的铁塔全高达到125m以上。

（3）气象复杂。高海拔地区的气候、气象条件极其复杂，最大设计风速达到33m/s。强风、沙尘、低温、缺氧等多重因素叠加，使铁塔的施工架线及后期的运维十分困难，施工安全风险难以控制。

2. 设计方案及措施

（1）设置杆塔扶手。为方便施工及检修人员登塔，在横担与塔身连接的左右两侧大节点板上设置扶手；在单回路直线酒杯塔瓶口处安装水平扶手（距瓶口隔面横材1.2～1.5m高度安装水平扶手，尽量靠近节点，前后侧各安装一套）。扶手使用12mm圆钢，两端焊接6mm厚钢板与塔材角钢以螺栓连接。角钢相应位置打孔，亦可直接利用塔材节点处螺栓孔，如图3-54所示。

（2）设置休息平台。高海拔给施工及运维登塔带来了很大的难度，尤其是全高超过100m的杆塔，因高原缺氧登塔极其困难。为了保障登塔的安全，在全高大于60m的塔位，每30m高度设置一个简易休息平台（如图3-55所示），平台外围设置安全护栏，休息平台采用钢格栅板（如图3-56所示）。平台尺寸宽度宜为1000mm，长度不小于1500mm，平台围栏高度应不小于1200mm。

（3）设置防坠落装置。为保证施工、运维人员的登塔安全，在全高大于70m的铁塔上加装防坠落装置。防坠落装置可以为作业人员在登高、高空作业、返回等提供全

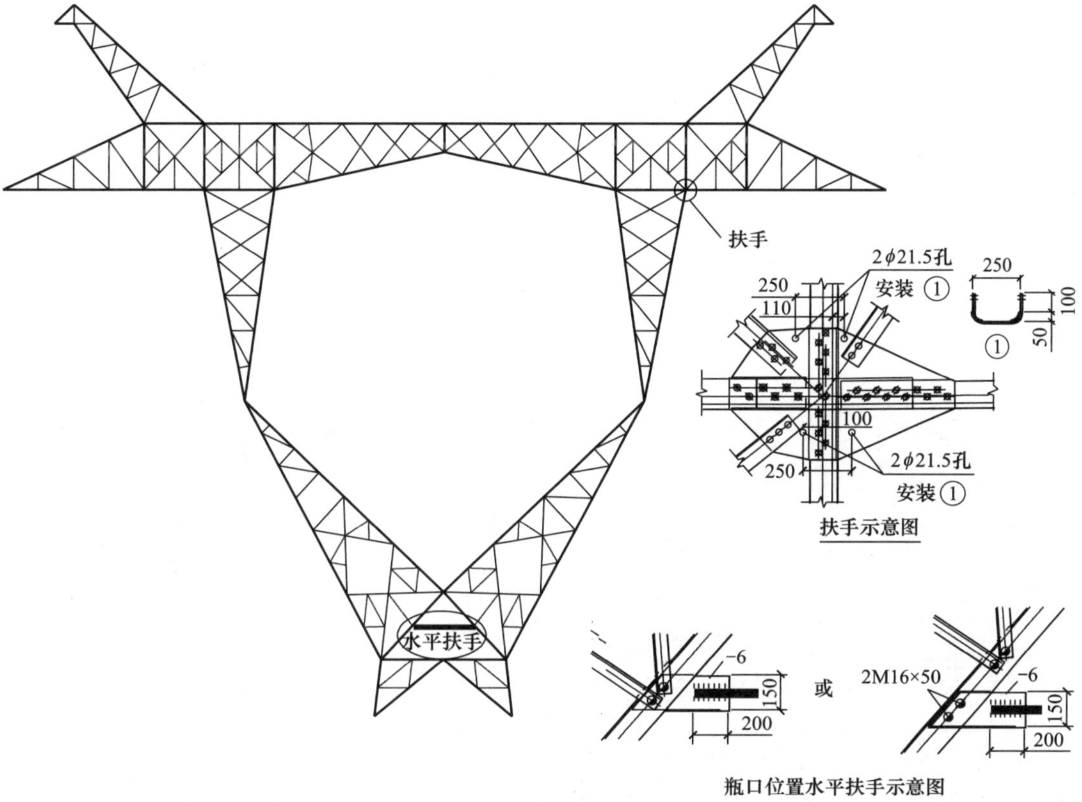

图 3-54 扶手设置（单位：mm）

图 3-55 休息平台设置位置

过程保护。防坠落装置采用固定式防坠落器，垂直（含倾斜）导轨采用 T 形导轨；水平导轨采用不锈钢钢绞线。如图 3-57、图 3-58 所示。

（4）应用便携式攀爬机。高海拔地区线路巡检中登塔强度高、体力消耗大。藏中电力联网工程中为了解决这一问题，首次在地形及气象条件差、运维困难的塔位，采用了一种新型的便携式登塔系统（即攀爬机）。该系统主要采用电池驱动，攀爬速度快、平稳、轻便、易携带，可有效降低登塔的体力消耗，减轻劳动强度，降低人身安全风险，提升工作效率。便携式攀爬机示意图如图 3-59 所示。

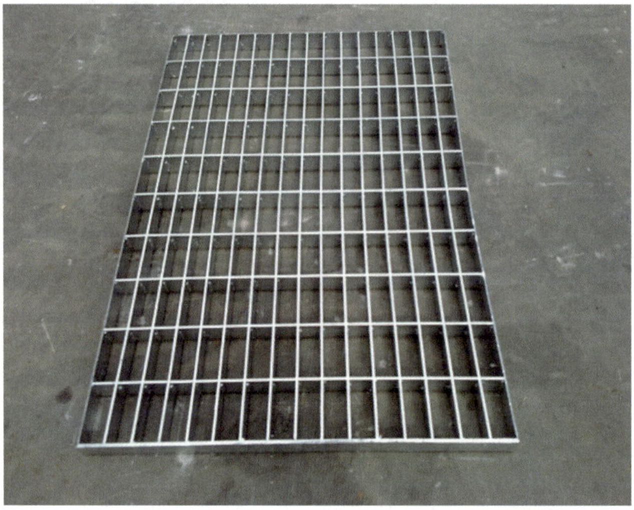

图 3-56　钢格栅板

图 3-57　角钢塔塔身刚性导轨

图 3-58　角钢塔横担采用水平拉索

图 3-59　便携式攀爬机示意图

3. 小结

针对高海拔输电线路工程特点，采取设置杆塔扶手、休息平台、防坠落装置及应用便携式攀爬机等安全措施，保障了登塔人员安全，为施工和运维提供了便利。

九、线路防山火

（一）通道防火设计方案

1．林木处理方案

（1）线路经过经济作物和集中林区时，宜采用加高杆塔跨越林木不砍通道的方案，被跨越林木考虑主要树种的自然生长高度，当跨越困难时，应综合比较砍伐、修剪或更换树种等方案。

（2）当跨越时，导线与被跨越树木之间的最小垂直距离，应符合表3-6规定的数值。

表3-6 导线与树木之间的最小垂直距离

标称电压（kV）	110	220	330	500	750	1000	
						单回	同塔双回（逆相序）
垂直距离（m）	4.0	4.5	5.5	7.0	8.5	14.0	13.0

（3）在最大计算风偏情况下，导线与树木之间的最小净空距离，应符合表3-7规定的数值。

表3-7 导线与树木之间的最小净空距离

标称电压（kV）	110	220	330	500	750	1000
净空距离（m）	3.5	4.0	5.0	7.0	8.5	10.0

（4）需要砍伐树木时，砍伐范围应按表3-6和表3-7的要求确定，并考虑导线静止时，按照最小工频电压间隙校核树木倾倒过程对导线的距离。

（5）线路通过果树、经济作物林或城市灌木林不应砍伐通道。导线与果树、经济作物、城市绿化灌木及街道行道树木之间的最小垂直距离应符合表3-8规定的数值。

表3-8 导线与果树、经济作物、城市绿化灌木及街道行道树木之间的最小垂直距离

标称电压(kV）	110	220	330	500	750	1000	
						单回	同塔双回（逆相序）
净空距离（m）	3.0	3.5	4.5	7.0	8.5	16.0	15.0

（6）线路跨越森林、防风林、固沙林、河流坝堤的防护林、高等级公路绿化带、经济园林等，宜根据树种的自然生长高度采用高跨设计。

（7）线路穿越森林草原时，应注意控制使用档距，加强微地形区域线路在最大风偏、最大弧垂情况下导线对地面、边坡、树竹等距离的校核。

（8）对于线路通道内零星保护树木、风水树、古树、坟头树，应尊重当地风俗习惯，因地制宜，经综合经济比较后采取避让或高跨等措施。

（9）重冰区林木执行砍跨结合原则，应在技术经济比选后确定方案。

（10）对于各省内明确禁止砍伐的树种，线路选线时尽量避开，当无法避让时原则上应高跨。

（11）高跨地段树木高度按该地段主要树种平均自然生长高度考虑。同时应保证线路两侧在最大风偏和倒树时不发生导线对树木放电。

（12）经现场实测，成片树木高度超过树种自然生长高度的，按实际高度，并考虑现场实际情况及未来几年生长情况，综合考虑跨越方案。

（13）当砍伐通道时，通道净宽度不应小于输电线路宽度加通道附近主要树种自然生长高度的 2 倍，通道附近超过主要树种自然生长高度的非主要树种树木应砍伐。

2. 防火设计差异化

借鉴《国网四川省电力公司关于印发森林草原输配电线路防火设计差异化条款（试行）的通知》（川电设备〔2020〕106 号），线路工程主要执行以下措施：

（1）当砍伐通道时，通道净宽度不应小于输电线路宽度加通道附近主要树种自然生长高度的 2 倍，通道附近超过主要树种自然生长高度的非主要树种树木应砍伐。

（2）对森林草原内山口、谷口以及山顶等容易产生强风的地带应进行微地形、微气象调查，实地开展大风调查和对比观测，以确定最大设计风速。

（3）穿越森林草原的 35kV 及以上架空线路导地线应尽量避免或减少接头。无法避免接头时，穿（跨）越森林火灾高危区、高风险区林区的线路宜采用全张力预绞丝进行防护。

（4）穿（跨）越森林火灾高危区、高风险区林区的 35～500kV 架空线路导线悬垂绝缘子串、耐张绝缘子串应采用双联或以上结构形式，地线悬垂串宜采用双联设计，单联强度应满足正常运行状态下受力要求。

（5）在地闪密度在 C2 及以上的区域，每 400m 左右装设一组外带串联间隙避雷器，避雷器底座采用引下线接地，接地电阻不大于 10Ω。

（6）35kV 及以上穿（跨）越森林草原的架空线路区段，应沿线架设地线；雷区等级处于 C2 级以上的线路，宜在大档距（600m 以上）杆塔、耐张转角塔及其前后直线塔安装线路避雷器；重要线路雷区等级处于 C1 级以上且坡度 25°以上的杆塔、一般线路雷区等级处于 C2 级以上且坡度 30°以上的杆塔，其外边坡侧边相宜安装线路避雷器。

（7）在林区火险高发区段，线路杆塔接地装置引下线与射线、射线间采用压接连接；或者采用搭建临时安全施工场地；或者采用临时并沟线夹暂时引接，待到火险低风险时段再焊接。

（8）穿越森林草原的 35kV 及以上架空线路应用自立式杆塔，不得采用水泥杆、拉线塔，杆塔除防盗措施外，还应采用全塔防松措施。

（二）防火措施

1. 在线防火检测

在山火易发处、林区重要交叉跨越处、线路至高点、微气象微地形处等应当安装防山火在线监测装置。主要采用视频、图像等在线监测系统探测到有山火发生时，能够准确定位，及时联动视频监控装置录像上传至监控中心平台，有效解决或降低山火危害。

根据工程沿线林区分布，结合当地防火规划及防火建设分区图，在森林草原火灾高危区和高风险区，充分利用线路通道至高点杆塔加装微小火源在线监测装置，每套装置监测半径不应大于 2.5km，实现通道 24 小时不间断全局扫描，自动对火源烟雾进行跟踪抓拍，将施工现场可能存在的微小明火、暗火等火灾隐患消除在萌芽之中，同时在运行阶段及时识别和预警可能发生的山火，以便及时通知相关部门扑灭山火，保障输电线路稳定运行。

2. 防山火工艺

在林区火险高发区段，接地装置应采用石墨接地，避免出现接地装置引下线与射线、射线间采用压接方式。

林区塔基临时占地、通道树木砍伐后的植被恢复尽量换种具有阻火、抗火性能优良的树种，或者种植自然生长高度较低的树种。

十、生态环境保护

高海拔地区尤其是青藏高原极其脆弱、敏感的生态系统，对工程施工中环境保护带来极大挑战，生态环境保护问题始终是工程建设的难点，此区域进行建设可能对沿线生物多样性、特殊生态系统、自然保护区、生态功能保护区、野生动物、高原冻土环境、水土流失、地质环境等产生影响，相对于其他段，环境保护的任务更加艰巨。

因此，从 ±400kV 青藏直流联网工程开始，国家电网公司就组织设计单位逐基编制了环保水保施工图，始终把工程建设中的环保水保工作当作重点，坚决落实各项环保水保措施，确保不发生环境污染、生态破坏事件，江河水质不受污染，野生动物繁衍生息不受影响，线路两侧自然景观不受破坏，将青藏线建成了具有高原特色的生态环保型工程。经过诸多高海拔生态脆弱区工程建设，从工程筹备、工程设计到施工阶段已经形成了较为完备的生态保护措施。

（一）生态保护设计措施

（1）选线时的设计优化。主体工程路径选择时，尽量避开林区，减少林木砍伐。对不能避开的林区，采用加高铁塔跨越的方案，最大程度地减少林木砍伐，对防止植被破坏，减少水土流失具有十分重要的意义。

（2）尽量避开陡坡和不良地质段。线路选线和塔基定位时，塔位尽量避开陡坡和不良地质段。通过选用转角塔和带小转角的直线塔等优化设计避开陡坡和不良地质段。输电线路对陡坡的避让有助于减少基础根开工程量，大大减少扰动破坏地表面积及弃土弃渣量。不良地质段土体内部受力极不稳定，外界活动易诱发土体失稳，通过避让可避免滑坡、崩塌、泻溜等重力侵蚀的发生。

（3）合理确定基面范围。输电线路塔基基面范围的大小，直接关系到降基的多少，基面范围的确定与地质条件、杆塔类型、基础的作用力、基础类型及计算方法等因素有关。对特殊情况，如转角大的耐张转角塔内角侧和终端转角塔线路的永久性下压基础，基面范围可比永久性上拔腿基础小些。

（4）优先考虑原状土基础。使用掏挖基础、岩石嵌固基础等原状土基础，可避免基坑大开挖，充分利用原状土力学性能，提高基础抗拔能力，同时减少地表植被破坏，节省开挖及回填工作量，保护生态环境。

（5）采用全方位高低腿塔及主柱加高基础。山区线路每个塔位的微地形是不同的，一基塔的四个塔腿常常处在不同高程。铁塔长短腿的使用，由于不能做到无级调整，往往只能达到基本上同原自然地形吻合，会留下一定范围的高差需要用基础主柱高度去调整。铁塔全方位长短腿与不等高基础的配合使用，如图 3-60 所示，有效地解决了前期工程中常出现的小“簸箕”问题，做到少开或不开基面，达到近乎完美的最佳效果。

（6）基面排水。塔位基面应向下坡方向倾斜，利于基面散水外流，保证塔基排水畅通。对汇水面较大的塔位，应在塔位上方修建永久型排水沟，将上方汇水引向塔位较远的下边坡。若塔位上方为水田，应将其改为旱地，以减少灌溉水的渗流影响。

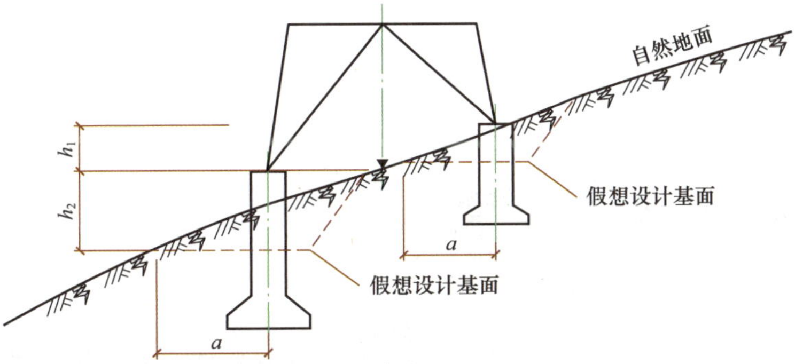

图 3-60 铁塔全方位长短腿与不等高基础应用

（二）生态保护施工措施

1. 典型环保措施

（1）环境保护宣传教育。线路工程建设过程中，应加强环境监理人员、施工队环保培训工作，相关培训要求建议如下：

1）工程宣传内容中应包括环境保护的内容；加大工程环境保护措施的宣传力度，取得线路沿线公众对工程的理解和支持，保护周边生态环境。

2）以培训班、宣传册、宣传单、环保标语牌或宣传栏等形式对各相关单位工作人员进行环保法律法规、标准、规范等知识的宣传，并进行环境保护专项措施的培训。

3）让参与建设人员特别注意认识各种保护动物和保护植物，使所有参与施工人员认识到保护项目区天然植被和野生动物的重要性，初步认识和辨别项目区内分布的重点保护植物种类及项目区内的野生动物，强化施工人员的保护意识，并落实到自身的实际行动中。

4）施工塔基区、项目部、施工道路、牵张场以及跨越场地等地区，应按要求在线路附近醒目及显要位置竖立环保宣传栏及环保大幅标语，宣传国家环境保护法律法规及国网公司相关环保理念。同时应将环保知识、环境保护策划方案等环保相关知识印制成册，对全体建设人员进行宣传教育。环保宣传栏和宣传册相关设置应遵循国网公司相关规定，如图 3-61 所示。

（2）植被保护。

1）围栏。围栏施工应根据环评报告和批复中对围栏的要求以及相关施工规范进行，一般情况下，线路塔基区、施工营地、施工道路、牵张场和跨越场地均应设置围栏。围栏工程实例如图 3-62 所示。

2）彩条布隔离。彩条布隔离保护需根据环评报告和批复中对彩条布隔离保护的要求进行布设并按相关施工技术规范进行施工。在进行彩条布隔离保护施工时，应注意检查彩条布是否有洞和对所隔离物质是否全部进行隔离，是否有遗漏。彩条布隔离保护工程实例如图 3-63 所示。

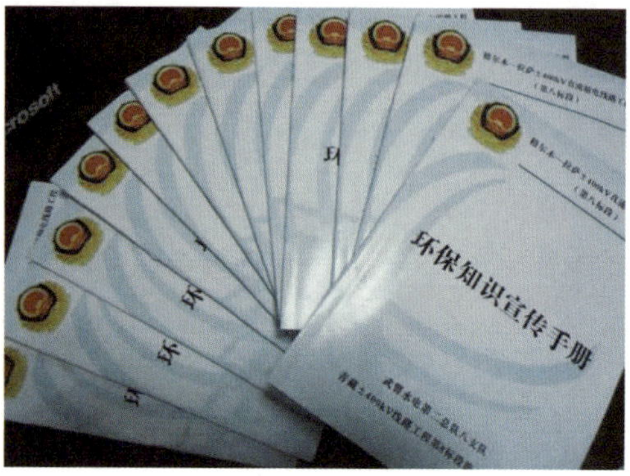

图 3-61 环保宣传册实例

图 3-62 围栏工程实例

图 3-63 彩条布隔离保护

3）钢板或草垫。钢板隔离保护措施需根据环评报告和批复中对钢板或草垫（棕垫）保护的要求以及相关施工规范进行，一般情况下，施工道路和牵张场跨越场地可根据工程地形地质地貌特点，并根据实施效果选用钢板或草垫（棕垫）隔离保护措施。钢板和草垫（棕垫）隔离保护工程实例如图 3-64、图 3-65 所示。

4）其他保护植物措施。合理组织塔基施工，选择科学的施工方式，施工工序布设应紧凑合理，避免因工序安排不当而造成的大面积地表裸露；施工应减少临时占地面积；敏感区边界附近施工，牵张场地安排在区外；采取斜拉牵张等占地面积小，对植被干扰较小的牵张方式；严格按设计占地面积、样式要求开挖，避免大规模开挖；缩小施工作业范围，施工人员和机械不得在规定区域外活动；施工材料有序堆放，减少对塔基周围的生态破坏；生活垃圾和建筑垃圾集中收集、集中处理，不得随意丢弃；尽可能实现挖填平衡，合理处置施工土石方。

图 3-64 钢板隔离保护

图 3-65 草垫隔离保护

对永久占地开挖的表土要进行剥离，采用土工布覆盖防护以减少风、水蚀，施工结束后作为开挖占地的植被恢复用土。严禁破坏征地范围之外及不影响施工的林木，对施工中破坏的林草地要进行人工补种和抚育，同时在工程开挖过程要注意保护周围植被，尤其是要控制对自然保护区的植被，保护植被赖以生存的环境；对重点保护植物，应采取避让措施；建设期应设置醒目的保护标示牌，提醒施工人员注意保护，并在树体四周设置简易围栏；对永久占地范围内的幼苗与幼树实施移植，避免破坏；重点保护植物周边严禁设置堆料场、弃渣场，混凝土拌合站、施工营地等临时工程要远离保护类植物。

（3）动物保护。

1）加强施工人员的教育和管理，加强施工生态监管，禁止将生活垃圾堆放在保护目标范围内；教育施工人员不要捡拾鸟卵、捕捉野生动物及其幼体。生态敏感区域附近施工时，避免进入，因施工要求必须进入的，尽量缩短在区内停留时间，禁止非法进入自然保护区的缓冲区和核心区，禁止无关人员随意进入施工现场区，禁止越界施工。

2）严格执行各类保护目标的相关法律法规，占用保护目标保护范围内土地，要与主管部门协商，确定生态最优可行方案。

3）施工现场设置警示牌和宣传牌，提醒施工人员和过路人员保护野生动物，避免野生动物侵入。

4）根据野生动物活动规律，合理规划协调施工工期，最大限度地避开野生动物的重要生理活动期，如繁殖期（5～8 月）中的高峰时段，应做好施工计划，尽可能避免对野生动物生活习性造成干扰。

5）施工点应避开野生动物活动通道，无法避让的应提高施工地管理力度，减缓对其影响。

6）要合理控制施工范围，控制施工噪声，减轻对野生动物的不良影响。施工机械、车辆等需要修理或维护时，安排在敏感区外进行，减小直接干扰。

7）重视夜间运输车辆灯光对野生动物的影响，野生动物保护区及频繁出没线段，要合理设置交通运输线路，严格控制在敏感区界的夜间施工。

8）加强建设期受伤野生动物保护和救治，遇到地栖型鸟类应诱导其离开施工区，加强与当地野生动物保护部门的联系，遇到受伤野生鸟类与兽类，联系保护机构救治。

（4）生态敏感区保护。

1）应加快在自然保护区等环境敏感区域内区段附近的施工速度，尽量减少施工期对此类区域边缘地带野生动物的干扰。特别是在重点区域附近施工时，更应最大努力地缩短施工时间，尽量降低施工人员和车辆的干扰因素。

2）施工队伍在施工前，应组织施工人员学习国家和地方有关自然保护区的法律法规及条例，在施工人员中开展有关环保法律、法规及环保知识的普及宣传教育，并介绍相关保护区的情况；施工期间，严格管理措施，禁止施工人员和车辆进入保护区，更不得进行盗猎野生动物和采损环境敏感区域内野生植物的活动。

3）在临近环境敏感区域边界进行施工时，应沿环境敏感区的边界设立醒目的提示标志，以降低施工人员和施工车辆意外闯入相关环境敏感区的可能性。在生态敏感区边界附近施工，牵张场地安排在区外。

4）线路应避让沿线居民敏感点、寺庙、宗教活动场所等特殊区域，如实在无法避让，应在征得当地居民或僧人同意后再建设。

（5）地表水保护。为切实做好对于地表水的保护，施工场地的施工污水及施工生活场地的生活用水应有专项措施。

施工场地的施工污水可根据环评报告和批复中的相关要求，施工场地要尽量远离水体，并划定明确的施工范围，不得随意扩大，施工时应先设置拦挡措施，后进行工程建设。在施工过程中设置废水沉淀池（如图3-66所示）。废水沉淀池设置的位置、个数及容积应根据施工地点的变化进行调整，以满足现场施工废水处理的需要。施工机具应避免漏油，如发生漏油应停止使用，并对泄漏的废油妥善处置。

（6）大气环境保护。为做好大气环境保护工作，施工过程中应根据施工场地具体条件，采用洒水降尘或遮盖等保护措施。洒水降尘可在各个起尘施工点应用，并根据起尘情况进行调整，以满足现场施工作业的需要，措施实施区域可为塔基区、施工道路、牵张场以及跨越场，工程实例如图3-67所示。遮盖保护措施应根据环评报告和批

图 3-66 施工污水处理实例

图 3-67 洒水降尘

复中的相关要求，在工程塔基区容易起尘点进行遮盖，遮盖应根据当时起尘物质进行全覆盖，不留死角，工程实例如图 3-68 所示。

（7）土壤环境保护。为做好土壤环境保护工作，施工过程中应根据环评报告和批复中的相关要求，在线路工程进行机械设备维修和维护的作业点，对涉油的相关机械设备均应在其下方铺设吸油毡，以保护下垫面土壤不被污染，实例照片如图 3-69 所示。土壤保护措施工作具体实施时，应做好影像资料的记录，以及工作实施过程中的工程量记录。

图 3-68 遮盖

图 3-69 吸油毡

（8）声环境保护。夜间施工，施工期噪声应满足《建筑施工场界环境噪声排放标准》（GB 12523—2011）的要求。合理安排工期，文明施工。除工程必须，严禁在 22：00～6：00 期间施工。若因工艺或特殊需要必须连续施工，施工单位应在开工 15 日前出具县级以上人民政府或者其有关主管部门的证明，并公告附近居民。施工布置时将噪声影响大的设备远离声环境保护目标，不出现施工噪声扰民投诉。

（9）固体废物处理。

1）垃圾运输处理。根据环评报告和批复要求，线路施工过程中应安排车辆对固体废物进行集中收集，并运输至市政部门规定的建筑垃圾堆放场和环卫部门规定的垃圾填埋场进行集中处理。具体措施工作实施时，应做好影像资料的记录，以及工作实施过程中的工程量记录。

2）垃圾收集箱。根据环评报告和批复要求，线路施工过程中应设置垃圾箱对固体废物进行集中收集，垃圾箱的个数应根据现场实际情况设定。

2. 水保措施典型设计

（1）工程措施。

1）挡土墙（护坡）。对于山丘区铁塔基础开挖的余土，首先用于塔基面四周的平整；当铁塔位于山包或斜坡，塔位四周或下坡侧为陡坡时，降低基面与基坑开挖的土石方无法就地堆稳，应在堆土的下方修一道挡土墙，用于拦挡余土，避免滚落，造成水土流失。挡土墙主要用于对开方后较陡坡体、余土堆积而成的松散易垮塌的坡体的保护，避免土体自然的或受雨水作用后的垮塌、滑坡等水土流失现象。禁止在挡土墙范围堆放大量材料和重型机械，以避免产生过大荷载。挡土墙以浆砌块石类型为主，当边坡高度较高时可采用分级护坡或毛石混凝土甚至钢筋混凝土类型。挡土墙示意图如图 3-70 所示。

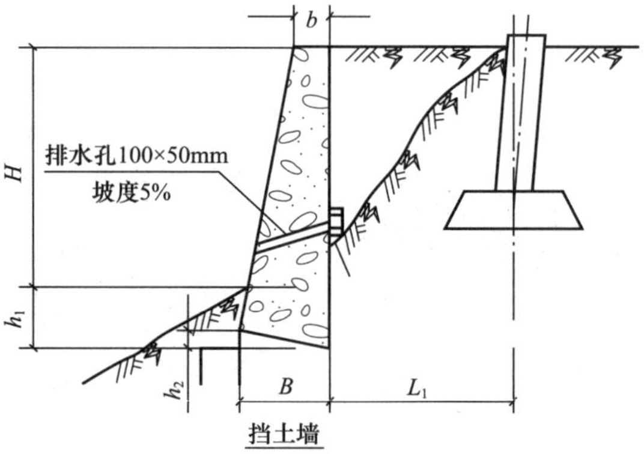

图 3-70　挡土墙结构示意图

2）排水沟。塔位施工后，塔基范围内植被将大量减少，且地表多存在一定量的松散土石，当塔位附近易出现强降雨且塔位上方存在较大汇水面积时，需在塔基上方塔腿外侧 5～8m 处依据地形地貌设置排水沟，避免汇水冲刷塔基地表土石产生水土流失现象。排水沟采用浆砌块石砌筑，排水沟排水口应设置顺接消能措施，避免出现明显的局部冲刷现象。排水沟示意图如图 3-71 所示。

3）土地整治。全面整地：适用于占地较大区域农地和景观绿化用地的平整，整地坡度小于 3°可采用机械整地方式。

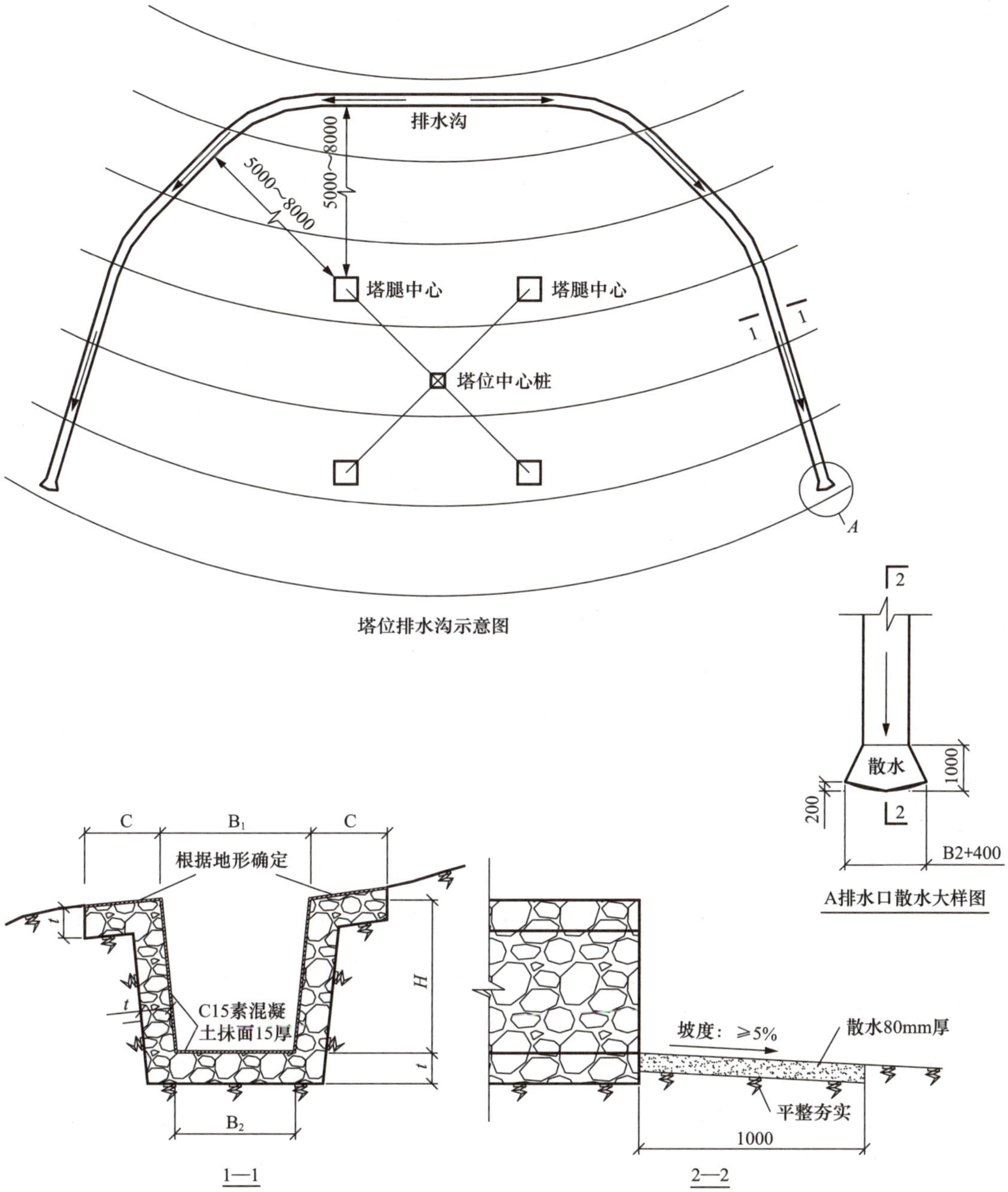

图 3-71 排水沟结构示意图（单位：mm）

局部整地：适用于恢复经济林木、站址区绿化等，一般整地坡度小于 3°～5°，采用人工整地方式。

阶地式整地：适用于分层平台整地，平台上成倒坡，坡度 1°～2°，采用人工整地方式。

土地整治方式如图 3-72 所示。

土地整治包括临时堆土、余土表面的土地整治。基坑开挖时应将表层的熟土和下

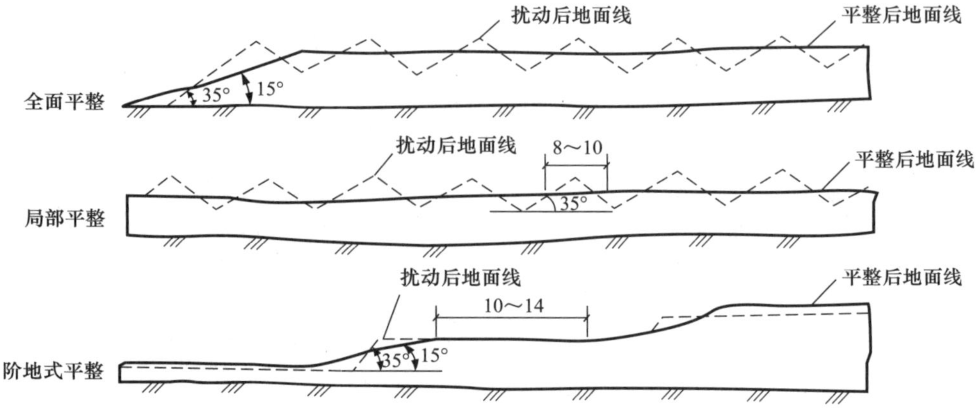

图 3-72　土地整治方式示意图（单位：mm）

部的生土分开堆放；土地整治时，应将熟土覆盖在表层，根据原土地类型，尽量恢复其原来的土地功能（农田）或恢复植被（宜草、宜林的非农田，播撒草籽，施工单位在植被恢复时应调研塔位所在地区适用的植被和草籽类型，因地制宜地选用该地区适用的草籽类型进行植被恢复，且草籽播撒应尽量选择雨水较充沛的时间）。

房屋工厂拆迁后，基础及表层混凝土结构应破除处理，平丘和山地破除深度按0.3m，岩石地基不破除。土地应回填整理，破除深度及回填土需满足耕作（农田，采用熟土回填）或植被恢复。建筑垃圾应清理并根据当地要求堆放至指定地点，须堆放整齐，必要时进行围挡，以保护环境，避免水土流失。

4）表土剥离及回覆。土方开挖前，对开挖扰动区域根据现状土层分布及后期植被建设需要，适当合理地进行表土剥离。对于山丘区塔位及山丘区新修施工道路区，表土剥离厚度以10cm为标准。对于平原区塔位，表土剥离厚度以30cm为标准。剥离方式采用人工剥离的作业方式。施工结束后将剥离的表土回覆至需要植被恢复和耕地恢复区域。

表土剥离及回覆工程实例如图3-73和图3-74所示。

（2）植物措施。施工结束后，对于塔基永久占地区域，应采用播撒草籽的方式进行植被恢复；对于施工场地（塔基施工区、牵张场施工区、跨越施工区、施工道路区等）临时占用的草地区域，应根据原始地形地貌，采取播撒草籽的方式进行植被恢复；对于施工场地（塔基施工区、牵张场施工区、跨越施工区、施工道路区等）临时占用的林地区域，应采取“草灌结合”的方式进行植被恢复。

1）播撒草籽。施工完成后，应首先对塔基永久占地及施工临时占地为草地的区域进行土地整治，在土地整治区域采用播撒草籽的方式进行植被恢复。

植物措施设计以经济实用、方便施工和便于养护为原则。施工要选择雨季或雨季

图 3-73 表土剥离

图 3-74 表土回覆

即将来临之前进行，防恶劣天气造成的不必要的损失，造成新的水土流失。播撒草籽可采取条播或播撒方式。条播行距一般为 10～20cm，播撒时尽可能将种子均匀地撒在地表松土表面并覆土，播种深度一般为 1.0～2.5cm。

施工单位在植被恢复时应调研塔位所在地区适用的植被和草籽类型，因地制宜地选用该地区适用的草籽类型进行植被恢复，且草籽尽量采用多草种混播，均按 1∶1 比例混合播撒，播撒密度为 80kg/hm^2。

2）林地恢复。施工完成后，应首先对塔基施工区、牵张场区、跨越施工场区和新修施工道路临时占地为林地的区域进行土地整治，在土地整治区域采取播撒草籽并结合栽植灌木的方式恢复林地植被。

通常选择春季造林，适宜我国大部分地区。春季造林应根据树种的物候期和土壤解冻情况适时安排造林，一般在树木发芽前 7～10 天完成。北方造林，土壤解冻到栽植深度时抓紧造林。

（3）施工临时道路。对于山丘区：施工时优先采用原有道路，当无道路可利用时，可结合人力、索道等较为环保的方式进行运输，不宜新增临时道路。当确需新增临时道路时，道路宽度应尽量限制在 3.5m 以内，且选择较为平缓、开方量小的方案，建议该方案由建设管理单位组织专项审查。临时道路修筑需注意以下事项：

1）对临时施工道路采用彩条旗或硬质围栏进行隔离，限制车辆和人员的活动范围。

2）施工道路在开工前，对新修施工道路剥离表土，采取“先拦挡后堆土”原则，对剥离的表土采取植生袋装土拦挡、沿线堆放、彩条布苫盖措施，苫盖边角需采取压盖处理。

3）对施工道路外边坡顶部宜采取植生袋填土临时拦挡，拦挡高度略高于路面，以防止溜渣。

4）施工道路修筑时宜向内放坡，确保道路排水顺畅，避免冲刷道路边坡，并在内边坡坡底合理设置临时排水沟。

5）施工结束后进行土地整治、表土回覆、植被恢复，对占用的耕地或园地的区域进行耕地恢复。

对于平原区：施工期间临时道路两侧设置彩条旗进行围护，对于施工道路区占用耕地，不产生大量表土剥离和土石开挖、回填工程量，只需就地进行路面平整即可。施工道路施工完成后应在清除地表临时建筑、建筑垃圾的基础上进行土地整治。施工道路的土地整治应根据原土地类型、立地条件及植被恢复要求等综合确定。对施工道路区需要后期恢复绿化区域进行土地整治，改善施工迹地的理化性质，以满足后期植被生长环境要求。施工道路施工完成后对未复耕和压实区域进行土地整治，对原占地类型为草地的区域播撒草籽进行植被恢复，对原占地类型为林地区采取“灌－草”复合形式恢复林地植被。

（4）余土处理。余土处理措施包括就地平摊（含挡土墙内堆砌）和外运综合利用两种方式。

1）就地平摊塔位水土保持要求。对于农田中塔位，余土就地平摊，但堆土高度不宜超过 500mm，且不能影响耕作。

对于非农田中塔位，余土可全部就地平摊，必要时可砌筑挡土墙，施工结束后进行植被恢复。

对于山丘区：结合塔位地形、地质条件及塔位坡度，可将余土在塔基内平摊堆放或堆成龟背型，堆土下坡向坡脚采用植生袋装土拦挡，并在施工结束后对余土堆放区进行植被恢复。

如塔位需结合挡土墙进行余土就地平摊，应根据设计图纸合理确定挡土墙设置位置。施工中必须先修筑余土挡土墙（挡土墙必须满足在基岩内的嵌固深度且自身稳定），余土挡土墙完成后方可进行塔基平整、基面开方、基坑开挖等土石方工程的施工，将余土随挖随运到余土挡土墙内堆放，并确保基础顶面出露至少 0.2m。施工结束后对余土堆放区进行植被恢复。

2）外运综合利用塔位水土保持要求。外运综合利用时，应将余土运出影响塔位安全的区域，依据安全性、环保性及合理性的原则，明确余土去处及利用方式，确保不产生新的水土流失情况，并由施工单位取得综合利用协议。协议中应包含余土利用地点、利用方式及水土流失防治责任主体等主要内容。

第二节 变 电 站

一、高海拔地区一次设备状态在线监测系统

西藏地区属于高海拔地区，空气稀薄，且变电站一般建设在比较偏远的地方，运维人员所处的环境条件艰苦，对设备在极端环境下运行可靠性和运行状态的监测提出了更高要求。

1．技术特点及难点

随着超高压电网的建设，电网规模进一步扩大，高海拔地区生产人员人力资源紧张和巡检工作量增长之间的矛盾日益突出，需要采取更全面的适合高海拔变电站的一次设备状态在线监测技术来提高变电站运维的效率，来解决电网规模日益增长与运维人员配置不足的矛盾。

2．差异化设计方案及措施

充分考虑高海拔地区变电站特别是超高压变电站的特点，变电站一次设备在线监测系统包含：主变压器 / 高压电抗器油色谱监测、铁芯夹件接地电流监测、油温、油位监测、主变压器局放在线监测、避雷器在线监测、GIS 状态在线监测、GIS 局放在线监测。各监测 IED 实时采集一次设备状态信息，采用 DL/T 860 协议将数据整合上送至综合应用服务器，传至远方运维主站。站内和运维主站对站内所有在线监测量集中管理和统一显示，全面提升一次设备状态在线监测水平。

（1）主变压器 / 高压电抗器油色谱在线监测。变电站内变压器、高压电抗器等注油设备众多，油作为绝缘和散热介质，在运行过程中，变压器油和设备中的绝缘材料在电场与磁场的作用下，会逐渐老化和分解，产生一氧化碳、二氧化碳、氢气以及少量低分子烃类等气体，并溶解于绝缘油中。当存在隐患或者故障时，这些气体会迅速产生，通过油色谱在线监测系统的定期检测，运行人员可根据微小的气体含量变化以及新增的气体，来判断设备的运行状况，并结合带电检测等手段密切监视气体发展情况，做好综合分析处理。

同时根据高海拔地区特点，主变压器 / 高压电抗器油色谱在线监测装置宜采用免维护自产载气型号，以减少设备后期运维压力。

（2）变压器 / 高压电抗器铁芯接地电流在线监测。电力变压器、电抗器在运行时，其铁芯必须有且仅有一点可靠接地。国内生产的大中型变压器几乎都是把铁芯引到油箱外部，然后可靠地仅有一点接地。 在变压器没有故障运行时，铁芯接地电流很小，只有几毫安到几十毫安之间。根据多年的运行数据表明，当铁芯发生多点接地故障时，因为产生环流的原因，铁芯接地电流会明显增加，这个时候电流由毫安级升至安培级，

最大甚至可以达到几十安培，会引起设备局部过热，甚至可能会引起放电性故障，严重的时候会造成铁芯烧损，造成需要吊罩更换铁芯硅钢片的重大故障。

根据在高海拔地区变电站大多数为少人或无人值班特点，变压器 / 高压电抗器铁芯接地电流的检测手段应采用在线监测方式，实时远程监测主变压器、高压电抗器铁芯接地电流数值，防患于未然。

（3）变压器局放在线监测。局部放电能够反映出变压器运行状态，进而表征变压器的内部绝缘老化状况等信息。目前局部放电已经成为反映电力变压器绝缘状态的一个最为灵敏的特征量之一，是判别绝缘老化的重要依据。对于高海拔地区变电站，变压器局放的检测手段采用在线监测方式，有效预防变压器重大故障的发生。

（4）避雷器在线监测。避雷器在线监测系统，是高压交流电力系统中与氧化锌避雷器配套使用的系统，主要包括用于监测运行电压下通过避雷器漏电流的毫安表和记录避雷器的过电压动作次数动作计数器，以及信号综合处理单元。通过屏蔽电缆将被测信号引入后台工控机，然后由综合处理单元进行集中循环监测和数据处理。

（5）GIS 气体密度在线监测。高海拔地区配电装置通常采用 GIS 设备，目前阶段，GIS 设备气体方面故障率高，且气体状态监测是判断设备故障的主要信息，对于各个电压等级的 GIS 设备，尤其对于户内 GIS 配电装置，应增加 SF_6 气体在线监测。将实时监测电气设备的运行状态传送至监控后台，以便于运维人员及时获取站内 GIS 设备状态信息，相较于以往定期查看的运维制度，节省大量的人力物力，且能及时发现设备缺陷和异常征兆，确保设备安全运行，从而提高供电可靠性。

（6）GIS 局放在线监测。高海拔地区配电装置通常采用 GIS 设备，由于 GIS 设备影响着电网的安全稳定运行，为了确保气体及固体绝缘件的可靠性，GIS 局放在线监测系统的重要性变得尤为突出。GIS 局部放电监测系统由传感器、信号处理单元及分析诊断系统组成。通过传感器采集信号并传输至信号处理单元进行过滤及转化，再上传至数据库并通过诊断系统进行诊断分析。

3. 小结

通过采取全面的在线监测方式对变电站内一次设备进行在线监测，可有效减少变电站一线运维人员的运维压力，节省大量的人力和物力，且能及时发现设备缺陷和异常征兆，确保设备安全运行，从而提高供电可靠性。

二、变电站建（构）筑物防冻胀融沉措施

青藏高原季节性冻土具有显著的年内变化特征，季节性变化明显，冻结主要从 9 月开始，由北向南逐渐推进，在冬末春初冻土面积和深度都达到最大。1971～2000 年平均最大冻土深度为 5.6～325.3cm，其中那曲地区超过 100cm，以安多最大，达

325.3cm；林芝地区冻土深度小于10cm，沿雅鲁藏布江河谷一带为13.7～70.0cm。最大冻土深度随海拔升高而增大，呈明显的垂直地带性分布。

1．技术特点及难点

西藏多数变电站站址海拔高、昼夜温差大、极端温度低、环境条件较为恶劣，地表土体存在着冬季冻胀、夏季融陷的现象，土体性质的变化直接影响着上部建筑物的稳定性，引起房屋裂缝、倾斜及变形现象。为确保变电站在冻土环境下安全运行，需开展相应的专题研究。

2．差异化设计方案及措施

（1）结构措施。

1）基础形式选择。在冻胀、强冻胀、特强冻胀地基上，地下水位以下的基础，可采用桩基础，自锚式基础（冻土层下有扩大板或扩底短桩），也可将独立基础或条形基础做成正梯形的斜面基础。

2）基础埋深控制。根据《冻土地区建筑地基基础设计规范》（JGJ 118—2011）的规定，对强冻胀性土、特强冻胀性土，基础的埋置深度宜大于设计冻深0.25m；对不冻胀、弱冻胀和冻胀性地基土，基础埋置深度不宜小于设计冻深。工程地基土属于弱冻胀－冻胀性土，基础埋置深度不宜小于设计冻深。

变电站主要建构筑物基础一般埋深为：支架：1.2～1.5m；构架：2.0～3.0m；GIS基础：1.2m；建筑物基础：1.0～2.0m。因此将基础埋置在计算冻深以下，并不会显著增大地基工程量。

综合以上条件，工程建构筑物基础最小埋置深度按计算冻深考虑。

（2）回避措施。采取基础埋深不小于计算冻深措施后，可解决主要建构筑物法向冻胀力问题，但对埋置在计算冻深范围内的基础侧壁切向冻胀力、地基梁的法向和切向冻胀力、道路和电缆沟的法向冻胀力却无能为力，需要采取架空法和隔离法进行处理。

1）架空法。架空法是指将整个建筑物或部分结构架空，在基础底留有足够的冻胀土变形空间，从而回避了基础面上的法向冻胀力作用。

对埋置在计算冻深范围内地基梁采用了架空法进行处理，具体措施如图3-75所示。

2）隔离法。隔离法是指在基础与周围土间采用隔离措施，使基础侧表面与土之间不产生冻结作用，进而消除切向冻胀力对基础的作用。常用的隔离法有基础侧表面涂（贴）料和基础侧面回填非冻胀性材料两种方法。基础侧表面涂（贴）料法是采用收敛性不冻结材料及憎水涂料涂刷（贴）基础表面，用来涂刷（贴）的材料有：树脂、黑油柏油、原油、沥青、聚乙烯薄膜等。回填非冻胀性材料通常采用非冻胀性的碎石或

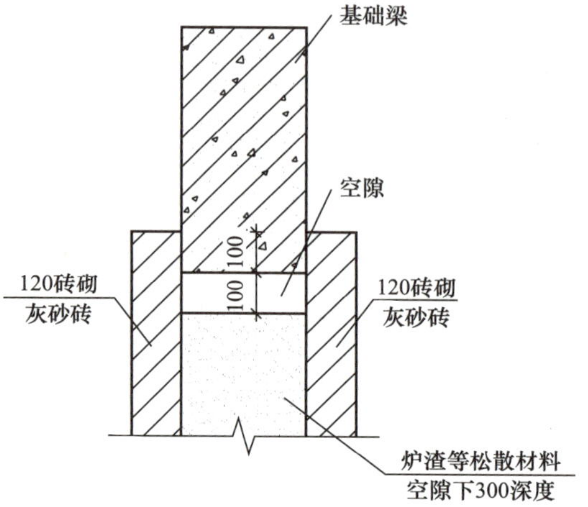

图 3-75　梁下部防冻构造详图（单位：mm）

级配砂等。都能收到较好的效果。

a. 基础周边隔离措施。结合现场土质条件，采用在基础周边回填不具冻胀性的碎石土（碎石含量 30% 且粒径小于 0.075mm 颗粒含量不大于 15%）进行夯实回填的隔离措施，非冻胀碎石土回填范围为基础周边 300mm 宽范围。

b. 道路隔离措施。站区道路路基基本在冻结深度以内，防止路基受冻害影响的有效措施是采用碎石路基。碎石本身为不含防水材料，虽然其不防水，但其内部空隙较大，当内部的水分子遇低温产生冻胀时，不会使路基发生变形，也就不会引起路面的隆起、沉陷等破坏现象发生。同时，经过碾压的碎石垫层又具有较高的强度，可以抵抗部分冻胀力。因此，采用碎石路基可以很好消除冻胀对道路的影响。在站内道路下设置了 300mm 厚的水泥稳定碎石下基层（水泥掺量约 2.5%～4%）和 300mm 厚的水泥稳定碎石上基层（水泥掺量 4%～6%），具体如图 3-76 所示。

c. 电缆沟隔离措施。电缆沟埋深在冻结深度以内，采取在电缆沟周边及底板下换填非冻胀性碎石土（碎石含量 30% 且粒径小于 0.075mm 颗粒含量不大于 15%）的隔离措施消除法向和切向冻胀力，换填厚度为 300mm。具体如图 3-77 所示。

（3）其他措施。

1）地表排水和场地封闭措施。地下水对冻胀性有极大的影响，做好地表排水和表层封闭可大大降低冻土对各类基础的冻胀影响。

场地采用 150mm 厚 3∶7 灰土封闭层 +150mm 厚碎石层进行场地封闭，并设置 0.5% 的竖向排水坡度，将场地雨水及时汇集排至站外，防止雨水下渗，降低土的冻胀作用。

2）室外坡道、地坪、台阶、散水等防冻胀措施。为防止室外坡道、台阶、散水等在大温差环境下开裂，采取防冻胀及防滑措施。

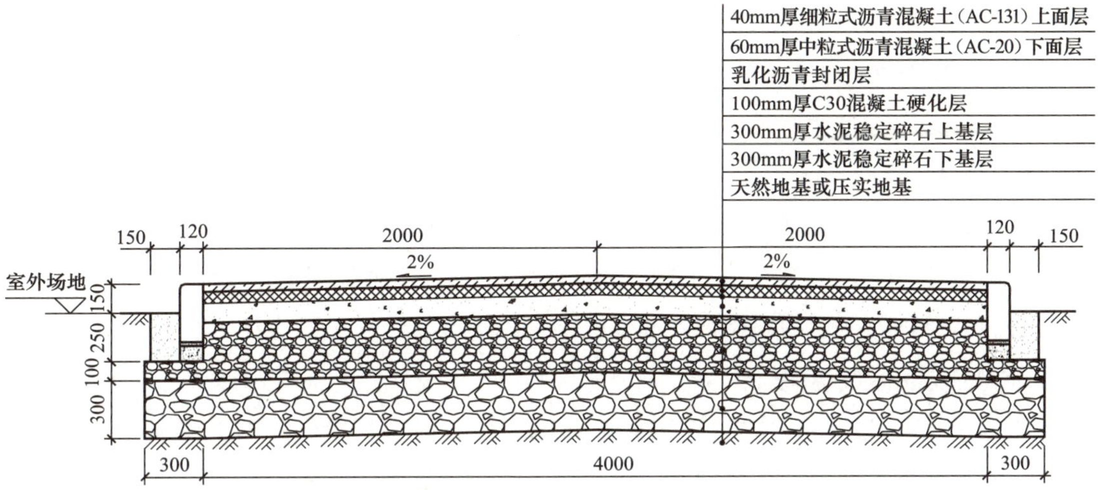

图 3-76 道路结构断面图（单位：mm）

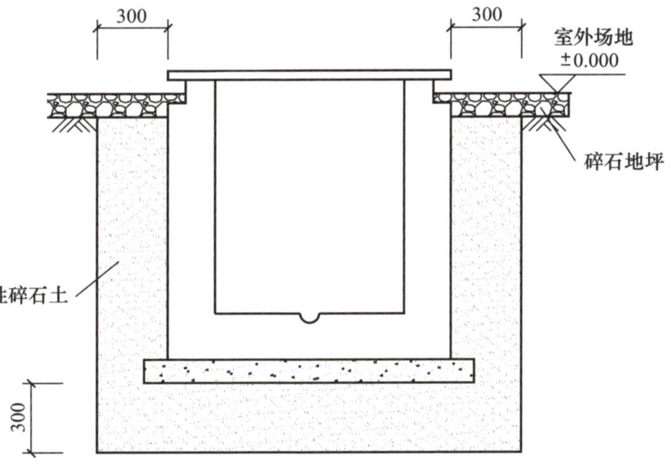

图 3-77 电缆沟周边换填示意图（单位：mm）

所有建筑散水采用混凝土散水，散水宽度不小于 800mm，同时应比挑檐宽度大 300mm，且散水边沿超过建筑基础 200mm。坡道采用细石混凝土坡道，室外台阶采用地砖面层台阶。所有散水坡道及台阶均考虑防冻裂措施，具体做法如下：

散水素土夯实宽度比散水加宽 500mm，散水整体面层纵向距离每 20m 做一道伸缩缝，缝宽 20mm，勒脚与散水交接处设通长变形缝，缝口填建筑嵌缝膏。散水垫层采用 300mm 厚天然级配砂石。

坡道及台阶素土夯实宽度加宽 500mm，坡道及台阶与外墙之间设变形缝，缝宽 30mm，缝内填建筑嵌缝膏，深 50mm。

同时，也在散水、坡道踏步等结构层下设置不同隔水措施。建筑物散水结构层下设 150mm 厚 C20 细石混凝土隔水层；坡道及踏步结构层下设置 300mm 厚粒径 10～40mm 卵石灌 M2.5 混合砂浆隔水层；地坪结构下设置 150mm 厚三七灰土隔水层；并按照规范要求设置伸缩缝，从根本上减少冻融对附属结构的破坏。

3．小结

通过采取防冻胀融沉的结构措施、回避措施和其他辅助措施，可有效解决西藏高海拔地区变电站土建设施冬季冻胀、夏季融陷的问题，避免变电站建筑物机电气设备发生开裂、倾斜及变形的现象，保证变电站在冻土环境下安全稳定运行。

三、高海拔地区防雷设计

根据《交流电气装置的过电压保护和绝缘配合设计规范》（GB/T 50064—2014），平均年雷暴日数不超过 15d 或地面落雷密度不超过 0.78 次 /（km^2·a）的地区为少雷区；平均年雷暴日数超过 15d 但不超过 40d 或地面落雷密度超过 0.78 次 /（km^2·a）但不超过 2.78 次 /（km^2·a）的地区为中雷区；平均年雷暴日数超过 40d 但不超过 90d 或地面落雷密度超过 2.78 次 /（km^2·a）但不超过 7.98 次 /（km^2·a）的地区为多雷区；平均年雷暴日数超过 90d 或地面落雷密度超过 7.98 次 /（km^2·a）以及根据运行经验雷害特殊严重的地区为强雷区。

1．技术特点及难点

西藏、青海、宁夏、甘肃、四川等高海拔地区多为少雷区或中雷区，部分西藏、四川地区为多雷区，四川南部少数地区为强雷区。高海拔地区，经过海拔修正，构架宽度加宽、出线高度更高；需要保护的范围扩大。

2．差异化设计方案及措施

为防止雷电波侵入后危及设备安全运行，地处中雷区或多雷区的变电站避雷器配置原则如下：

（1）每台主变压器三侧出口处各装设一组避雷器。

（2）每回线路入口处装设 1 组线路型避雷器，对于有高压电抗器回路的出线，线路与高压电抗器共用一组避雷器。

在地处少雷区的变电站，220kV 及以下配电装置线路入口可无需装设避雷器，仅在配电装置母线侧装设避雷器。

在地处强雷区的变电站，根据雷电侵入波过电压计算结果，核实母线是否装设避雷器。

实际工程中避雷器配置根据电缆出线、母线长度、配电装置选型等情况及雷电波侵入过电压计算确定，须满足《交流电气装置的过电压保护和绝缘配合设计规范》（GB/T 50064—2014）的要求。

对于防直击雷保护，国内外通行的做法是在变电站安装避雷针、避雷线。我国变电站直击雷防护的运行经验表明，按照《交流电气装置的过电压保护和绝缘配合设计规范》（GB/T 50064—2014）规定的方法，正确设计和安装了避雷针和避雷线的变电站，其直击雷防护效果是可靠的。在设计安装避雷针或避雷线时，首先要使被保护的电气设备在避雷针或避雷线的有效的保护范围之内，以确保变电站设备免遭直击雷。同时，还要求避雷针或避雷线与被保护设备之间有足够的距离，以确保雷击避雷针或避雷线时不会发生对被保护设备的反击。

避雷针属于变电站内的高耸结构，对其承受的风荷载较为敏感。由于高海拔地区变电站所处地域广阔，设计风速涉及范围较广，须针对不同设计风速下选择合理的避雷针型式。对于风速较小的地区，可采用变截面单钢管型式的避雷针，其构造简单，占地面积较小，施工方法成熟；对于风速较大的地区，单钢管型式的避雷针容易产生疲劳破坏，建议采用格构式避雷针。同时，考虑到高海拔、严寒地区需要具有对应环境温度相适应的冲切韧性的合格保证，应选用合理的钢材等级，避免发生低温脆断。

防雷设计中应优化避雷针布置方案，降低构架上部避雷针高度，尽量设置独立避雷针。

3．小结

为防止雷电波侵入后危及设备安全运行，地处中雷区或多雷区的变电站避雷器配置原则如下：

高海拔地区，经过海拔修正，构架宽度加宽、高度加高，因此高海拔地区变电站防雷设计中，通过加高避雷针（大风地区加密避雷针）来实现全站防雷保护。

四、高海拔地区接地设计

1．技术特点及难点

根据我国高原地区地质特点，高海拔地区变电站接地系统设计时一般会呈现如下特点：

（1）站址落点为山区，地下岩层丰富密实，含水量少，导电性差，土壤电阻率极高，典型区域为我国西南山区，如云贵、四川、西藏等地。

（2）海拔升高，气温迅速下降，当站址土壤具有一定含水量时，在冬季站址地表往下形成一定厚度冻土，导电率大幅度下降，站址土壤电阻率呈现极大的季节差异，增加了接地系统设计难度。典型区域为我国西北部区域，如西藏、青海等地。

（3）高海拔地区特殊的地质情况，可能使得地下土壤呈现强腐蚀性，对接地导体材料选择形成极大挑战。典型区域如我国西部青海等地。

2. 差异化设计方案及措施

针对上述接地系统设计原则及高海拔地区土壤地质情况，接地设计建议采取如下措施：

（1）高土壤电阻率地区。在高土壤电阻地区可采用下列降阻措施：

1）当地下较深处的土壤电阻率较低或有地下水层时，可采用在站址角落加装接地深井的方式降阻，接地深井埋深至低电阻率土壤层或地下水层。在站址面积较小的变电站，考虑接地深井间的屏蔽因素，接地深井深度及数量受限制，仅加装接地深井已无法满足全站降阻要求时，可辅助采用加装离子接地极或者回填低电阻率土壤、降阻剂等其他措施。

2）当地下较深处的无低电阻率土壤层且无地下水层、站址土壤电阻率超过1500Ω·m时，可采用在周围一圈地网加装离子接地极。

3）当地下较深处的无低电阻率土壤层且无地下水层、站址土壤电阻率不超过1500Ω·m时，可采用在主地网干线周围填充电阻率小于100Ω·m的粘土或降阻剂。填充电阻率较低的物质或降阻剂，但应确保填充材料不会加速接地极的腐蚀和其自身的热稳定。

4）在以上方法皆无法满足全站降阻要求且变电站2000m以内有较低电阻率的土壤时，可采用敷设引外接地极。

5）降阻措施可根据站址实际情况进行经济技术比较后最终确定方案。

（2）冻土地区。

1）根据规程要求及工程经验，在永冻土地区可采用下列措施：

a. 将接地装置敷设在溶化地带或溶化地带的水池或水坑中。

b. 可敷设深钻式接地极，或充分利用井管或其他深埋在地下的金属构件作接地极，还应敷设深垂直接地极，其深度应保证深入冻土层下面的土壤0.5m。

c. 在接地极周围人工处理土壤，以降低冻结温度和土壤电阻率。

2）根据规程要求及工程经验，在季节冻土或季节干旱地区可采用下列措施：

a. 季节冻土层或季节干旱形成的高电阻率层的厚度较浅时，可将接地网埋在高电阻率层下0.2m。

b. 已采用多根深钻式接地极降低接地电阻时，可将水平接地网正常敷设。

c. 季节性的高电阻率厚度较深时，可将水平接地网正常埋设，在接地网周围及内部接地极交叉节点布置短垂直接地极，其长度宜深入季节高电阻率层下面2m。

高海拔地区变电站站址场地多为季节性冻土。勘测土壤电阻率时应分别考虑非冻土时的土壤电阻率和有冻土时的土壤电阻率。综合考虑冻土层土壤电阻率、冻土层厚度、站址大小等因素，比较地网挖方工程量、降阻工程量，最终采用技术更优、经济更合理的接地方案。一般情况下：① 220kV 及以下变电站可将主接地网埋在冻土层下 0.2m 处。目前西藏地区 220kV 及以下变电站普遍采用此方案；②当季节性冻土层厚度不大于 1m 时，330kV 及以上变电站也可将主接地网埋在冻土层下 0.2m 处；③当冻土层土壤电阻率较低、季节性冻土层厚度大于 1m 时，330kV 及以上变电站占地面积较大，为减小现场开挖工程量，可将主接地网埋在冻土层内，但须采用多根垂直接地极深入至冻土层下 2m 处；④当冻土层土壤电阻率较高、季节性冻土层厚度大于 1m 时，在对比采用地网埋在冻土层内的挖方及降阻措施工程量和采用地网埋在冻土层以下 0.2m 的挖方及降阻措施工程量后，330kV 及以上变电站设计时采用经济技术更优的方案。

（3）腐蚀性地区。在土壤呈现腐蚀性地区，接地导体的选择尤为重要。

1）接地体性能比较。接地系统长期安全可靠运行的关键在于选择合适的接地材料，变电站常用的接地材料为镀锌扁钢、铜覆钢与扁铜三种，下面分别从三种接地材料的导电性、热稳定性、耐腐蚀性等方面来比较。

2）导电性比较。铜的导电率是钢的 8 倍，在相同的接地网结构和土壤条件下，铜地网的接地阻抗、网内电位差均较钢地网小。

3）热稳定性比较。铜的熔点为 1083℃，即使采用常规铜银焊连接法，其连接接头最高允许温度也可达到 450℃，采用放热焊时其接头的最高允许温度达到 1083℃；虽然钢的熔点为 1510℃，但钢地网连接处最高允许温度却只有 400℃。因此，接地体截面相同时，铜材热稳定性较好。

4）耐腐蚀性比较。我国传统接地体采用钢材质，其主要原因是我国自身铜储探明量的不足，其价格较高，为节约有色金属，在 20 世纪 50～60 年代提出“以钢代铜，以铝代铜”的技术原则，这种做法一直延续到现在。根据美国国家标准局（National Bureau of Standards，USA）在 12 年间做出的钢腐蚀试验，钢的腐蚀速度约为 0.065mm/a；日本的钢腐蚀试验中（取材于《图解接地技术》，高桥健彦著），钢的腐蚀速度约为 0.065mm/a（海中）以及 0.04mm/a（陆地）。

铜在土壤中的腐蚀速度大约是钢材的 1/10～1/50，而且电气性能和物理性能稳定，原因是铜的表面会产生附着性极强的氧化物（铜绿），铜绿对内部的材料有很好的保护作用，能阻断腐蚀的形成。而且当铜与其他金属（钢结构、水管、气管、电缆护套等）共存地下时，铜作为阴极不会受腐蚀。相较于钢接地体，铜及镀铜接地体的耐腐蚀性均更佳。

一般情况下站址场地土为碱性土壤时，采用铜为主地网接地体；站址场地土为中性或酸性土壤时，采用热镀锌钢为主地网接地体。

3．小结

上述可见，接地设计可根据高海拔地区不同的土壤地质情况，选用不同的降阻措施。

五、考虑空气密度条件下的差异化设计

空气的介质绝缘强度是随着气压的提高而增加，在空气稀薄或真空状态下又随着真空度的提高而提高。试验表明，海拔每升高1000m，即平均气压每降低7.7～10.5kPa，外绝缘强度降低8%～13%。

1．技术特点及难点

高海拔环境下气压低，空气稀薄，在相同绝缘距离的情况下，空气中的电子在场强的作用下发生碰撞，造成雪崩而发生短路。高海拔地区空气密度降低，空气中分子电离的概率增大，故空气绝缘强度会降低，电气设备的外绝缘的放电电压降低。对于设计定型的产品，由于电气间隙已固定，随着空气压力的降低，击穿电压也下降。为了保证产品在高海拔使用时足够的耐击穿能力，必须增大电气间隙。

2．差异化设计方案及措施

高海拔地区空气稀薄，电气设备外绝缘性能下降，电气设备的干弧距离需要加长，外绝缘需要修正。高海拔电气设备的干弧距离海拔修正系数采用GB/T 311.1—2012附录B的方法进行修正，采用式（3-1）。

$$K_a = e^{q(H-1000)/8150} \tag{3-1}$$

式中 H——设备安装地点的海拔（m）。

高海拔地区空气稀薄，悬垂绝缘子的外绝缘性能下降，其干弧距离需要修正，往往通过增加绝缘子数量来加强绝缘，高海拔耐张绝缘子串的片数按照下述近似计算公式修正：

$$N_H = N \times [1 + 0.1(h-1)] \tag{3-2}$$

式中 N——海拔0m时耐张绝缘子串的片数；

N_H——实际海拔下耐张绝缘子串的片数；

h——实际海拔（m）/1000。

按式（3-2）计算出绝缘子串片数应先取整，耐张绝缘子再增加2～3片、悬垂绝缘子再增加1～2片，作为安全裕度。

3．小结

受高海拔地区空气密度和气压的影响，在空气对流理论的作用下，其空气穿透性

和密度具有极大地关系。为了防止空气对流的影响，通过增加外绝缘水平、增加间隙距离等措施，保证电气设备的正常运转。

六、考虑低温条件下的差异化设计

西藏地区变电站站址海拔高，温度低，昼夜温差大。海拔越高气温下降越厉害，受气温下降的影响，电气设备的材料发生一定程度的硬化进而导致其内部液体凝固影响设备的正常运行，同时高海拔地区的昼夜温差大使电气设备的外部容易造成开裂。

为确保变电站内电气设备在低温环境下安全可靠运行，需要开展相应的抗低温设计。

1. 技术特点及难点

低温环境对变电站内电气设备主要有以下影响：

（1）SF_6 组合电器（GIS）设备绝缘气体液化，变压器、高压电抗器等设备绝缘油固化，影响设备性能，造成设备故障。

（2）断路器阀体内弹簧特性变化，各传动环节，如二级阀、工作缸、提升杆的动作阻力增大，液压油运行黏度增大，动作时间变长，导致分合闸速度降低，甚至拒动。

（3）冬季冰雪环境容易使隔离开关转动轴卡塞，造成合闸不到位，动、静触头接触不良。

（4）采用水冷方式的静止无功补偿装置冷却系统管道冻结，造成水冷却系统无法正常工作。

（5）端子箱、检修箱、动力箱内部容易凝露和结冰，造成二次元件老化，降低使用寿命。

（6）蓄电池出现极化现象，放电不完全，使用寿命和性能降低。

（7）电缆外绝缘层容易脆化开裂、弯曲性能减弱，导致电缆绝缘性能下降。

2. 差异化设计方案及措施

针对低温环境下运行的电气设备，可以采取以下抗低温措施：

（1）GIS 设备。GIS 设备采用户内布置方式，通过建筑物保温及取暖措施防止 SF_6 气体液化。对于建筑物保温效果无法满足的，可在 GIS 设备本体及操作机构设置辅助加热装置以防止 SF_6 气体液化及保证机构的可靠工作。

GIS 设备伸缩节应与基础伸缩缝对应设计，防止不同步变形导致 GIS 设备气体泄漏，同时应采用带有温度补偿的伸缩节。GIS 设备伸缩节应加装刻度尺，西藏变电站昼夜温差大，且部分变电站在地震多发带，安装刻度尺方便运维查看伸缩节变化量。室外与室内气室应隔断，分别配置不同的 SF_6 密度继电器。

GIS汇控柜和机构箱的柜体密封采用PU发泡密封材料，柜内附带温控功能的加热装置，当温度低于设定值时自动启动。

（2）高压变压器、并联电抗器。变压器油选用抗低温等级更高的KI50X或45号油；密封件材质选用丙烯酸酯或氟硅胶；油箱钢板选取抗低温钢板；其他如套管、仪表、油泵、风机等组件选用耐低温产品。

主变压器（电抗）等充油设备密封材料选用适合高原的氟硅胶材质，氟硅胶密封材料具有优良的耐热性、耐寒性、耐高压性、耐气候老化等特点，特别适合高原设备密封。主变压器（高抗）呼吸器应采用免维护呼吸器，油色谱在线监测装置应选用无需载气的产品，减少后期维护工作量。220kV及以下主变压器的6～35kV中（低）压侧引线、户外母线（不含架空软导线型式）及接线端子应绝缘化。引出线需用软连接引出，引流排挂接地线处三相应错开。

（3）断路器。可采用混合绝缘气体或调整绝缘气室压力及尺寸，也可考虑采用罐式断路器加装辅助加热装置。

（4）隔离开关。隔离开关的转动部位涂抹低温润滑脂，操作机构箱设置保温层，箱内安装加热器。

（5）静态无功补偿装置。阀冷设备间及阀厅内配备暖通设施，在内冷却系统管路中设置电加热装置或在水冷系统中添加防冻液。

（6）端子箱、检修箱、动力箱。箱体密封采用耐低温密封胶，箱内附带温控功能的加热装置，当温度低于设定值时自动启动。加热器的数量和功率应满足需求，加热器与各元件、槽盒、电缆及电线的距离大于50mm，且安装地点要利于对流并不会对相邻元器件造成损害，推荐采用小功率常投加手动投运的方式。

（7）开关柜。35kV配电装置采用户内充气柜或户外SF_6罐式断路器，10kV配电装置应户内布置。如充气设备户外布置必须同步配置加装伴热带、防寒被等保暖措施并采用氟硅橡胶材质的密封件。

（8）电力电缆。选用抗低温性能更好的交联聚乙烯、聚乙烯绝缘、耐寒橡皮绝缘电缆。

3．小结

海拔越高其温度越低，为了应对低温、日温差大的环境，在电气设备设计的过程中一般选择耐低温材料以及加装辅助加热装置等措施，保障设备的安全运行。

七、考虑强紫外线条件下的差异化设计

1．我国太阳能紫外线分布和特点

我国是太阳能紫外线比较强的国家，三分之二的国土面积年日照量在2200小时以

上，年辐射总量大约在每年 3340～8360MJ/m^2，相当于 110～250kg 标准煤 / 平方米。

我国的太阳能资源按年辐射总量划分为五类地区：一类地区（6680～8400MJ/m^2），二类地区（5850～6680MJ/m^2），三类地区（5000～5850MJ/m^2），四类地区（4200～5000MJ/m^2），五类地区（3350～4200MJ/m^2）。

（1）一类地区。为我国太阳能资源最丰富的地区，年太阳辐射总量 6680～8400MJ/m^2，相当于日辐射量 5.1～6.4kWh/m^2。这些地区包括宁夏北部、甘肃北部、新疆东部、青海西部和西藏西部等地。尤以西藏西部最为丰富，最高达 2333kWh/m^2（日辐射量 6.4kWh/m^2），居世界第二位，仅次于撒哈拉大沙漠。

（2）二类地区。为我国太阳能资源较丰富地区，年太阳辐射总量为 5850～6680MJ/m^2，相当于日辐射量 4.5～5.1kWh/m^2。这些地区包括河北西北部、山西北部、内蒙古南部、宁夏南部、甘肃中部、青海东部、西藏东南部和新疆南部等地。

（3）三类地区。为我国太阳能资源中等类型地区，年太阳辐射总量为 5000～5850MJ/m^2，相当于日辐射量 3.8～4.5kWh/m^2。主要包括山东、河南、河北东南部、山西南部、新疆北部、吉林、辽宁、云南、陕西北部、甘肃东南部、广东南部、福建南部、苏北、皖北、台湾西南部等地。

（4）四类地区。是我国太阳能资源较差地区，年太阳辐射总量 4200～5000MJ/m^2，相当于日辐射量 3.2～3.8kWh/m^2。这些地区包括湖南、湖北、广西、江西、浙江、福建北部、广东北部、陕西南部、江苏北部、安徽南部以及黑龙江、台湾东北部等地。

（5）五类地区。主要包括四川、贵州两省，是我国太阳能资源最少的地区，年太阳辐射总量 3350～4200MJ/m^2，相当于日辐射量只有 2.5～3.2kWh/m^2。

由此可见我国西北、西南地区总体太阳辐射较强，到达地面的强紫外线强度对设备的表层涂漆和外露的合成部件等均存在不同程度影响。

2. 差异化设计方案及措施

经过向各个设备制造厂家调研，虽然我国西部地区总体太阳辐射较强，紫外线强度对设备的表层涂漆和外露的合成部件等存在影响，通过各个厂家对设备制造工艺、设备表面涂层、密封件进行优化设计和处理，变电站的设备是可以耐强紫外线辐射。紫外线强的地区主要有以下集中措施：

（1）电气设备表面喷涂环氧底漆，再喷涂氟碳面漆，可以有效防止设备表面紫外线老化。

（2）电气设备的密封件可选用丙烯酸酯橡胶、氟橡胶、氟硅橡胶、丁腈橡胶等材质，可以有效防止设备密封件紫外线老化。

（3）GIS（HGIS）设备应采用带外金属环盆式绝缘子结构，可以有效防止盆式绝缘子外露部分紫外线老化。

（4）电气设备的外绝缘材料应选用瓷套管，瓷材料具有非常好的稳定性，耐腐蚀和抗强紫外线的能力较强已得到认可，陶瓷分子结构中存在很强的离子键，瓷套管具有耐受强紫外线的能力。

（5）干式并联电抗器在线圈及防护罩表面喷涂耐候性优良的 PRTV 防污闪涂料，PRTV 涂料的成膜物质是硅橡胶，分子主链为硅氧键，硅氧键的键能达到 445kJ/mol，明显高于一般的碳链聚合物，可以有效防止电抗器线圈紫外线老化。

（6）复合绝缘设备应采用高温硫化硅橡胶工艺，选用高分子量的甲基乙烯基硅橡胶为原料，主链 Si—O 键的键能为 445kJ/mol，而紫外线经过大气臭氧层过滤，能量为 300～412kJ/mol，可以避开强紫外线损伤。

3. 小结

高海拔地区总体太阳辐射较强，紫外线强度对设备的表层涂漆和外露的合成部件等存在影响，但通过各个厂家对设备制造工艺、设备表面涂层、密封件进行优化设计和处理，变电站的设备是可以耐强紫外线辐射。

八、考虑大风沙条件下的差异化设计

西藏地区变电站海拔普遍较高，站址周边植被较少，风沙天气较多。为确保设备安全可靠运行，需开展相应的防风沙设计。

1. 技术特点及难点

风沙地区扬沙现象较多，且有出现沙尘暴的可能。大风沙天气对电气设备、构支架、建筑物等均有较大影响，威胁着工程的安全运行。风沙对变电站内设备产生如下影响：

（1）引起设备外露传动部件的卡塞，影响设备的正常动作；

（2）引起户外隔离开关动静触头的卡塞、阻塞，影响隔离开关合闸不到位以及动静触头保护层破坏；

（3）细微沙尘进入设备操作机构箱或端子箱、仪表等，影响设备的正常运行；

（4）飞扬的砂尘冲击打磨设备外表面，损坏设备表面漆层，影响电气设备的外观，损坏绝缘釉质，影响电气绝缘性能；

（5）沙尘天气下的强劲大风，增加了作用于设备上的风压，对设备抗风能力提出了更高的要求。

2. 差异化设计方案及措施

（1）“卡塞现象”的应对措施。

1）配电装置宜选择外露部件最少的 GIS 设备。

2）设备选型时避免采用垂直断口的隔离开关。

（2）“集尘效应”的应对措施。

1）变压器的温度计、数显仪等仪表放置在不锈钢外壳仪表箱内，仪表箱防护等级需满足防水防尘要求。防护等级应达到IP65级或以上，箱体应设置可使箱内空气流通的迷宫式通风口，并具有防腐、防雨、防风、防潮、防尘和防小动物进入的性能。

2）GIS的继电器加装保护罩，将接头及密度继电器包裹。

3）加强汇控柜、端子箱门等处的密封措施，采用双层密封门结构；采用PU发泡胶进行密封。

（3）“打磨效应”的应对措施。

1）选择加厚不锈钢外壳的户外箱体。材质应为06Cr19NI10的奥氏体不锈钢，公称厚度不应小于2mm，厚度偏差应符合GB/T 2518—2019的规定，如采用双层设计，其单层公称厚度不得小于1mm。

2）主变压器、高抗和GIS壳体表面使用耐磨蚀性的涂装材料。

（4）提高电气绝缘性能的措施。

1）瓷质绝缘子采用加厚釉层处理。

2）使用具备抑制污闪湿闪的复合绝缘。

（5）沙尘天气下的应对措施考虑沙尘对风压的增益作用，对设备结构强度提出要求。

3. 小结

风沙较大地区，沙尘对变电站安全运行有较大影响，主要体现在“卡塞现象”“集尘效应”“打磨效应”“电气绝缘性能影响”“强劲大风对设备的影响”等几个方面。从电气专业出发，针对不同影响，提出了相应的应对措施。

九、高海拔变电站外绝缘水平差异化设计

1. 污秽等级及爬电距离选择

依照《电力系统污区分级与外绝缘选择标准 第1部分 交流系统》《高海拔外绝缘配置技术规范》以及川藏联网输变电工程可行性研究等资料进行污区等级划分及爬电距离选择。

按照国网西藏电科院所绘制《西藏污区分布图》结果显示，西藏所辖多座变电站污秽度属于a、b级，考虑各地区今后发展裕度和高海拔地区特殊要求，绝缘子选择统一提高为d级污秽度。依据《电力系统污区分级与外绝缘选择标准 第1部分 交流系统》规定，各污秽等级的爬电比距取值如表3-9及图3-78所示。

表 3-9　各污秽等级绝缘子的统一爬电比距

污秽等级	a	b	c	d	e
盐密（mg/cm^2）	≤0.03	0.03～0.06	0.06～0.10	0.10～0.25	≥0.25
额定线电压下爬电比距（mm/kV）	16	16～20	20～25	25～32	32～38
统一爬电比距（mm/kV）	25.2	25.2～31.5	31.5～39.4	39.4～50.4	50.4～59.8

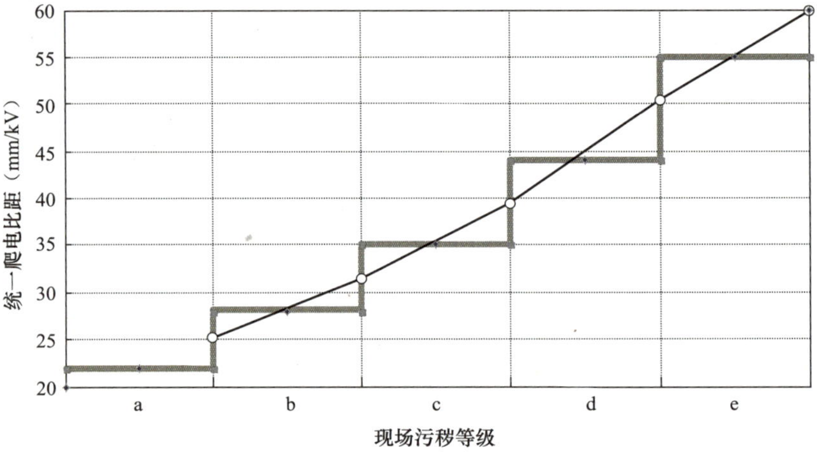

图 3-78　统一爬电比距和现场污秽度的相互关系

2. 绝缘子串片数选择

西藏地区所辖变电站海拔跨越 3000～5000m，综合比较《交流电气装置的过电压保护和绝缘配合》（DL/T 50064—2014）与《昌都电网与四川电网联网输变电工程可行性研究 变电部分》中耐张绝缘子串修正方法，在高海拔地区需要增加绝缘子数量以加强绝缘时，耐张绝缘子串的片数按式（3-2）进行海拔修正。

按照此要求选择绝缘子片数，单片 XWP2-160 绝缘子泄漏距离为 450mm，再考虑取耐张零值绝缘子 2～3 片，悬垂零值绝缘子 1～2。

3. 500kV 变电站外绝缘水平计算

（1）500kV 电气设备额定耐受电压。根据《交流电气装置的过电压保护和绝缘配合》（DL/T 50064—2014）规定，1000m 及以下地区一般条件下电气设备的额定耐受电压应符合表 3-10 的规定：

表 3-10　电气设备的额定耐受电压

系统标称电压（kV）	设备最高电压（kV）	额定雷电冲击耐受电压（kV）	额定操作冲击耐受电压（kV）	额定短时工频耐受电压（有效值）（kV）
500	550	1675	1175	860

（2）外绝缘放电电压海拔修正方法。根据《交流电气装置的过电压保护和绝缘配合》（DL/T 50064—2014）规定，外绝缘所在地区海拔高于0m时，应校正放电电压。各种作用电压下外绝缘空气间隙的放电电压 $U(P_H)$ 可按式（3-3）校正：

$$U(P_H)=k_a U(P_0)$$
$$k_a=e^{m(H/8150)} \tag{3-3}$$

式中 $U(P_0)$ ——海拔高度0m时空气间隙的放电电压（kV）；

k_a ——海拔校正因数；

m ——系数；

H ——海拔高度（m）。

系数 m 的取值应符合下列要求：

1）对于雷电冲击电压、空气间隙和清洁的绝缘子的短时工频电压，m 应取1.0；

2）对于操作冲击电压，m 应按图3-79选取。

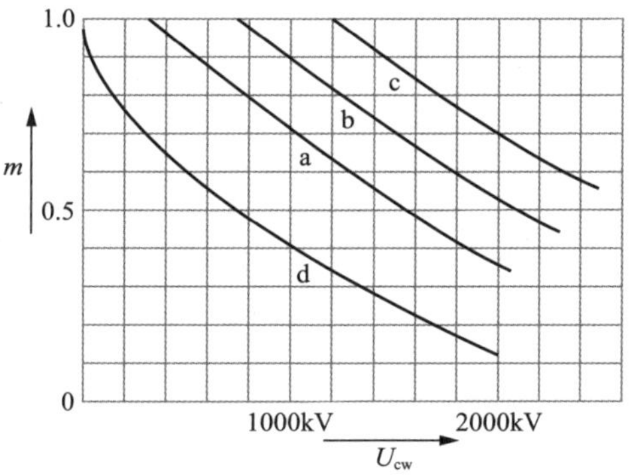

图3-79 各种作用电压下的 m 值

a—相对地绝缘；b—纵绝缘；c—相间绝缘；d—棒-板间隙（标准间隙）

4. 小结

电气设备绝缘体一定程度上受电压和爬电距离的影响，其二者呈线性关系，为了保证高海拔地区的绝缘材料的放电性能，增大外绝缘水平，增大爬电距离是在保证其正常工作的有效措施。

十、高海拔地区超长连续构架温度效应控制

青藏高原海拔高、昼夜温差大、极端温度低、环境条件较为恶劣。变电站构架在低温环境下运行，需充分考虑安全性，进行相应的设计。

1. 技术特点及难点

处于低温大温差地区的变电站钢结构，钢材容易发生脆性破坏，对变电站的安全运行容易造成严重危害。如500kV芒康变电站最低温度低至−42℃，多年平均气温

3.6℃，低温对钢结构焊缝、螺栓连接等均会产生重大影响。

2. 差异化设计方案及措施

为防止钢材发生脆性破坏，应从材料以及结构受力方面充分考虑：

（1）优化材料选择。构架梁承受具有动力荷载特性的导线风荷载，而构架柱、构架梁除螺栓法兰连接外，均存在较多的焊接构件。为防止在长期低温、大温差的工作条件下，构架的焊接构件及其他构件出现脆性破坏，合理地选用钢材。

西藏高原冬季最低气温较低，如芒康站，冬季最低气温到达 −42℃，低温环境下结构工作时，钢材的塑性和韧性都随温度的降低而下降，在低温尤其是温差较大脆性温度转换区时韧性急剧降低，容易发生脆性断裂，因此对处于较低负温下工作的结构，特别是焊接结构，应选用质量较好和脆性转变温度低于结构工作温度的钢材。对于 Q235B 钢，在加工时，以较便宜的锰铁作为脱氧剂，但脱氧不充分仍有较高的含氧量，同时冷却速度快、气泡较多、内部组织不致密，造成冲击韧性低，冷脆性和时效性也大，在低温、温差大及在动力荷载作用下易发生脆断，故对低温环境和直接承受动力荷载的结构限制使用 Q235B 钢。

因此，对于设备支架，因多承受静力荷载，可选用 Q235B 或 Q355B 钢材。

对于独立避雷针、构架上避雷针、地线柱等承受较大动力荷载的构件，选用 Q355C 或者 Q355D 钢材，以保证低温冷脆性能。

对于构架柱、构架梁等主材，选用力学性能较好、较为经济的 Q355B 或 Q355C 钢材。

（2）减少温度效应的影响。近年来，随着变电站电压等级的不断提高，结构设计中如图 3-80 所示的超长连续构架、门式钢架的结构形式越来越普遍。

图 3-80　超长连续构架

相对一般长度钢结构建筑物，超长连续钢结构的温度效应显著，温度应力主要影响结构的位移变形，对承载力的影响不起控制作用，控制超长钢结构温度效应的主要工作是满足节点位移对变形的要求。

由于目前温度计算的复杂性和温度应力计算软件的模型简化的相对性，其计算结果更多是参考作用，要满足节点位移的变形要求，合理的构造措施和施工顺序更为重要。

钢结构的温度效应具有以下几个特点：

（1）温度对结构的作用首先是热传导，当热胀冷缩变形受到约束时温度以作用力的形式表现出来。所以导热情况不同，约束内力计算结果会存在明显差异，导热情况除取决于外部环境之外，与结构的材料有很大关系。钢结构可以视为均匀质连续体，导热性能较好，其温度效应较混凝土结构明显增大。

（2）由于构架为室外露天构件，其温度效应受环境温度影响较大。环境温度是由空气温度加上日照温度共同组成。与混凝土结构相似，向阳面炎热、背阳面阴冷。由于钢结构导热性良好，温差较大时，温度应力较大。

（3）钢结构的温度变形是通过变形协调得到释放的，从变形和内力的整体趋势来看，柱与梁的连接点是温度应力的集中部位，针对这一部位采取有效构造措施，能较好地解决构架的温度效应。

根据《变电站建筑结构设计技术规程》第 4.4.3 条：两端设有刚性支撑、总长超过 150m 的连续排架，或总长度超过 100m 的连续钢架，应计算温度作用效应的影响，可按在夏季或冬季允许露天作业的气温条件下安装，在最大风环境温度条件下运行，此时的计算温差可取：$\Delta t=\pm 35$℃。

计算温度作用效应时，应根据工程具体条件合理选择计算温差，一般分为下列三种情况：

（1）在当地冬季允许露天作业的最低日平均气温条件下安装，在最高日计算平均温度条件下运行，此时的计算温度差可取为 $\Delta t=+50$℃。

（2）在当地夏季允许露天作业的最高日平均气温条件下安装，在最低日计算平均温度条件下运行，此时的计算温度差可取为 $\Delta t=-40$℃。

（3）在当地夏季或冬季允许露天作业的气温条件下安装，在最大风环境温度条件下运行，此时的计算温度差可取为 $\Delta t=+35$℃或 $\Delta t=-30$℃。

考虑到构架横梁与构架柱之间采用螺栓连接，螺栓与螺栓孔之间的空隙可释放部分温度作用，工况组合时可将构架的温度作用考虑 25% 的折减。

在单独温度作用下，计算连续200m长构架模型分析钢构架弦杆应力值，如表3-11所示。

表 3-11 钢构架弦杆应力值

钢材	最大温度应力（MPa）	强度设计值占比（%）
Q235B	61.8	29
Q355B	73.6	24

可以看出，杆件中的温度应力占比较大，温度作用效应不容忽视。

3. 小结

因此，对于连续构架，应合理采用设置分段，减少构架总长度，以减少温度应力，使构架更为安全、经济、合理。

十一、提高避雷针结构可靠性措施

为了保护电气设备免受直接雷击，在变电站中通常采用装设避雷针的方式将雷电流导入大地，从而保护附近比它高度低的设备或建筑物免遭直击雷破坏。藏中联网工程各变电站处地广人稀的青藏高原，海拔高、昼夜温差大、极端温度低、风力强度和频次高、环境条件较为恶劣，为确保变电站避雷针在强风低温环境下的安全运行，需开展相应的特殊设计。

1. 技术特点及难点

（1）避雷针的长细比较大，刚度较小，容易在强风条件下发生大幅风致顺风向振动。

（2）由于避雷针的截面为圆形，在低风速下易发生横风向的涡激振动。

（3）两种风致振动在避雷针下部产生交变的往复应力，造成避雷针的构件连接处焊缝周边管材或螺栓的高周疲劳破坏。

（4）在寒冷地区，随着温度的降低避雷针钢材由韧性状态变为脆性状态，低温容易使避雷针出现低温脆断。藏中联网工程各变电站极端温度低，其极端最低气温已达 −40℃以下，因此避雷针的低温脆断问题应引起重视。

（5）在强风引起的往复应力及低温引起的冲击吸收功明显下降的共同作用下，避雷针的工作可靠性能大幅下降，严重时可能发生坠落。

2. 差异化设计方案及措施

西藏地区海拔高、昼夜温差大、极端温度低、环境条件恶劣，为提高避雷针的安全性能，采用了以下方案及措施。

（1）优先采用落地格构式独立避雷针。就西藏大风低温地区而言，设计时应尽可能采用落地格构式独立避雷针，增加占地不多，却可以从结构型式上避免或降低避雷针风致振动。

（2）构架上宜采用多点高度较低的避雷针。在落地避雷针布置受到限制时，对于构架上避雷针，在满足直击雷计算保护的前提下，应尽可能降低避雷针高度，或用高度较低的多个构架避雷针替代高度较高的少数避雷针。

（3）避雷针结构型式选取。在强风低温地区，不论落地独立避雷针还是构架上避雷针，当高度较大时应优先采用格构式避雷针，当采用圆管型避雷针时，应严格控制避雷针针身的长细比，从结构型式上确保避雷针安全。

（4）严格控制钢材材质。为防止低温脆断及提高抗疲劳性能，低温地区避雷针及法兰盘、甚至加劲板等材质应采用抗冲击韧性较高和抗疲劳性能较好的C级钢，甚至D、E级钢。考虑到芒康站的低温环境，避雷针均采用D级钢，抗冲击韧性、抗疲劳性能好。

（5）法兰及螺栓。避雷针钢管分段接长应采用带加劲板的刚性法兰，不采用无劲板的柔性法兰。法兰连接螺栓应采用抗剪、抗拉强度较高的高强螺栓，同时采用双螺帽双垫片防止螺栓松动。芒康站避雷针均采用带加劲板的刚性法兰连接，采用双螺帽双垫片防止螺栓松动。

（6）钢管避雷针特殊要求。在无法避免采用变截面钢管避雷针时，应考虑下列设计原则：

1）避雷针全高度必须采用同一个锥度再考虑加工和运输进行结构分段，避免隐形存在原始折点（或拐点）在大风荷载作用下产生应力集中。

2）在避雷针总高度不变的情况下，应适当加大针尖部分的高度，以降低钢管段高度。

3. 小结

为保证高海拔地区构架避雷针的安全性，应充分考虑温差、极端低温等环境条件，根据需要采取布置优化、材料优化和节点优化等措施，保证构架避雷针安全稳定工作。

十二、高海拔富氧设置

1. 技术特点及难点

高原是一个特殊环境，大气物理、地球化学及生态结构与平原不同，居住在高原面临的最大问题就是缺氧，而缺氧可对人体造成不同程度的损害。如何保证高原变电站运维人员的身体健康是电网安全首要考虑的因素。

2. 差异化设计方案及措施

依据高原低氧环境对人体的影响程度，综合变电站站内的主控通信楼（室）设置富氧环境，为运行维护人员创造较为舒适的生产、生活环境，进一步提高变电站安全运行的可靠性。

从减少投资及提高运行环境舒适度两方面综合考虑，建议在海拔超过3500m以上的变电站主控通信楼（室）设置富氧系统，基本能满足常规运行维护人员的生产生活要求。主控通信楼（室）办公、休息类房间设置富氧，工艺房间、长期无人房间不设置富氧。

富氧方式可选择富氧机房集中制氧或各房间选用小型壁挂制氧机独立制氧。富氧机房需设置独立建筑物，投资费用高于分散式，建议选用分散式独立制氧方式。其他单体建筑物不设置富氧系统。高海拔地区应急物资应配置移动供氧装置，配置量 1 瓶 / 人，每瓶容量大于 10L 高压氧气瓶。

3．小结

随着高原电网建设的快速发展，有越来越多的变电站运维人员进驻高原。在变电站配备富氧装置，不仅可以减轻缺氧对机体造成的损害，而且还可促进高原习服，降低高原病的发病率，对提高运维人员的生活质量有着重要的现实意义。

第三节　输变电设备差异化选型

一、高海拔对电气设备的影响

1．对电气外绝缘介质强度影响

随着海拔升高，大气压力或空气密度降低，空气的绝缘强度减弱，使电气外绝缘介质强度降低，但对内绝缘影响很小。外绝缘的放电电压也随之下降，相同放电电压对应的放电间隙则变大。在海拔至 5000m 范围内，每升高 1000m，即平均气压每降低 7.7～10.5kPa，外绝缘强度降低 8%～13%。

2．对电气间隙击穿电压的影响

对于设计定型的产品，由于其电气间隙已经固定，随空气压力的降低，其击穿电压也下降 . 为了保证产品在高原环境使用时有足够的耐击穿能力，必须增大电气间隙，电气间隙按海拔每上升 1000m 增加 10%。

3．对电晕及放电电压的影响

（1）高海拔低气压使高压电器的局部放电起始电压降低，电晕起始电压降低，电晕腐蚀严重。

（2）高海拔低气压使电力电容器内部气压下降，导致局部放电起始电压降低。

（3）高海拔低气压使避雷器内腔电压降低，导致工频放电电压降低，定货前应向设备厂商注明海拔。

4．对空气开关电器灭弧性能的影响

空气压力或空气密度的降低使空气介质灭弧的开关电器灭弧性能降低，通断能力下降和电寿命缩短。

（1）直流电弧的燃弧时间随海拔升高或气压降低而延长；

（2）直流与交流电弧的飞弧距离随海拔升高或气压降低而增加。

5. 介质冷却效应降低，对产品温升的影响

空气压力或空气密度的降低引起空气介质冷却效应的降低。对于以空气散热为主要散热方式的电气设备，由于散热能力的下降，温升增加，因此对于一些定型的产品要降低功率使用。在海拔至 5000m 范围内，每升高 1000m，即平均气压每降低 7.7～10.5kPa，温升增加 3%～10%。如油浸自冷式电力变压器温升其增加率每 100m 为额定温升的 0.4%；电机的温升随海拔升高的增高率每 100m 为额定温升的 1%。

6. 对电气设备机械结构和密封的影响

高原环境引起电工绝缘材料的物理和化学性质发生变化；润滑剂的蒸发及塑料制品中增塑剂的挥发加速；由于内外压力差的增大，气体或液体易从密封容器中泄漏或泄露率增大，有密封要求的电工产品，间接影响到电气性能；引起受压容器所承受压力的变化，导致受压容器容易破裂。

7. 空气温度降低及温度变化增大的影响

（1）高原环境空气温度对产品温升的补偿。平均空气温度和最高空气温度均随海拔升高而降低，电工绝缘材料的热老化寿命决定于平均空气温度。同时，高原环境空气温度的降低可以部分或全部补偿因气压降低而引起电工产品运行中温升的增加。环境空气温度的补偿值为 0.5K/hm。

（2）日温差或温度变化对产品结构的影响。

高原空气温度的日温差大。较大的温度变化使产品外壳容易变形、龟裂，密封结构容易破裂。

8. 空气绝对湿度减小的影响

（1）绝对湿度对外绝缘强度的影响。平均绝对湿度随海拔升高而降低。绝对湿度降低时，电工产品的外绝缘强度降低，因此要考虑工频放电电压与冲击闪络电压的湿度修正。湿度修正以零海拔时的平均绝对湿度：11g/m^3 为基准，按 GB/T 311.2—2013 中有关规定修正。

（2）绝对湿度对电机换向及炭刷磨损的影响。绝对湿度的降低使换向器电机的换向火花增大，同时使电机炭刷的磨损率增加。

9. 太阳辐射照度，包括紫外线辐射照度增加的影响

（1）高原热辐射增加的影响。海拔 5000m 时最大太阳辐射度为低海拔时相应值的 1.25 倍，热辐射对物体起加热作用。对于户外用电工产品，太阳热辐射的增加引起较大的表面附加温升，降低有机绝缘材料的材质性能，使材料变形，产生机械热应力等影响。

（2）高原紫外线辐射增加的影响。紫外线辐射照度随海拔升高的增加率比太阳总辐射照度的增加率大得多，海拔 3000m 时已达低海拔时相应值的 2 倍。紫外线引起有机绝缘材料的加速老化，使空气容易电离而导致外绝缘强度和电晕起始电压降低。

二、均压环优化设计

高海拔线路电晕问题尤为突出，均压环选型成为绝缘串的设计重点，为了均匀复合绝缘子带电端的电场强度并保护伞裙表面在发生电弧时不被灼伤，有必要在绝缘子两端配置均压环。均压环的参数，如管径、长度等与海拔相关，且环体存在两个支腿或四个支腿两种设计方案，均压环参数的配置成为金具串的关键。

1．技术特点及难点

（1）高海拔超高压线路海拔跨度大（海拔范围约 2000～5500m），若每隔 1000m 设计一种均压环，则均压环种类众多，不利于运行维护及统筹备品备件。

（2）均压环主要承力件均为纯铝材质，强度较低，易疲劳。若一个环体只有两个支腿，则因为受力不合理容易出现断裂事故，由于线路路径长，沿线地形、气候条件复杂，发生此类事故的概率更高。

2．设计方案及措施

均压环的设计方案如下：

根据电压等级和海拔对主环管管径和支架管径进行分类设计，以方便生产加工、施工安装及运行维护。例如，500kV 线路根据试验及工程经验，具体分类如下。

（1）海拔 4000m 以下，主环管环体直径为 $\varphi60\times3.5$，支架直径为 $\varphi30\times4.5$；

（2）海拔 4000m 以上，主环管环体直径为 $\varphi80\times4$，支架直径为 $\varphi36\times6.5$。

500kV 线路均压环优化设计见表 3-12。

表 3-12　　500kV 线路均压环系列

序号	规格	海拔（m）	形式	主环管尺寸（mm）	支架尺寸（mm）
1	FJD-80/1500/H	≥4000	跑道型	$\varphi80\times4$	$\varphi36\times6.5$
2	FJD-80/1450/300	≥4000	跑道型	$\varphi80\times4$	$\varphi36\times6.5$
3	FJPE-80/1900/380	≥4000	马鞍型	$\varphi80\times4$	$\varphi36\times6.5$
4	FJY-80/900/H	≥4000	圆型	$\varphi80\times4$	$\varphi36\times6.5$
5	FJY-80/1000/375	≥4000	圆型	$\varphi80\times4$	$\varphi36\times6.5$
6	FJD-60/1200/H	＜4000	跑道型	$\varphi60\times3.5$	$\varphi30\times4.5$
7	FJD-60/1150/300	＜4000	跑道型	$\varphi60\times3.5$	$\varphi30\times4.5$
8	FJPE-60/1900/380	＜4000	马鞍型	$\varphi60\times3.5$	$\varphi30\times4.5$
9	FJY-60/600/H	＜4000	圆型	$\varphi60\times3.5$	$\varphi30\times4.5$
10	FJY-60/700/375	＜4000	圆型	$\varphi60\times3.5$	$\varphi30\times4.5$

（3）为了提高线路的运维可靠性，均压环采用四支架设计，受力更加均匀、合理，如图 3-81 所示。

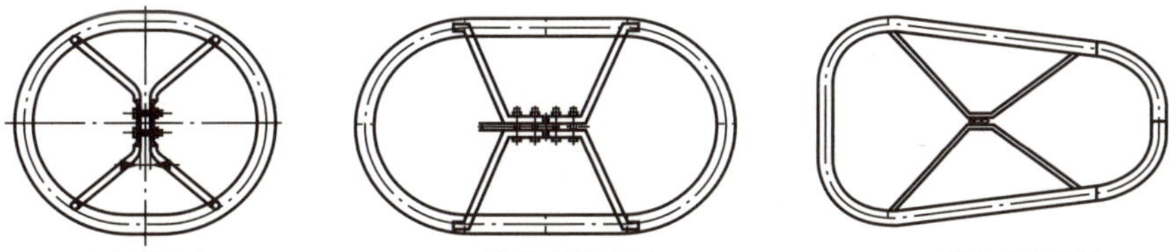

图 3-81 均压环设计方案

通过均压环参数的统一归类优化，不仅实现了均压降晕的功能，也实现了相关产品种类的简化和统一。均压环采用四支架设计，受力更加均匀、合理，提高了均压环的安全可靠性。

三、大高差耐张塔鼠笼式硬跳系统

国内超高压线路耐张塔跳线分为软跳和硬跳两种。其中，软跳系统多应用于风速较低的地区，造价较低；硬跳系统质量较重，可有效抑制风偏，多应用在风速较高的地区，造价相对较高。一般情况下耐张塔宜采用软跳系统，安装原则如下：耐张塔外角侧安装两个跳线串；15°以下耐张塔内角侧安装两个跳线串；15°以上耐张塔内角侧根据实际情况确定。几种跳线示意图按照如图 3-82～图3-84 所示。

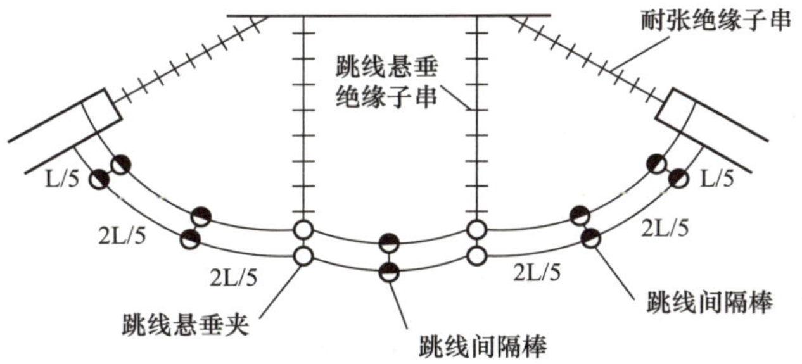

图 3-82 双跳线串安装示意图（软跳）

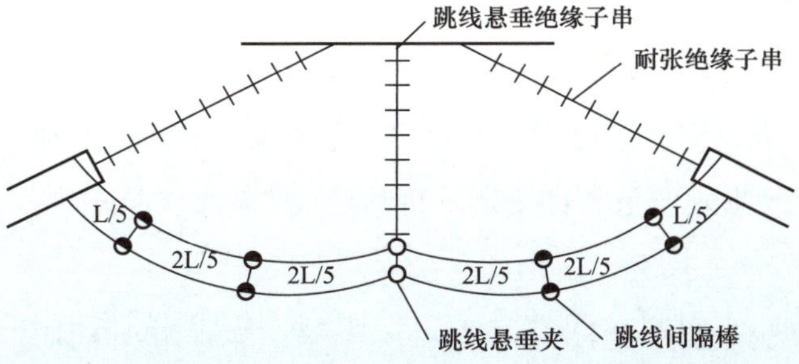

图 3-83 单跳线串安装示意图（软跳）

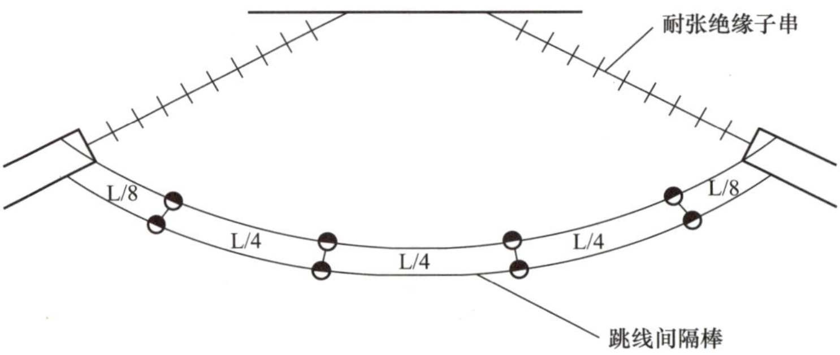

图 3-84　无跳线串安装示意图（软跳）

一般情况下，高海拔超高压线路沿线高低起伏大且路径走向受限，因此大高差或大转角耐张塔较为常见。这种情况下，软跳线部分对下横担上表面、上横担下表面及塔身的间隙较为紧张，容易引发放电事故。

为了提高线路安全可靠性，达到线路投运后少维护、免维护的目的，一般单回路耐张塔的中相安装鼠笼式硬跳装置，在塔位特别陡峭、高差特别大的耐张塔的边相根据电气间隙选择性地安装鼠笼式硬跳装置。鼠笼式硬跳示意图如图 3-85 所示。

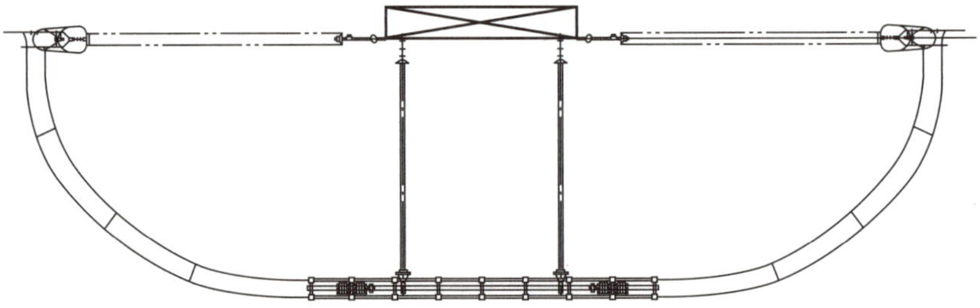

图 3-85　鼠笼式硬跳示意图

普通软跳线由分裂软跳、多个跳线间隔棒及重锤组成，绕跳还包括 1～2 跳线悬垂串；鼠笼式硬跳结构较为复杂，单位造价也略高，但在高差较大的情况下，应用鼠笼式硬跳装置，可以增大带电体与接地体之间的距离，抑制跳线串摆动，提高线路可靠性。

四、耐低温、耐磨金具

高海拔超高压线路沿线海拔一般在 2000m 以上，最高海拔超过 5000m，极端最低气温低于 −50℃。沿线交通条件差，经过高山、峻岭、峡谷，跨越一些发源于高海拔地区的大江大河，地形及气象条件复杂，自然环境严酷。

1. 高海拔线路金具特点

（1）普通线路金具材料在低温条件下，因其原子周围的自由电子活动能力和“粘结力”减弱而使金属呈现脆性，导致材料的冲击韧性急剧降低，特别容易引发金属件脆断，从而诱发断串，危害性很大。

（2）在严酷的自然条件下，旋转类金具、螺栓等长期受力复杂，如受剪、受弯、预紧力等，也容易出现断裂事故诱发断串，危害性很大。

（3）由于高海拔导致人机降效严重以及由于沿线交通不便等原因，发生故障后修复工作极其困难。

2. 差异化设计措施

通过改进金具的材质，提高线路金具的可靠性及寿命，减少线路故障及维护工作量，保障线路安全可靠运行。经过试验研究论证，线路金具中的板制件采用 Q355R，锻制件采用 35CrMo。其中，Q355R 为屈服强度 345MPa 级的压力容器专用板，它具有良好的综合力学性能和工艺性能，强度高、韧性强。35CrMo 合金结构钢也常常被用于制造承受冲击、弯扭、高载荷的各种机器的重要零件，如轧钢机人字齿轮、曲轴、锤杆、连杆、紧固件，汽轮发动机主轴、车轴等，具有很高的静力强度、冲击韧性及较高的疲劳极限，温度低至 −110℃时仍有较高冲击韧性，各方面性能均强于 35 号钢，可大大提高金具的低温韧性及耐磨性能。

线路金具中板制件采用强度高、韧性强的 Q355R，锻制件采用低温韧性及耐磨性能好的 35CrMo，避免了因为材料本身“低温脆性”及复杂受力而诱发的断串事故，提高了线路金具的可靠性及寿命。

五、注脂式耐张线夹

高海拔超高压线路沿线经过高山、峻岭、峡谷，地形高低起伏大，两杆塔之间的最大高差达数百米，导致部分耐张线夹上扬较为严重。

由于耐张管与导线之间存在一定的缝隙，在耐张线夹上拔严重的情况下，雨水通过缝隙进入耐张线夹的空腔，空腔中的积水在低温时会反复结冰膨胀，将耐张线夹涨破，进而导致断线事故。

对上扬较为严重的耐张线夹采用注脂孔设计，施工时用导电脂把空腔填满，从而避免雨水进入耐张线夹空腔，避免积水反复冻胀而毁坏耐张线夹。注脂式耐张线夹如图 3-86 所示。

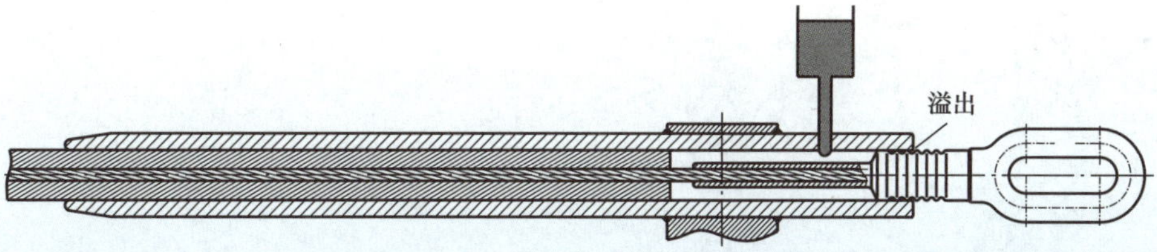

图 3-86　注脂式耐张线夹

六、防滑型防振锤

导地线微风振动是指微风吹过导地线后形成卡门涡流引起的导地线振动，在输电线路中，微风振动是导致线路损伤的主要原因之一。

微风振动防振措施主要从两方面着手：一是在架空线上加装防振装置，吸收或减弱振动的能量，以达到防振的目的，如采用防振锤、阻尼线以及新近的弹簧防振；二是加强导地线耐振能力，改善导地线的耐振性能，如护线条。普通 FR 防振锤如图 3-87 所示。

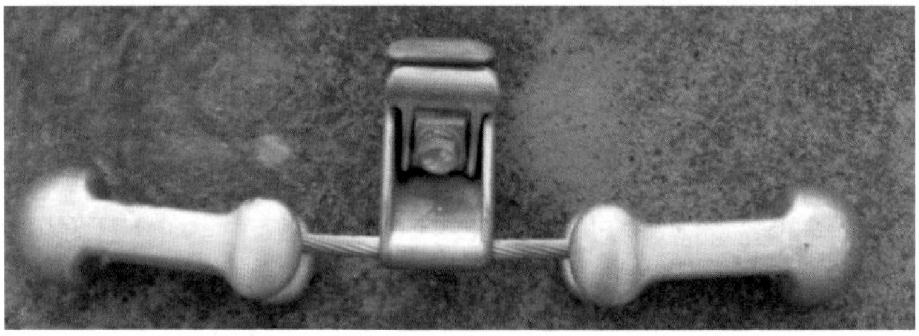

图 3-87　普通 FR 防振锤

在藏区气象及地形条件多变，受力复杂的情况下，由于螺栓松动或是防振锤握力不足等原因，普通型防振锤往往会发生滑移。由于防振锤需合理的重量及安装位置才能发挥作用，所以当防振锤产生滑移后，反而会对导地线造成更大的损害。防振锤滑移照片如图 3-88 所示。

解决老式防振锤滑移的措施之一是采用防滑型防振锤，如预绞式防振锤，预绞式安装方式不仅没有螺栓的松动问题，还能避免由于导地线蠕变、塑性形变和振动而发

图 3-88　防振锤滑移照片

生的松动，确保产品无任何滑线现象，有效防止导地线疲劳损坏，延长线路运行寿命。防滑型防振锤图片如图 3-89 所示。

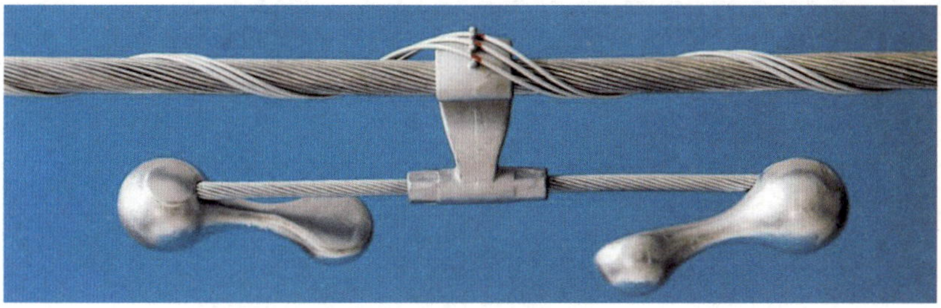

图 3-89 防滑型防振锤图片

七、双板防松型耐张线夹引流板

耐张线夹用于固定导线以承受导线张力，并将导线挂至耐张串组或杆塔上的金具，一般情况下，耐张线夹采用 97 定型设计，且引流板为单面接触。如图 3-90 所示。

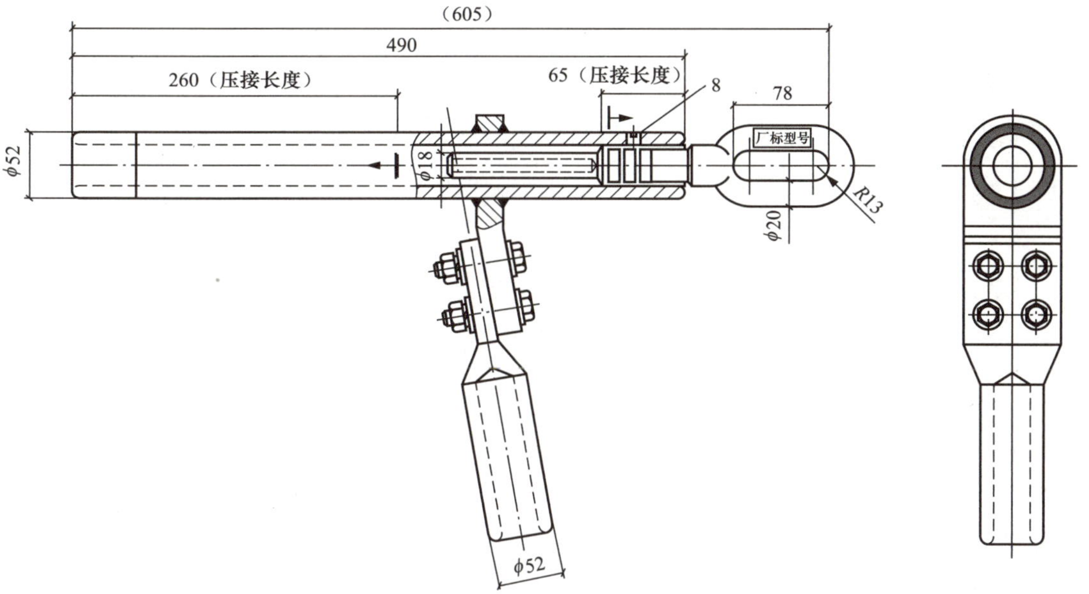

图 3-90 常规耐张线夹单面接触示意图（单位：mm）

高海拔超高压线路沿线地形条件及微气象复杂，部分地区位于易舞动区，防舞要求较高。在导线大幅度、长时间、无规律的舞动下，耐张线夹引流板螺栓容易产生松动。

根据相关研究及运行经验，可在舞动地区采用防松型耐张线夹，该线夹引流板接触面由单面改为双面，增大了引流板与引流线夹的接触面积，连接牢固，可大幅度减少安全隐患。双板双螺母防松型引流线夹示意图如图 3-91 所示。

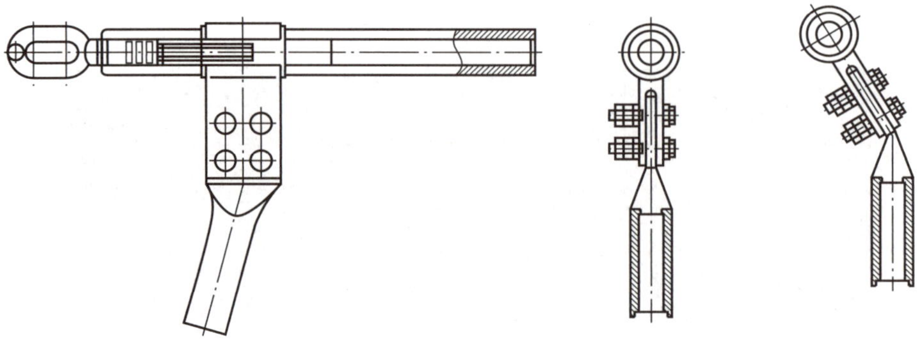

图 3-91　双板双螺母防松型引流线夹示意图

八、电气一次设备差异化选型

（一）主变压器选择

目前国内工程应用的 220kV 及以上主变压器型式主要有以下四种方案，即三相、单相、组合式三相和现场组装三相变压器。

1．三相变压器

三相变压器在设计制造、设备造价、运行管理上具有一定的优点，三相整体式变压器应优先选择。但是，由于目前进藏铁路主要为客运，从大件运输的难度看，大件运输主要采用公路运输的方式，三相变压器运输重量巨大，且运输费用昂贵。

2．单相变压器组方案

单相变压器组方案由三台普通单相变压器组合成三相变压器，具有设计制造经验成熟、运输重量及运输尺寸小、占用安装布置场地大和安装时间短的特点。

3．组合三相变压器方案

由三台特殊单相变压器组合的三相变压器的结构与普通单相变压器基本相同，一种组合方式是三台单相变压器分别装在各自的下节油箱中，在运到安装地点前用副箱盖各自密封，到达使用现场后换上共用箱盖使三台单相变压器连成一体，形成三相变压器；另一种组合方式采用单独的油箱，仅用引线管道将三台连成一体，此种变压器相当于将三台独立的单相变压器的油路连接在一起。这种方式运输重量小、运输尺寸小、布置安装占地面积小、安装时间较短。可满足工程公路运输的大件运输方案。

4．现场组装三相变压器方案

现场组装三相变压器又称解体运输变压器，这种变压器在外形上看与普通三相变压器相同，但由于受运输条件的限制，变压器的内部结构做成可拆卸的若干部分，运输时各部分分别运输，在现场再组装成整体。最早的解体运输变压器是将铁心、线圈分成若干部分运输，到现场后组装。近年来，解体变压器采用了新技术，将铁芯、线圈、油箱分成各自保持着基本结构的运输单元，进行解体运输。解体后再组装的范围被限制在最小程度。这种方式运输重量小、运输尺寸大（油箱）、布置占地面积小、设备本体成本最低。但安装时间长，对安装场地、设备和环境条件、安装工艺要求严格。

西藏地区主变压器的选型应综合考虑电网规划、站址位置、生产制造、设备运输、运行检修、工程投资等各项因素，选用不同的设备类型。

为防止变压器渗油，对于低气温区，新建及扩建工程，110kV 及以上变压器 / 电抗器设计、建设阶段，除套管外的本体及附件建议采用氟硅橡胶材质的密封圈，不再采用丁腈橡胶材质的密封圈。

（二）高压配电装置选型

西藏地区站址地区海拔高、紫外线强、风沙大、昼夜温差大、最低温度低，电气设备运行的环境条件恶劣。给设备运行带来以下问题：

（1）空气压力及空气密度的降低，使配电设备的外绝缘及电晕起始电压降低，设备散热能力下降，温升增加。

（2）温差大使产品外壳容易变形、龟裂，密封结构容易破裂。

（3）太阳热辐射的增加引起较大的表面附加温升，降低有机绝缘材料的材质性能。强烈的紫外线也会加速有机绝缘材料的老化。

（4）风沙引起传动部件的卡塞及电气绝缘性能的下降。

气体绝缘金属封闭开关设备（GIS）占地面积小，也能较好应对低温、日照强烈、高地震烈度和强风沙等特殊环境条件。虽然本体投资高一些，但其技术性能特别适合西藏地区特殊的环境条件。而户内气体绝缘金属封闭开关设备（GIS）是西藏地区更好的选择。

户内气体绝缘金属封闭开关设备（GIS）对特殊环境的适应性更强。GIS 设备型式分户内和户外。无论是设备的安装还是后期的运行、维护、检修，户内 GIS 存在更大的优势。影响 GIS 设备户内户外布置的因素主要有以下几方面：

1）在低温环境中，GIS 需考虑加装加热装置防止 SF_6 液化，户外布置的 GIS 将增大站用电容量。根据其他工程相关研究，GIS 室内在不采暖条件下，其室内温度比室外要高 10℃。在这种条件下，可大大减少 GIS 加热装置功率。

2）在昼夜温差大的环境中，户外 GIS 需装设较多的伸缩节进行补偿，保证设备外壳的缩胀在允许的范围之内，增加了工程投资。

3）在紫外线强的区域，户外 GIS 的外壳油漆需采用多层喷漆方法进行保护；套管部分需选用的耐腐蚀和抗强紫外线能力较强材料，相比较而言，户内 GIS 更具优势。

4）户外 GIS 设备的安装受天气影响明显，户内 GIS 设备室内安装，不受外部环境条件的影响。

5）户内 GIS 运行条件较为良好，其水分的含量低于户外。能减少水分渗入 GIS 的概率。

6）采用户内 GIS 布置，建筑物有效的阻碍粉尘、颗粒的进入，将 GIS 设备定期检修的周期提高，节省了检修维护费用。

户内 GIS 布置方案虽在前期建设阶段略高于户外 GIS 布置方案，但后期维护费用远低于户外 GIS 布置方案，有效解决了户外运行的 GIS 设备锈蚀严重、零部件故障率高等问题，检修维护次数大大减少，适应强风沙对设备的要求，满足污秽等级、地震烈度对设备的要求，符合“资源节约型、环境友好型”变电站建设理念。

（三）低压电抗器的选择

西藏地区具有海拔高，昼夜温差大，紫外线强度大等特点，合理地选择电抗器，对于保证设备安全稳定运行具有重要意义。35kV 电抗器选择需要考虑强紫外线、昼夜温差大等不利环境条件。

低压并联电抗器按照绝缘介质可分为：干式和油浸式两类，按照铁心型式可分为空心、铁心和半铁心三类，目前国内常规变电站多采用干式空心电抗器，主要原因如下：①价格便宜，一般干式电抗器约为同等容量油浸式电抗器价格的 1/2 左右。②无油，日常运行维护方便。但相比油浸式电抗器，干式电抗器也存在一些缺点，主要为：①由于以空气为导磁介质，存在较大漏磁，对周围电磁环境有一定污染。漏磁同时也增大了运行损耗。②电抗器频繁投切，线圈冷热变化大，会加速线圈绝缘老化。③电抗器表层涂层对紫外线敏感，高紫外线照射会加速绝缘老化。绝缘老化将最终导致空心电抗器事故。因此空心电抗器的事故多属突发事故，可能造成的影响较大。已有许多变电站发生过空心并联电抗器此类现象。因此在西藏等高海拔地区，建议采用油浸式电抗器。

（四）中压开关柜的选择

在高海拔工程中，考虑设备制造水平，10kV 和 35kV 开关柜配电装置需选择 SF_6 作为绝缘介质的高原型充气式开关柜，有效避免因增加电气间隙而导致的尺寸问题。该设备体积小，结构紧凑，且不受高海拔外绝缘强度降低的影响。但由于采用 SF_6 气体进行绝缘，在低温情况下，会发生气体液化现象。因此需考虑在 10kV 和 35kV 开关柜室内环境温度超过 5～30℃范围，应配置空调等有效的调温设施，室内日最大相对湿度超过 95% 或月最大相对湿度超过 75% 的，应配置工业除湿机或空调。配电室排风机控制开关应在室外。

选择充气柜时，需特别注意柜内开关额定电流有无满足要求的产品，以及充气柜与高压电缆、全绝缘管母的连接接口问题。

（五）站用变压器的选择

根据国网西藏运检公司的意见，2500m 以上高海拔变电站若采用干式户内变压器，由于柜子尺寸的限制，供货商未严格执行高海拔修正，导致绝缘击穿，致使多个变电站改造。因此，2500m 以上高海拔变电站的站用变压器，宜采用户外油浸式变压器。

（六）隔离开关、接地开关的选择

各电压等级隔离开关、接地开关的结构要适应西藏积雪、覆冰、风沙等环境的要求。室外隔离开关、接地开关刀口应加装防雨罩。对于风沙严重地区和寒冷地区，不应选用单臂伸缩钳夹式设备；隔离开关与其所配装的接地开关间应配有可靠的机械闭锁，机械闭锁应有足够的强度。

（七）站用电源的配置

110（66）kV 及以上电压等级变电站应至少配置两路站用电源，即使变电站本期仅配置一台主变压器，也应至少配置两路站用电源。装有两台及以上主变压器的 330kV 及以上变电站和地下 220kV 变电站，应配置三路站用电源。

站用电系统站外电源的引入方式，应优先采用龙门架架空线引入的方式。如采用电缆引入站端，应在塔（柱）上高点引入，下方做好隔离、防触电措施。引入电缆站内部分应敷设在专用电缆沟道内，站外部分可采用电缆穿管直埋或专用沟道。站用电系统计量装置设置在站内相应位置。

西藏地区部分站址地处偏远，无可用外引电源。因此，如部分 220kV 及以下变电站一期仅有 1 台主变压器时，全站仅有 1 回站用变电源，此时，站内可采用一套储能电池系统作为紧急备用电源，储能系统只考虑接入全站一类应急负荷。

（八）电缆选型

根据《电力工程电缆设计标准》（GB 50217—2018），年最低温度在 15℃以下应按低温条件和绝缘类型要求，选用交联聚乙烯、聚乙烯、耐寒橡皮绝缘电缆。低温环境不宜选用聚氯乙烯绝缘电缆。

九、电气二次设备差异化选型

高海拔二次设备选型应遵循以下原则：

（1）当直流充电（AC/DC）装置安装地点海拔大于 2000m 时，应降额使用，宜按照制造厂提供的降额要求或工作海拔每超出 100m，自然冷却的装置降额 1% 使用，强迫冷却的装置降额 1.5% 使用的原则进行额度修正。

（2）高海拔地区交流不间断电源系统（UPS）应降容使用，容量修正应符合《电力工程交流不间断电源系统设计技术规程》（DL/T 5491—2014）第 5.3.3 条规定。

（3）当直流变换电源（DC/DC）装置安装地点海拔大于 1000m 时，应降额使用，宜按照制造厂提供的降额要求或工作海拔每超出 100m，自然冷却的装置降额 1% 使用，强迫冷却的装置降额 1.5% 使用的原则进行额度修正。

（4）对于两套测控装置组屏的情况下，考虑高海拔地区变电站运维不便利，同时进一步提高监控系统运行可靠性，测控屏采用双电源供电方案，每面测控屏提供两路直流电源，串接空气开关后同时为两台测控装置供电，无论是空气开关故障还是电缆故障，在其中一路电源失去的情况下，可立刻切换至另一回路供电。

（5）对于高海拔地区，断路器电机电源采用直流系统供电。对于高海拔地区，其网架结构相对薄弱，单个站点故障对于整个系统影响因素较大，一个变电站的电源进线跳闸会造成全站失电。因此断路器电机电源采用直流系统供电，可靠性更好，在全站失电的情况下，变电站直流系统仍可可靠运行 2 小时，可有效避免交流失电情况下全站断路器全部退出运行的风险。

（6）户外端子箱、检修电源箱防护等级应达到 IP65 级或以上。

（7）220kV 及以上 GIS 分相结构独立气室应安装独立的密度继电器，密度继电器应满足不拆卸校验要求，朝向巡视主道路，安装高度不宜超过 2m（距离地面或检修平台底板），户外安装的密度继电器应安装防雨罩，安装位置朝向满足机器人巡检要求，所有密度继电器应实现远程监视及参数实传功能。

（8）为保证断路器可靠动作，断路器机构箱（汇控柜）“远方 / 就地”切换开关控制设计统一采取只有监控系统经断路器机构箱（汇控柜）“远方、就地”切换开关控制的方案。当“远方 / 就地”切换开关置于“远方”位置时，监控系统才可对断路器进行分、合闸操作。保护跳闸回路与“远方 / 就地”切换开关位置无关，并能对保护分、合闸回路完好性进行有效监视。

（9）控制电缆使用阻燃耐低温耐寒铠装屏蔽电缆。

第四节 通 信 保 障

一、西藏电力通信概况

西藏电网随着 ±400kV 青藏直流联网工程、500kV 川藏联网工程、500kV 昌都与藏中联网工程、拉林铁路供电工程、220kV 阿里与藏中联网工程等工程项目的建设，建成了以 500kV、220kV 的 OPGW 光缆网架为主干的电力通信网。

西藏自治区的公网通信在中央政府大力支持下，电信、移动、联通三大运营商的有线通信网络和移动通信网络基本已覆盖到村。

但由于西藏自治区辖区面积大，辖域平均海拔在4000m以上，工程可能涉及区域最高海拔达6000m以上，海拔高、气候干燥、严重缺氧、严寒、自然条件十分恶劣，大部分为高山峻岭、戈壁或原始林区等交通不便的无人区，无论是电力通信网还是公网通信网都无法覆盖到这些无人区域，给通信保障任务造成极大困难。

综上所述，西藏自治区的通信网络状况可以分为以下三种区域：第一种是电力通信和公网通信都能覆盖到的区域；第二种是只有公网通信覆盖的区域；第三种是电力通信和公网通信都没有覆盖到的无人区域。其中第三种没有通信网覆盖的区域在西藏所占面积最大。

卫星通信方面，在西藏公司本部已建有1座卫星通信主站，并配置有3套卫星便携站、1套动中通车载卫星系统wagnl和20多部国际海事卫星电话，可以为工程建设和应急救援提供通信保障服务。

二、通信保障重点工作

通信保障方案重点包含以下四项内容：

（1）传输链路的组织；

（2）信息网络的建设；

（3）电话会议系统和视频会议系统建设；

（4）卫星通信系统建设。

三、不同类型地域的通信保障

充分考虑到西藏地区海拔高、大部分为高山峻岭、戈壁或原始林区等复杂地理地形和十分恶劣的自然条件，结合新的通信技术手段，通信保障优先采用电力系统现有的光纤资源，通过自建光纤链路以及结合运营商的网络、辅以卫星通信系统的方式，满足工程建设的指挥和管理等对信息通信业务传输的需求。

（1）电力通信网覆盖的区域。在电力通信网覆盖区域内的指挥部、业主项目部、施工项目部、变电站、换流站等，通过新建部分临时光缆线路，配置多功能接入终端接入已有电力通信网。

（2）电力通信网未覆盖但公网通信有覆盖的区域。在电力通信网未覆盖但公网通信覆盖区域的指挥部、业主项目部、施工项目部、变电站、换流站等，通过租用公网运营商的通信资源接入西藏公司电力通信网，既可以使用光纤有线方式，也可以采用无线公网方式，相应接入光缆、设备均由公网运营商负责建设和安装调试。其中采用无线公网方式，需要做好网络安防措施。租用公网运营商通信网络组织示意图如图3-92所示。

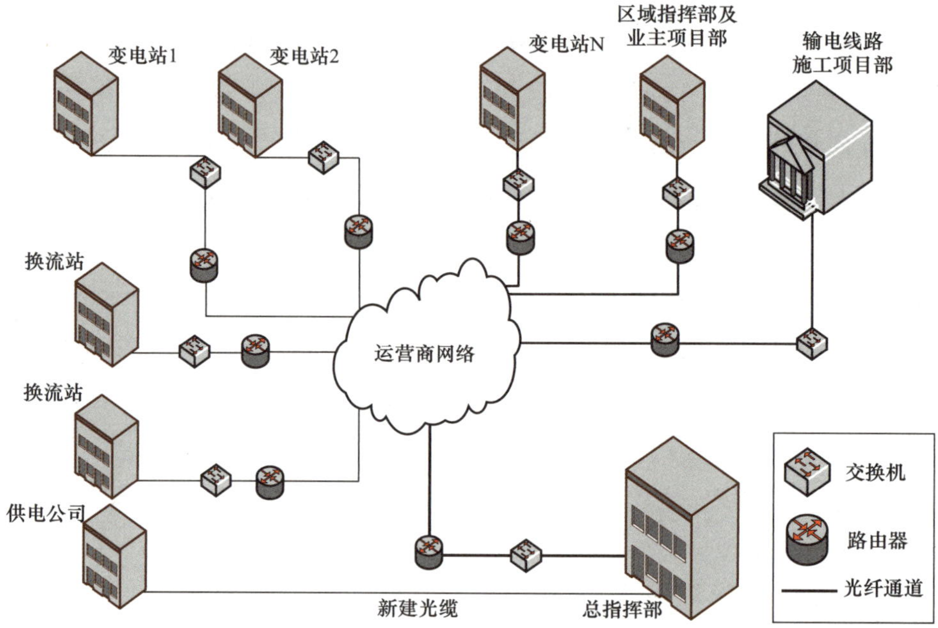

图 3-92　租用公网运营商通信网络组织示意图

（3）电力通信网和公网通信均未覆盖到的无人区域指挥部、业主项目部、施工项目部、变电站、换流站等施工现场如果位于电力通信网和公网通信都未覆盖的无人区域，需给这些站点配置机动应急通信系统，如车载式卫星站、便携式卫星站等，通过租用卫星通道，与西藏公司卫星主站接入电力通信网实现传输互联。在指挥部、项目部等人员集中区域，可建设局域网或使用无线自组网通信技术（如可信 WLAN 等），高效便捷地实现现场指挥、图像、视频、电话、邮件、数据等应用。同时，给各站点配置少量卫星电话作为移动应急通信应用。卫星通信网络组织示意图如图 3-93 所示。

现有卫星电话不能满足需求时，新增卫星电话建议采购我国新一代自主可控的天通卫星电话，如图 3-94 所示。天通卫星通信系统是我自主研发，自主运营的卫星电话系统，简称“天通”，信号已覆盖我国的陆地和海洋。天通卫星电话终端在城市公网环境中可以作为普通的智能手机使用，在传统地面移动通信网络覆盖不到或不稳定区域可以开启卫星通信模式，不受地面环境影响。可支持语音通信、短信发送、数据传输等一系列移动通信服务，适用于个人通信、海洋运输、远洋渔业、航空客运、探险、应急抢险等领域。天通卫星电话由中国电信运营。

（4）进入无人区工作的踏勘、施工等人员通信保障。需要进入无人区工作的踏勘、施工等人员，每人至少配置北斗手持终端或者具有发送北斗短报文功能的手机 1 部，可以通过北斗短报文随时上报位置信息和现场情况。

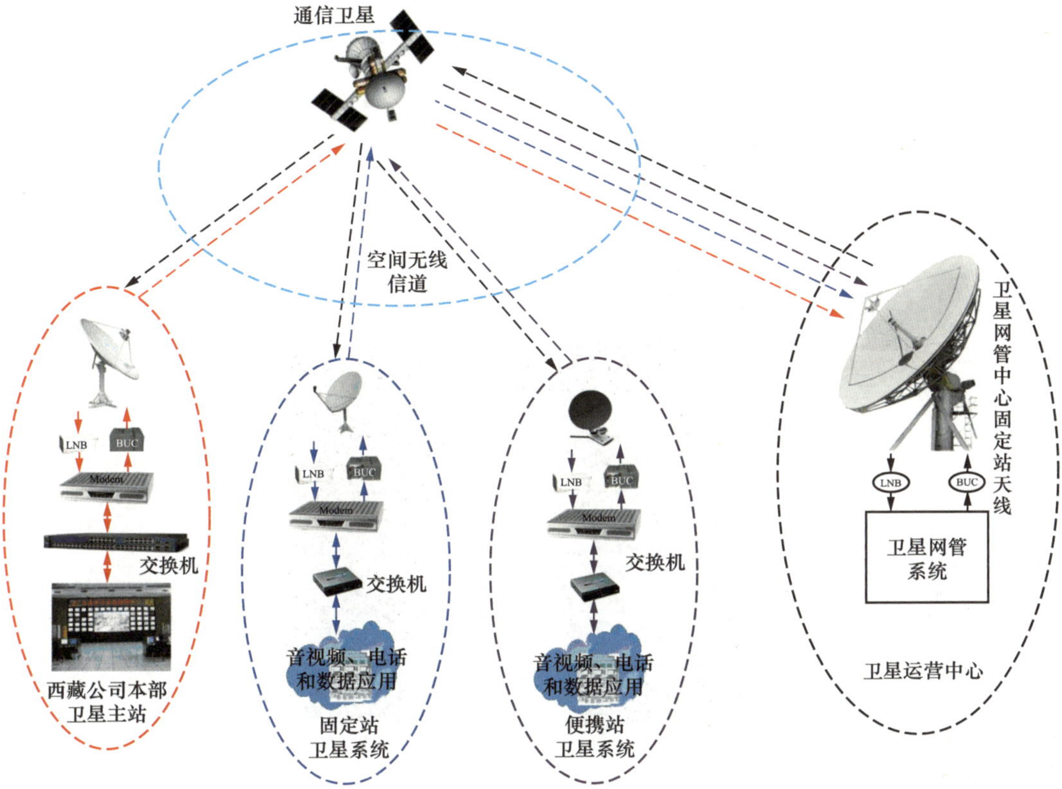

图 3-93 卫星通信网络组织示意图

图 3-94 某型号天通卫星电话

北斗手持终端是集手机与北斗卫星导航及通信终端于一体的手持式智能移动终端，单机综合集成度高，具备北斗卫星定位系统和 GPS 卫星定位系统的单系统及双系统的组合定位功能；同时具有北斗短报文的收发功能并能够实现在没有移动通信信号覆盖区域的应急通信保障；能够依托北斗卫星导航系统实现精确位置和现场情况的及时上报；支持北斗导航、北斗授时、移动语音通信和数据通信、电子罗盘定向导航等功能。两种型号的北斗手持终端如图 3-95 所示。

图 3-95　两种型号的北斗手持终端

国产自主品牌手机 Mate 50、P60、nova11 Uitra 等型号及之后的系列型号都具有北斗短报文的收、发功能，只需申请开通后就可以对其他北斗终端和在移动通信网中使用的手机等收、发北斗短报文，因此在无地面网络信号覆盖的环境下该手机能满足对外联系的需求。几种支持双向北斗消息的手机如图 3-96 所示。

图 3-96　几种支持双向北斗消息的手机

有北斗短报文功能的手机或北斗终端具有采购价格低（相对卫星电话），北斗短报文还可以免费使用的优点。

四、信息网络的建设

为了进一步加强施工建设管理，保障工程建设的顺利进行，利用地理信息技术、现代通信技术等手段辅助工程建设管理，贴合工程建设指挥的各项需求，建立高效、便捷、准确的工程信息采集、流转机制，让工程管理者能全面把握工程的实际情况，及时准确地进行决策，实现对项目建设的全过程管控。

在指挥部、业主项目部、施工项目部、变电站、换流站等站点配置网络通信设备，搭建办公环境、建设网站，利用新建的电力光缆、租用的通信运营商通信资源、卫星通信链路接入西藏电力公司门户网站系统。及时采集、整理与发布工程建设信息，提供工程施工管理技术服务，促进各部门之间、各参建单位之间的信息沟通，有效传达管理指令，从而加强工程管理的组织性，实行电子信息化管理。

（1）工程指挥中心建设。利用卫星影像、高程等空间地理信息数据和工程现场专题数据等，构建西藏电网工程建设全过程大数据中心方案，以大屏展示为表现形式，构建工程指挥中心。工程指挥中心建设包括大屏安装、中心装修、机房配套建设等内容。

基于三维可视化平台辅助进行西藏地区电网建设概况浏览、施工进度查阅、施工建设物资运输和应急物资管理等。通过三维数字化仿真建模技术，结合工程线路走廊、施工平面布置图纸以及现场纹理特征数据，针对工程杆塔、现场房屋、绿化、道路、摄像头等地表对象进行三维建模，构建三维数字工地模型。结合现场关键施工机具模型、设施模型等三维模型，共同构建西藏电网工程直观、立体的三维数字化工地，可视化展现从空中整体俯视到地面的整个场景、施工现场布置以及工程整体线路、杆塔间关系，并作为各类监测信息和管理操作的交互窗口。

（2）辅助施工管理平台。主要开展的内容有工程建设信息采集、整理与发布、辅助物资运输管控、工程索道信息管理等，以信息化的方式辅助工程建设管理。

（3）工程建设信息采集、整理与发布。根据工程建设管理需求，确定信息采集方式和内容，建立如图 3-97 所示的工程建设信息采集、整理与发布工作流程。汇总每日、周、月工程建设信息，将各类信息分发到各级管理部门、参建单位，协助建立参建单位之间的信息流转机制。

（4）辅助物资运输管控。形成动态物资运输指挥调配示意图，并实现物资供应信息的采集、汇总与报送，逐基展示基本信息、厂家生产交付、物资中转、移交验收及差件补缺等环节进度信息，辅助物资运输车辆管理，实现物资运输的全过程管控。

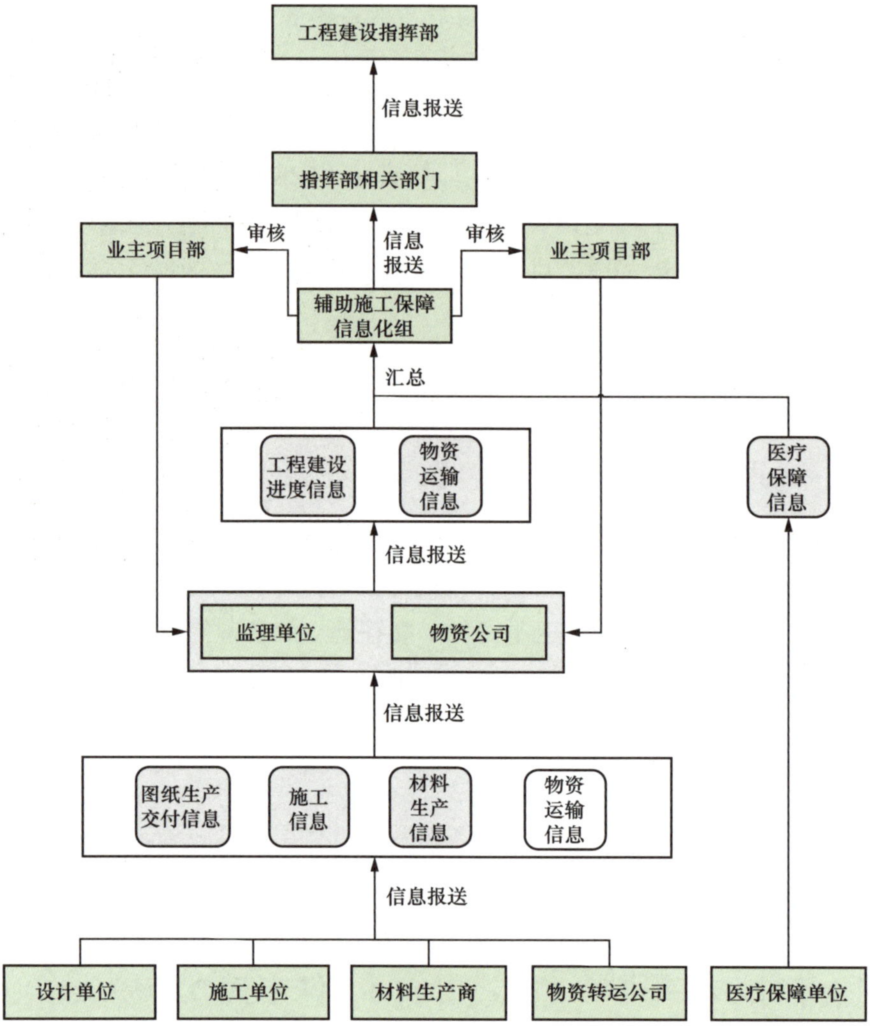

图 3-97　信息报送流转机制示意图

（5）工程索道信息管理。在三维地理环境中，实现索道方案三维模拟仿真，整合各标段索道架设参数信息，便于索道信息统计分析，辅助施工索道建设管理，如图 3-98 所示。

（6）工程信息资源电子化管理。实现工程物资供应、施工队伍驻场、医疗保障、交通等信息资源的整合，形成数字化与可视化表达。综合体现工程建设资源的布置情况，实现可视化浏览工程地理环境与资源概况，加强施工安全、进度等综合管理。

（7）设计制作专题图。根据工程建设管理需求，制作工程指挥图、物资运输图、医疗保障图、索道示意图、人员驻地图等各类专题图，辅助制定应急方案等，方便直观地掌握工程各类信息资源分布，宏观上把握协调建设进度。

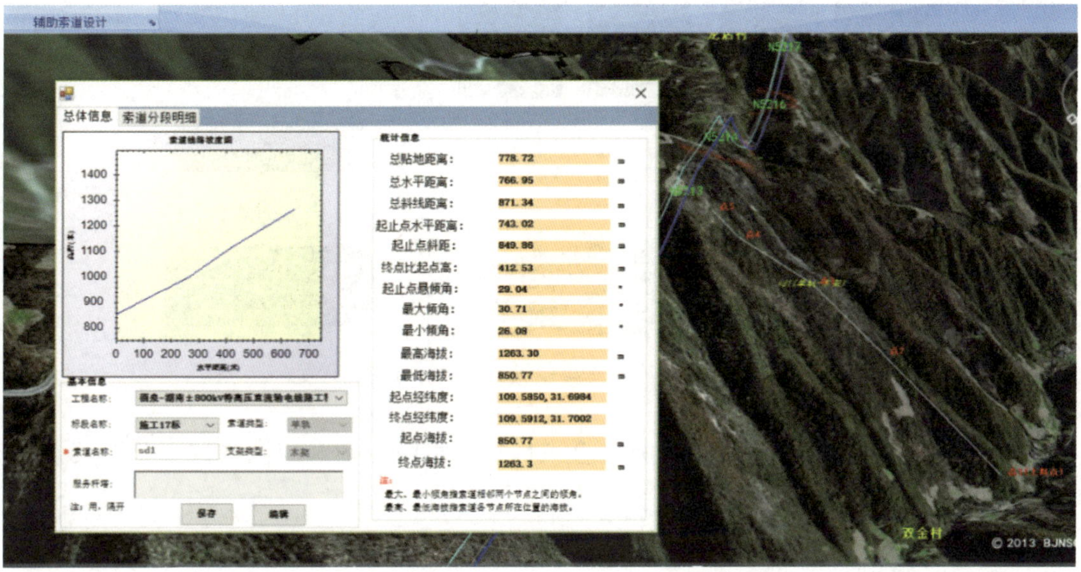

图 3-98　工程索道管理示例图

（8）工程气象、灾害预警信息发布。实现与工程安全质量息息相关的气象、地质、地震灾害预警信息快速发布，并及时传达给各级管理、参建单位，为工程应急响应提供通信保障。

五、电话会议系统和视频会议系统建设

在指挥部、业主项目部、输电线路施工项目部、变电站、换流站等站点根据站点的性质的大小，配置如图 3-99 和图 3-100 所示不同型号的电话会议系统和视频会议系统，通过自建或租用的光缆链路、卫星链路接入总指挥部的电话、视频会议系统。

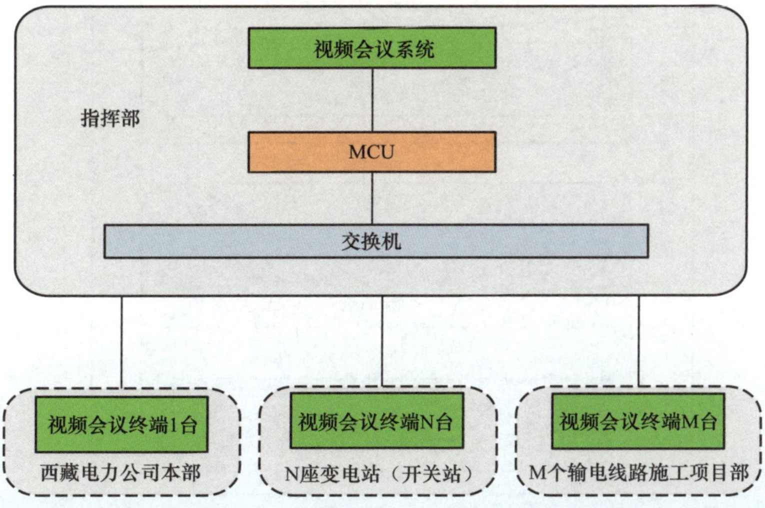

图 3-99　视频会议系统组网示意图

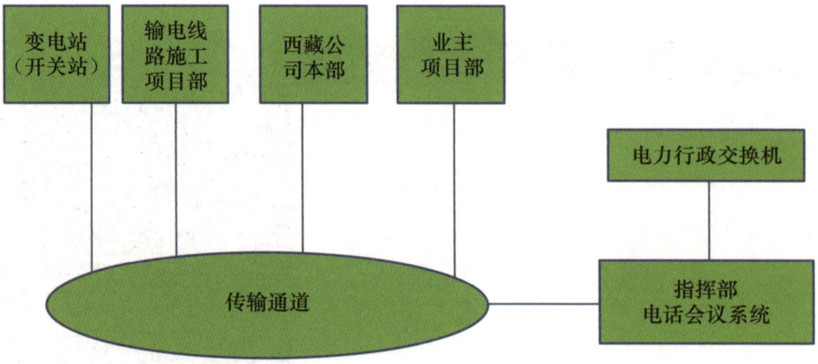

图 3-100　电话会议系统组网示意图

为方便各电话会议接入点收听视频会议内容，可将电话会议网络接入到视频会议系统中，对接方式如图 3-101 所示。

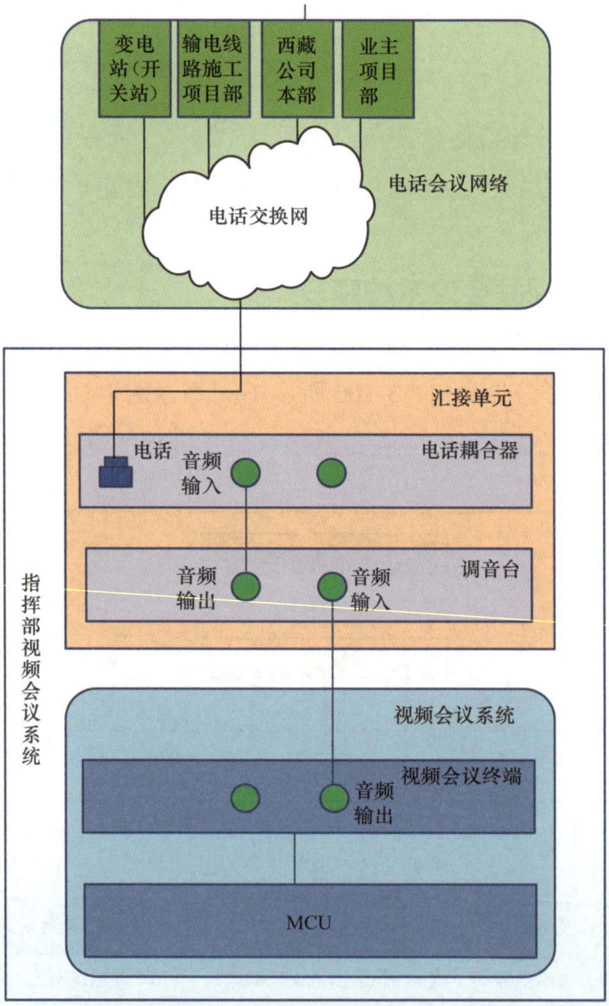

图 3-101　电话会议系统接入视频会议系统示意图

第五节 概预算标准调整

输变电工程施工完全处在野外环境下，施工条件艰苦，加之西藏地区多高山、平均海拔高、地形起伏大，这些客观因素都给西藏地区线路工程施工人员带来了很大的困难，因此，在技术经济可行的前提下，采用适宜的机械施工，能较好地解决这一问题，并提高施工效率，降低施工人员风险。

输电线路机械化施工主要解决材料、工器具、设备运输以及基础开挖两方面难题。无论是运输还是基础开挖施工方案，均取决于地形条件、地质条件、开挖机械设备选择、基础设计方案、环水保设计方案、青赔等综合因素，需进行技术经济比较后确定。

从机械化施工角度分析，与常规施工主要的差别在于工地运输费用、基础及土石方工程费用、环水保及青赔费用、道路修筑费用、大型机械安拆及转移费用、索道设施运输及安装费用。

一、工地运输费用

现行定额《西藏地区电网工程预算定额（2013 版）第三册 输电线路工程》中工地运输定额包括拖拉机运输、汽车运输、索道运输。其中，索道运输定额提供了往复式、循环式两种形式索道，对应荷载有 1t 及 2t 两种荷载，能够满足目前工程需要。

二、土石方及基础工程费用

现行定额《西藏地区电网工程预算定额（2013 版）第三册 输电线路工程》中土石方及基础工程定额有：电杆坑、塔坑、拉线坑机械挖方及回填；现浇基础混凝土搅拌及浇制；灌注桩基础机械推钻成孔，预制桩基础打、送桩，接桩，钢管桩基础。上述定额已基本满足了线路工程机械化施工费用计算的需要，国家电网公司电力建设定额站又于 2018 年 8 月 1 日发布了《关于颁布〈西藏地区线路机械化施工补充定额〉（土石方工程、基础工程、机械台班部分）试行的通知》（国家电网电定〔2018〕36 号），对现行《西藏地区电网工程预算定额（2013 版）第三册 输电线路工程》进行了补充，其中包括掏挖基础、灌注桩基础、扩挤支盘桩基础、岩石锚杆基础、非开挖接地五类基础预算定额 95 条，履带式旋挖钻机、锚杆钻机、支盘成型机三类机械台班预算定额 10 条。目前，对于地质条件为岩石的挖孔基础机械化定额未补充，但随着成孔机械设备及基础设计研究工作的开展，相信对应费用定额也将成熟。

三、环水保及青赔费用

由于机械化施工需考虑施工机械进场及施工作业面设置，较非机械化施工临时占地面积增加，相应环水保措施量及青赔量增加。费用计算可按环水保设计方案及现行定额《西藏地区电网工程预算定额（2013 版）第三册 输电线路工程》中有环水保措施相关定额（包括土地整治、种草、起挖回填、灌木移栽、棕垫隔离等）计算，也可按环水保主管行政部门发布的定额或规定计算，青赔可参考当地的青赔标准计算。

四、施工道路修筑费

采用机械开挖时，根据塔位周边道路情况及开挖机械选型情况，适当考虑道路拓宽、修筑方案，道路修筑费的计算应根据设计方案，按《西藏地区电网工程预算定额（2013 版）第三册 输电线路工程》中相应定额计算，定额不足的，可考虑参考地方定额、其他行业定额或工程经验确定。

五、大型机械安拆、转场费用

当采用履带式旋挖钻机、锚杆钻机、水平定向钻机等大型机械时，应按照现行定额规定，计列大型机械安拆及转场费用。

六、索道设施运输及安装费

现行定额《西藏地区电网工程预算定额（2013 版）第三册 输电线路工程》中提供了往复式、循环式，1t 及 2t 两种荷载，共 4 类索道设施的运输及安拆费用定额，能够满足目前工程需要。

在 500kV 线路工程实践中，阿里联网工程由于地形条件较好，较多地采用了机械化施工方案，上述定额能够满足对应方案的要求。

在新的工程实践或机械化施工方案论证中，可能出现新机械或超出定额使用范围的机械，定额或费用也应对应调整。

第四章 高海拔地区施工安全措施和管控

高海拔地区气候、地理较为特殊，自然环境恶劣，氧气含量低、紫外线辐射大、空气干燥，对人体各项机体功能影响很大，如不注意加以防范，往往会造成机体组织器官的损伤，导致急慢性高原病的发生。同时，机械设备在高海拔地区工作也存在较大降效问题，因此，高海拔地区电网工程施工，要针对性地制定系统完善的安全防控措施及应急救援措施，确保参建人员的身体健康，保证设备的正常调配和运转。

通过精心组织、严格管控，在始终坚持安全施工的前提下，牢固树立安全发展理念，健全安全施工责任体系，落实各级安全施工责任制，开展风险预测、辨识、评价和预控，严格组织安全教育培训，强化安全工器具配备，落实各项安全措施，认真开展各类安全检查，完善应急救援体系，确保安全体系正常运转。

第一节　基础施工安全措施和管控

一、高海拔地区地基基础施工主要安全影响因素

高海拔地区地基施工对人员、设备都有较高的要求，受高海拔气候影响，可施工工期短，地基施工根据工期可能存在或必然存在冬期施工。

1. 对人员的要求

高海拔地区的特点是低压、寒冷以及缺氧。入场人员身体不能适应高海拔地区，将产生不同类型的高海拔反应及病症。常见的症状有头痛、失眠、食欲减退、疲倦以及呼吸困难等。产生的疾病包括急性高山病、高原肺水肿和高原脑水肿等，易发生于从低海拔地区到高海拔地区的作业人员。

2. 对设备的要求

高海拔地区含氧量随着海拔增加，植被减少、气压减小，氧气含量逐渐减少。低海拔地区含氧量一般达到20%以上，到达高海拔地区后一般均低于20%，如拉萨市海拔3600m，氧气含量仅有15.09%。氧气浓度降低，燃油机械设备功率降低，工效降低。

3. 气候影响较大

高海拔寒冷气候，一年内大部分月份处于冬期施工阶段，高于4000m海拔地区，在冬季室外平均温度低于15℃，对作业人员、基础质量及施工工效均有较大影响。

二、高海拔地基基础施工安全管控措施

针对高海拔地区施工特点，编制并全员发放口袋书，做到人手一本，用深入浅出、生动鲜活的语言向施工人员就施工现场关键点安全管控措施开展宣传，利用业余时间组织现场人员进行互问互答，提高现场施工人员安全意识，促使“安全第一”理念深入人心。

1. 把好人员入场关，提高高海拔作业人员整体素质

（1）开展高原体检准入工作。作业人员入场前应进行高海拔体检，合格后方可进入高海拔地区。进入高海拔地区后禁止直接参与劳动作业。开展1～2周习服，能够适应后方可开展工程作业。

（2）开展高原病防治教育。草原施工区域内老鼠、旱獭多，工程沿线是鼠疫高发区，每年都有动物鼠疫造成人员死亡案例发生。扎实开展鼠疫防治工作，定期进行鼠疫预防措施落实情况的检查，杜绝参建人员捕食野生动物，野外驻地设置防鼠隔板等，在做好鼠疫防治工作的同时，加强野生动物的宣传保护工作。发放高原病防治专业书籍，及时对入场作业人员进行高原突发疾病、高原缺氧等“高原病”、鼠疫等卫生知识专项讲解、演练及教育展示活动。

（3）保证人员生活住宿条件。低海拔地区人员在高海拔地区生活作业，身体免疫和抵抗能力都有所下降。而且水土不服很容易造成身体不适，增加疾病的发生率。作业人员的生活和住宿条件尤其关键。生活用水及食品应统一配置，减少野外用水危害。生活住宿在标准化班组住宿建设要求下，更加注重保暖防寒设施到位。

高原地区常年伴有5～6级大风，最大时能达到8级，严重威胁驻地板房安全。在总结以往经验和对当地气候特别是风向的研究后，借鉴动车组车头构造原理，某施工单位设计研发了楔形挡风墙，如图4-1所示，通过三维建模和风压计算，一种结构简单，易于安装又能有效降噪的楔形挡风墙被固定在了两排板房的迎风面。经过两年多无数次瞬时风力7～8级大风考验，板房稳固如初。图4-1的楔形挡风墙的修建有效地确保了板房的使用安全。

2. 做好施工装备高原适应性改进和预防性措施

针对高海拔地区机械设备降效、启动困难、故障率增高、冷却系统失效、零部件老化和磨损加剧等问题，采用高原型工程机械或采取适当措施提前对现有施工机械设备进行高原适应性改进十分必要。同时，考虑到藏区高原人口稀少，交通不

图 4-1 楔形挡风墙

便，距离城市较远，机械设备维修不便，应做好预防性措施，确保施工机械安全可靠运行。

（1）柴油发动机增加低温启动辅助装置，采用低温免维护蓄电池，更换滤芯器等。

（2）在自然吸气的发动机上加装涡轮增压装置或更换增压发动机。

（3）采用热平衡技术和中冷技术，对冷却系统进行优化配置，确保整机的综合热平衡要求。

（4）采用富氧燃烧技术，即安装使用富氧助燃装置或采用含氧燃料使发动机充分燃烧，提高效率。

（5）采用原装进口的耐低温、抗辐射的液压胶管和密封件，确保设备无渗漏现象。可同时采用在低温状态下具有良好减振性能的橡胶减振器，满足高寒地区的正常工作。一经使用验证、使用合格后即统一定型，不能擅自更换型号。

（6）柴油发动机所用柴油的凝固点应低于环境最低温度 5～7℃，以保证最低气温时柴油不凝固并使柴油具有较好的低温流动性。推荐燃油选用适合高原高寒地域轻质柴油，如：−10 号轻柴油适合最低气温在 −5℃以上时使用；−20 号轻柴油适合最低气温在 −14～−5℃时使用；−35 号轻柴油适合最低气温在 −29～−14℃时使用；−50 号轻柴油适合最低气温在 −44～−29℃时使用。

（7）机油牌号的选用主要取决于机械使用时气温的高低，当气温在 −15～0℃范围时，柴油机油应选用 CC20W /40 号、CD20W /40 号或 CD15W/40 号；气温在 −20～−15℃范围内时应选用 CC15W /40 号或 CD15W /40 号；气温在 −25～−20℃范围内时应选用CC10W /30 号或CD10W /40 号；气温在−30～−25℃范围内时应选用CC5W /40 号、CC5W/30 号、CD5W/40 号或 CD5W/30 号。

（8）润滑脂选用的原则是其滴点至少高于工作环境温度30℃，凝点至少低于环境温度10℃，且应与被润滑摩擦副的使用速度、供脂方式、工作状态、负荷以及环境条件等相适应，并尽量选用锂基脂、复合皂基脂、聚脲脂等多效通用的润滑脂，减少脂的品种。

（9）液压油是液压系统重要工作介质，高原环境下最好选用粘温特性较好的液压油，如HV、HS低温液压油系列产品。其中，HV低温液压油主要用于寒区或温度变化范围较大和工作条件苛刻的工程机械、引进设备和车辆的中压或高压液压系统，如起重机、挖掘机、大型吊车等液压系统，使用温度在−30℃以上。HS低温液压油主要用于严寒地区上述各种设备，使用温度为−30℃以下。

（10）考虑金属材料在低温条件下的冷脆性，在金属材料的选择、热处理工艺和焊接工艺上加以改进和提高。

（11）从人机工程、操作人员保护等方面考虑对驾驶室的改进，保证良好的密封性、保温采暖性能、除霜性能、防紫外线辐射、新鲜空气交换性能、微增氧功能（也可配备方便拿取、使用的供氧、储氧装置）以及抗风蚀、冲击等。

（12）更换大功率机型，保证功率裕量充足或采用专用高原型设备。

（13）高原低温条件下应先加热发动机，提倡热启动，尽量减少发动机冷车启动，非到不得已的前提下不能采用冷启动。同时，应做好停机保温措施，短暂停机（如换油、换班，小故障修理等）有保温套（棉制或毡制）的发动机可短时保持发动机运行时机体的余温。另外，在有条件的情况下修建暖房，下班后将工程机械开进暖房进行整机保温，上班时启动后再驶出暖房。

（14）设立备品备件仓库，并根据现场施工机械设备的投入量、维护保养周期、设备故障率等编制机械设备维修保养所需零配件计划，建立备品备件台账，记录库存动态、领用情况、在途备件，设置最低储备报警等，保持合理库存。

3. 避开极寒天气气候影响，尽量采用机械化施工

11月至第二年2月，大多高海拔地区已覆雪，室外温度低至−15℃以下。户外作业安全风险较高。因此基础作业建议在4～9月时尽量完成。应尽量采用机械化施工提高基础施工安全及效率。

4. 加强对施工现场分包人员安全管控

针对现阶段现场施工人员较多，施工点位分散的情况，定期开展施工现场分包人员专项安全检查活动，每周组织相关负责人员对分包施工现场进行抽查，重点检查分包作业人员的施工行为、现场施工人员进出场记录、施工人员对施工作业危险源的辨识情况，抽查施工单位作业层班组负责人到岗到位情况以及各负责人对施工

任务的掌握情况。

5. 采取辅助措施保证作业人员安全

对于地形陡峭地区，采用攀岩通道、修筑钢管人行栈道保证安全，最具代表性的当属藏中联网工程米堆冰川旁的11S142号塔位及怒江跨越点塔位。11S142号塔位与地面高差约500m，地势陡峭，整体地形坡度约70°，部分地段几乎与地面垂直（如图4-2所示），攀爬难度极大。通过反复勘察，在登山队协助下，在悬崖峭壁上设置好了固定点并布设攀岩绳索近900m，在攀登保护装置的保护下，经过3个小时攀爬，可攀登到塔位上进行作业，确保施工人员安全。工程共修建攀岩通道约10km。怒江跨越点壁立千仞、危岩嶙峋，岩石风化剧烈、岩体破碎，施工微地形极差，施工人员上下坡地势险峻，有些地方坡度达70°，施工作业危险。采用3万根钢管和20多万个扣件，30多名工人历经60多天时间，搭设了一条长达2800m的9658级的蛇形天梯，从半山腰的施工驻地一直连接到怒江东岸边的塔位，物走索道，人走天梯，人行栈道成为保障施工人员生命安全的一道重要屏障。

图4-2 采用攀岩通道到达塔位

6. 强化应急处置管理

西藏高海拔地区道路路况较差，从具备条件的医疗站到施工点平均约1个小时，大部分施工点在山上或无人区，部分施工点更无路通行，一旦发生紧急情况，应急救援时间相当长。工程沿线通信信号差，手机信号时有时无，部分施工标段只能依靠卫星电话通信。应加强项目部与地方的协作力度，建立灾害预警共享机制。深化应急联动，实行24小时应急值班，不断完善应急处置方案，组织开展应急演练。按施工驻地足量配备应急物资，满足应急生活需要，提升了应急处置能力。

7．强化森林、草原防火管理

西藏高海拔地区，线路沿线茂林遍布、生态脆弱，加之沿线气候干燥，现场流动吸烟、施工电源、油料处置等现场管控稍不到位便可引发森林、草原火灾。加大对现场防火的检查力度，督促施工项目部对施工人员防火安全教育培训工作，检查施工人员是否及时签订防火承诺书，督促监理项目部、施工项目部对山上驻地及施工现场开展防火隐患排查，检查施工营地及各施工现场是否配备灭火器材，是否定期进行检查，排查林区施工现场是否存在施工人员带火种上山，流动吸烟、生火取暖、生火做饭等行为。

三、地基基础施工分项工程安全措施

高海拔地基基础施工不同于平原地区。首先受制于季节的影响。海拔 3500m 以上的藏区地带，有效施工季节一般为每年 4～10 月，其余时间气候寒冷，冰雪冻结，不利于施工作业的开展。其次，非永久性冻土地带施工不能选择在土层融化的季节，避免土层垮塌，影响安全质量。一般应考虑在土石方工程、模板工程、混凝土浇筑等几个环节中进行重点防范。

（一）土石方工程

土石方工程中，应严格遵守电网建设安规的规定，人工和机械开挖均应作好施工任务和安全技术措施交底，保证安全措施执行到位，预防高海拔环境的缺氧、低气压、日照强烈等不利条件的冲击。

一般情况下优先选择机械开挖土石方，必须采用人工开挖时，需制定坑下作业的专项措施，预防坑下气压过低、氧含量低、有毒有害气体成份超标、坑壁支护措施失效、异常渗水等，开挖完成后应做好坑口遮盖，尽快安排浇筑混凝土。

1．一般机械开挖

（1）机械作业前，操作人员应接受施工任务和安全技术措施交底。

（2）机械开挖要选好机械位置，进行可靠支垫，有防止向坑内倾倒的措施。

（3）严禁在伸臂及挖斗作业半径内通过或逗留。

（4）严禁人员进入斗内；不得利用挖斗递送物件。

（5）暂停作业时，应将挖斗放至地面暂停作业，将旋挖钻杆放到地面。

2．一般人工开挖

（1）规范设置供作业人员上下基坑的安全通道（梯子）。不得攀登挡土板支撑上下，上下基坑时不得拉拽，不得在基坑内休息。

（2）堆土应距坑边 1.0m 以外，高度不得超过 1.5m。

（3）必须按照设计规定放坡，施工过程发现坑壁出现裂纹、坍塌等迹象，立即停止作业并报告班组负责人，待处置完成合格后，再开始作业。

（4）先清除山坡上方浮土、石；土石滚落下方不得有人。

（5）基坑顶部按设计规范要求设置截水沟。边坡开挖时，由上往下开挖，依次进行。不得上、下坡同时撬挖。

（6）垂直坑壁边坡条件下弃土堆底至基坑顶边距离不小于 3.0m。不得在软土场地的基坑边堆土。

（7）土方开挖过程中必须观测基坑周边土质是否存在裂缝及渗水等异常情况，适时进行监测。

（8）规范设置弃土提升装置，确保弃土提升装置的安全性、稳定性。

（9）基坑边缘按规范要求设置安全护栏。

（10）挖土区域设警戒线，各种机械、车辆严禁在开挖的基础边缘 2m 内行驶、停放。

（11）深度大于 2m 时配备良好通风设备、供氧设备及氧气浓度监测设备。每日开工前必须检测井下有无有毒、有害气体，并应有足够的安全防护措施。

（12）人工开挖深度超 5m 时，必须采用混凝土护壁，应对护壁进行验收。

（13）设置盖板或安全防护网，防止落物伤人。

（14）坑底面积超过 $2m^2$ 时，可由 2 人同时挖掘，但不得面对面作业。

（15）设置安全监护人和上、下通信设备。

（16）坑模成型后，及时浇灌混凝土，否则采取防止土体塌落的措施。

3. 冻土开挖

（1）冻土挖掘应根据冻土层的厚度和施工条件，采用机械或人工方法进行。人工挖掘冻土可采用锤击铁楔子劈冻土的方式分层进行，铁楔子长度应根据冻土层厚度确定，且宜在 300～600mm 之间取值。

（2）在挖方上边弃置冻土时，弃土堆坡脚至挖方边缘的距离应为常温下规定的距离加上弃土堆的高度。

（二）模板工程

高海拔地区模板工程应强调防倾覆抗风、防人行通道和跳板表面冻结打滑、防高耸物引雷以及防地表沉陷等措施。

（1）作业人员上下基坑时有可靠的扶梯，不得相互拉拽、攀登挡土板支撑上下。作业人员不得在基坑内休息。

（2）坑边 1m 内禁止堆放材料和杂物。坑内使用的材料、工具禁止上下抛掷。

（3）人力在安装模板构件，用抱杆吊装和绳索溜放，不得直接将其翻入坑内。

（4）模板支撑牢固，并对称布置，高出坑口的加高立柱模板有防止倾覆的措施；

模板采用木方加固时，绑扎后处理铁丝末端。

（5）作业人员在架子上进行搭设作业时，不得单人进行装设较重构配件和其他易发生失衡、脱手、碰撞、滑跌等不安全的作业。

（6）支撑架搭设区域地基回填土必须回填夯实。

（7）夜间施工时，施工照明充足，不得存在暗角。对于出入基坑处，设置长明警示灯。所有灯具有防雨、水措施。

（8）基坑支护冬期施工宜选用排桩和土钉墙的方法。

（三）混凝土浇筑

高海拔混凝土浇筑的环节，应重点强调可靠的坑上坑下通道安全，预防机械降效带来的混凝土浇筑设备输出功率低、工作时间延长，从而导致作业人员疲劳、体力下降、精力分散，带来安全隐患。

（1）作业人员上下基坑时有可靠的扶梯，不得相互拉拽、攀登挡土板支撑上下。作业人员不得在基坑内休息。

（2）施工人员正确使用个人安全防护用品。严禁穿短袖、短裤、拖鞋进行作业。

（3）浇筑混凝土平台跳板材质和搭设符合要求，跳板捆绑牢固，支撑牢固可靠，有上料通道。上料平台不得搭悬臂结构，中间设支撑点并结构可靠，平台设护栏。

（4）大坑口基础浇制时，搭设的浇制平台要牢固可靠，平台横梁加撑杆。

（5）基础施工前应配备漏电保安器，无漏电保安器的作业现场，禁止浇制施工，发电机、搅拌机、振动棒等单独设开关或插座，并装设剩余电流动作保护器（漏电保护器），金属外壳接地，搅拌机、振捣器电源线架空。

（6）机电设备使用前进行全面检查，确认机电装置完整、绝缘良好、接地可靠。

（7）施工中应经常检查脚手架或作业平台、基坑边坡、安全防护设施等，发现异常情况及时处理。料斗下方不得有人。

（8）基坑口搭设卸料平台，平台平整牢固，用手推车运送混凝土时，倒料平台口应设挡车措施；倒料时严禁撒把。

（9）卸料时前台下料人员协助卸料，基坑内不得有人；前台下料作业要坑上坑下协作进行，严禁将混凝土直接翻入基础内。中途休息时作业人员不得在坑内休息。

（10）投料高度超过2m应使用溜槽或串筒下料，串筒宜垂直放置，串筒之间连接牢固，串筒连接较长时，挂钩应予加固。严禁攀登串筒进行清理。

（11）电动振捣器操作人员戴绝缘手套、穿绝缘靴，在高处作业时，设专人监护。移动振捣器或暂停作业时，先关闭电动机，再切断电源，相邻的电源线严禁缠绕交叉。

（12）设计坑深5m及以上的人工挖孔桩的钢筋绑扎和振捣作业前，必须检测有无有毒、有害气体，并应有足够的安全防护措施。在桩孔内严禁使用燃油动力振捣机械设备。

（13）采用商混浇筑基础遵守下列规定：①运输混凝土前确认运输路况、停车位、泵送方式等符合运送规定和条件。②运送中将滑斗放置牢固，防止摆动，避免伤及行人或影响其他车辆正常运行。③在检查、调整、修理输送管道或液压传动部分时，应使发动机和液压泵在零压力的状况下进行。

（14）夜间施工时，施工照明充足，不得存在暗角。对于出入基坑处，设置长明警示灯。所有灯具有防雨、水措施。

（15）基础养护人员不得在模板支撑上或在易塌落的坑边走动。使用刷涂过氯乙烯塑料薄膜养护基础时，有防火、防毒措施。

（16）当采用蒸气养护混凝土，设防护围栏和安全标志；采用电热养护，测温时先停电。棚内采用炭炉保温、养护时，棚内配置足够的消防器材，作业人员进棚作业前，采取通风措施，防止一氧化碳中毒。

（四）有限空间施工

有限空间是指：封闭或者部分封闭，与外界相对隔离，出入口较为狭窄，作业人员不能长时间在内工作，自然通风不良，易造成有毒有害、易燃易爆物质积聚或者氧含量不足的空间。

有限空间分为三类：第一类是密闭或半密闭设备，如贮油罐、反应塔（釜）、锅炉、压力容器、管道、水箱等；第二类是地下有限空间，如地下隐蔽工程、隧道、沼气池、地下通道、地下涵洞、化粪池等；第三类是地上有限空间，如垃圾站、冷库、粮仓、发酵池、蓄水池等。

电网施工面对的有限空间施工基本均为地下有限空间施工，如线路人工挖孔类基础的作业，尤其在高海拔地区空气稀薄的环境下，此类问题更为突出。因此应该做到以下几方面。

1. 管理人员方面

（1）加强有限空间作业安全管理，严格实行作业审批制度，对有限空间作业环境进行检查监测，逐条落实安全防范措施。

（2）对涉及或从事有限空间作业的现场负责人、监护人员、应急救援人员、作业人员（简称“有限空间四类人员”）要进行有限空间专项安全培训，提高对有限空间作业危险性认识。

（3）配备个人防中毒窒息等防护装备，在施工现场设置安全警示标识，严禁无防护监护措施作业。

（4）管理者、施工监护者必须现场值守，全程持续监护，不得擅离职守。

（5）加强从业人员及管理监护人员事故应急救援处置能力培训，保证应急预案在必要时能顺利实施。

2．作业人员方面

（1）参加作业前安全教育培训，提高施工作业环境危险性认识，熟悉技术操作规程，遵守劳动纪律，听从施工现场安全管理人员指挥。

（2）配合管理人员对作业环境进行有效监测，落实安全防护措施，保持有限空间内空气通畅。

（3）根据作业环境复杂程度，佩戴相应防护装备，系好双肩安全带，长时间作业须保持与安全监护员语言沟通。

（4）发现身体不适或作业环境突变危险，及时反馈监护人员，并停止作业，及时撤离作业现场。

（5）作业方案未经安全可靠性论证和审批不准私自进入有限空间作业。

第二节　杆塔施工安全措施和管控

西藏地区铁塔组立面临高海拔、重覆冰、高原草甸、茂密林区、地质复杂、地形陡险峻峭、交通运输困难、塔窗尺寸大、单基重量大等重重困难，铁塔组立相对基础施工来说，安全风险更高，施工单位应结合工程实际情况，制定一系列有针对性的安全措施。

为确保高原、高海拔、低气压、低氧、低温、大风环境的铁塔组立施工安全，在进行铁塔组立前应多方准备，从影响全局安全的5要素：人员、机械设备、材料、方法、环境进行充分的分析，而在实施过程中，针对已选定的施工方法、工艺，实际操作时全面践行三要素的落实：人的不安全行为、物的不安全状态、环境因素。归结到一起主要反映在确保安全生产的管理措施、组织措施、技术措施。

一、确保安全的组织措施

为确保在西藏这样恶劣环境下，高风险铁塔组立作业的施工安全，严密周全的组织是第一位，主要从以下几个方面落实：工期安排组织、人员组织、后勤保障、医疗保障。

1．工期安排组织

严密合理的工期安排是确保施工安全的必要因素。

大部分的施工事故来源于抢工期，在忙中出错，为确保工程顺利推进，在前期进行工期设定时一定要充分考虑，西藏地区大多为500kV线路，常规500kV线路单基铁塔重量为30t左右，西藏地区达到50t，在进行工期安排时，单体工程的施工量基本是一般地区的二倍；西藏特有的环境决定了施工的效率低下，降效达到30%～40%；在进行工期设定时，一定要充分考虑有效工期，西藏地区有效施工时间为4～11月，部分地区4～10月。

在充分考虑体量及降效的情况下，有效施工窗口期对于施工安全至关重要，在充分的施工时间内有条不紊、严格按流程工序进行施工，不慌、不乱确保工程稳步推进。

2．人员组织

确保施工安全，起决定性作用的是人，人的灵动性、创造性、个体差异性决定了人是最难把控的，同时人身体素质、知识积累、对同样环境的适应性不同，决定了干同一个事情的安全度。

西藏地区的特殊环境结合以往的施工经验，选择合格优秀的施工班组非常重要，铁塔组立前一定要对施工班组进行前期筛选，并集中进行分析，要求有高海拔施工经验的优先，包括施工单位。人员入场前必须进行高海拔习服、高海拔知识宣贯。尽量选择年轻人员，正式入场前进行高原体检，体能测试。确保入场人员在知识、理论上没有问题的同时，其自身工作技能、生存技能满足要求。

3．后勤保障

西藏地区的电网建设大部分都在人烟稀少的高山走线，生活物资供给困难，很多地方买一次菜都要几天，在工程建设中需要考虑集中按照人员定期配送生活物资。故而建立后勤保障系统是必要的。

4．医疗保障

西藏地区的环境特殊性，决定了生命随时受到威胁，建立庞大的医疗保障系统是生命保障体系的重要组成部分。特别是高风险作业，比如建立高压氧仓、医疗站、提供必要的医疗设备、指派充足专业的医务人员等。

二、确保安全的管理措施

为确保在西藏这样恶劣环境下，高风险铁塔组立作业的施工安全，管理措施是至关重要的一环。

1．安全管理体系

从上到下建立健全的安全管理体系并让其充分运行。指挥部建立统管全局的安全管理体系，由重要的领导亲自挂帅，组织并落实安全管理体系的运行。项目部建立符合现场管理的安全管理体系，主要职责是确保现场施工的安全。

2. 现场实施的相关制度

为确保铁塔组立的安全推进，项目部及施工班组应建立并严格落实以下制度：

（1）现场勘查制度。通过现场勘查确定风险点，辨识可能存在的风险并专项制定措施。勘查应做实，不能走马观花，做实勘查后落实要监督执行。确保风险不遗漏，知道风险后有措施。

（2）单基放行制度。结合现场勘查的情况，落实了现场的各项措施后，进行针对性的验收，合格一项放行一项。单基放行前应根据施工工艺，确保现场的人员、工器具、材料按照标准配置。目前国网四川送变电建设有限公司执行的是“一单元、二清单、三标配”的现场管理制度，一单元指的是具体的施工单元；一清单指的是任务清单、风险清单；三标配指的是工器具标准化配置、人员标准化配置、安全设施标准化配置；满足要求后放行。

（3）反违章制度。再强大的队伍均有违纪违规的情况，为降低违章的发生，项目部应制定该制度，结合绩效及奖惩进行相关制度的制定。国网公司及各地市公司均有相关制度。制度的制定很容易，制度的宣贯与落实很难。结合《安全生产典型违章100条》制定相关制度。这样更有针对性。

（4）宣传教育制度。很多现场事故的违章情况的发生，不是工人不想做到，是工人不知道怎么做是合格的；管理人员不知道怎么管是合格的；对于不按规矩做造成的后果不知道，导致很多冒险行为的发生。所以宣传教育必须入心入脑。真正理解了才能敢管敢为。

三、确保安全的技术措施

任何施工或者工序的安全，主要取决于技术措施的先进性、可行性。故合理先进的施工方案、明确的技术标准和标准的操作流程是关键。

1. 合理的施工方案

结合现场勘查，确定施工方案，明确各作业点最优施工方案。铁塔组立常见的施工方案有内悬浮内拉线、内悬浮外拉线、落地双平臂、落地双摇臂抱杆组立及吊车组立铁塔。所有方案根据不同地形条件选取，但归结一点高空少操作、工序材料越少、工器具越少施工越安全。

所有施工方案各有优缺点，但对于安全施工来说，吊车组立是最优的，吊车组立吊装重量大，吊车又是常规吊具，本身操作简单。但对吊车人员有严格的入场要求。

其次是落地双平臂抱杆，落地双平臂抱杆有智能监控系统，可实时掌握吊装系统的各状态。缺点是工具件数多，单件重量大，运输困难，特别是索道运输。组装花费时间长；优点是吊重大，吊装速度快，效率高（两边同时起吊），安全性高。

对于传统的内悬浮抱杆（内拉、外拉）组立铁塔已通过多年的验证，结合塔窗的具体结构设计，能够满足西藏地区所有500kV塔所有地形条件的施工，优点是，件数少、轻便、组装快捷、不受运输条件限制；缺点是吊重轻（针对500kV铁塔吊重完全能满足要求），单边起吊；各系统布置点控制点多，包括起吊系统、拉线系统、动力系统、承托系统、地锚系统等。

单从设备分析吊车最安全，但是不管哪种工器具均存在使用风险，关键在使用的人员上及过程管理上。

2. 明确的技术标准和操作流程

在铁塔组立过程中，技术标准是衡量是否施工安全的准尺，不管采用哪种吊装设备和工艺，各环节应当有明确的技术标准及操作流程。现场严格按照标准和流程做是关键。

四、高海拔组塔强化安全措施

1. 采用模型模拟组塔交底

模拟塔组立交底增强真实感，可设计制作如图4-3所示的小型立塔模型，将铁塔组立整体受力系统通过模型化组立的方式进行展示，较以往工程中多为说教式的如PPT、文字以及口头交底模式更加生动明了，施工人员在安全环境下通过对模型进行操作，更加规范现场工器具的使用。

图4-3 模型交底

2. 单基风险放行卡

西藏工程指挥部推行单基铁塔组立风险放行机制，由施工项目部组织人员对现场进行风险勘测评估，对可能存在的不利因素进行调查、研究分析，编制危害因素调查表，对各种危险因素进行风险评价，填写风险评价记录表、施工作业风险控制卡，对风险较大的因素提出控制措施，对作业人员进行交底培训，让作业人员对现场风险心中有数，现场各项条件落实后检查签字确认放行。

3. 严格落实同进同出机制

推行管理人员和施工班组“同进同出”，要求施工项目部必须指派本单位认可的安质人员与分包作业班组人员一起，同进同出施工作业现场，落实现场安全、质量工作要求，对施工作业现场进行全时段、全方位、全过程的安全、质量监督，该机制贯彻了基建施工现场标准化作业的要求，落实了施工单位作业现场管理的主体责任，加大了施工现场的安全管控力度。

4. 加强防雷管理，落实避雷措施

西藏线路工程多属于高雷区域，树立的抱杆和组装的铁塔相当于“引雷针”，若接地不良将导致雷击伤人。基础完工后接地框线、射线按要求焊接埋设，铁塔组立时立即连接接地引下线。加强施工人员防雷意识教育，所有高空作业人员不得带手机上塔，施工现场安全员随时观察天气状况，遇有积雨云立即组织高空作业人员全部下塔，停止现场作业。

5. 高处供氧装置系统提高工作效率

高海拔地区登塔的体力消耗远高于低海拔地区，针对高原施工人员登塔困难，登塔过程中易突然缺氧，高空作业时间短的状况，某施工项目部研制了高海拔高处作业供氧装置，将人员高处作业时间由原来的 1 小时延长到 3 小时，避免了高处作业人员频繁上下铁塔休息。经过测算，人员上下铁塔的次数减少了 50%，减少了作业人员体力消耗，降低了人员频繁登塔风险，保证了高海拔高处作业时供氧连续性、可靠性，减少了高处作业安全隐患，保障了作业人员的健康和安全，提升了施工的安全。高海拔高处作业供氧装置荣获了中国电力建设企业协会“2018 年度电力建设优秀质量管理 QC 成果奖二等奖”。供氧系统示意图如图 4-4 所示。

6. 实行双重安全监护

高空及地面设置双重专职安全员，观察高空人员身体状况，做到及时发现、及时提醒、及时休息、及时医治。现场施工使用对讲机，施工现场、项目部及医疗保障之间依靠手机或卫星电话建立联系，保证在任何时刻都能保持通信畅通。

图 4-4　高海拔高处作业供氧装置系统

7. 利用科技监测手段提升安全水平

运用无人机巡查高空作业情况，对作业点周边环境、人员情况进行多角度拍摄，有效地了解现场实时情况，及时发现并纠正现场违章。承托绳和拉线均连接测力仪，通过测力仪无线发射功能，将作业过程中钢丝绳受力数值发射至手持终端，便于查看吊装系统受力情况。铁塔组立点配备测风仪，实时监控现场风速，现场出现雷雨、暴雨、浓雾、沙尘暴、五级及以上大风时，不得进行高处作业，停止铁塔组立。

第三节　架线施工安全措施和管控

自然条件艰险、施工环境恶劣，决定了工程的特殊性和复杂性。各参建单位应深刻认识架线作业施工特点，做好思想认识和措施落实等方面薄弱环节安全工作，采取切实有效措施，认真落实各级安全生产责任，切实加大安全管控力度，始终坚守安全红线、固守安全底线，筑牢安全生产防线，确保了架线施工安全。

一、架线张牵设备的管理

张力架线施工是输电线路施工中机械化作业程度最高的一道工序，由于藏区高海拔地区氧气含量低，大型机械设备的使用与维护需引起高度重视。一般架线施工应在夏季进行，尽量避开低温寒冷季节，以保证大型设备的正常使用。若无法避免应采取相应措施：

（1）施工单位机具设备管理部门应安排专人常驻施工现场提供机械设备应用技术支撑服务。

（2）由于高海拔地区氧气含量稀薄，常规机械设备输出功率下降，施工技术人员在张牵设备选型时，应考虑高原设备降效系数 0.5～0.7 倍左右。

（3）低温寒冷季节架线施工时，放线作业场地（张力场、牵引场）应搭设暖棚，确保放线设备周围环境温度不低于 5℃。

（4）采用涡轮增压发动机机械设备，并根据实际气温选用相应标号的油料。大型张牵设备启动前，应采用加热水预热技术，并辅助人工供氧措施。

（5）水箱采用防冻液，长期不用时需排空。

二、藏区高海拔地区架线施工重点安全技术措施

藏区高海拔地区架线施工时，因空气稀薄，低温高寒的恶劣施工环境，各个施工环节应优化施工措施以降低作业人员劳动强度，同时低温冷脆性对部分受力器具的危害不容忽视。主要措施有：

（1）各类受力锚固坑严禁采用金属结构拉杆。

（2）大压挡、大转角等受力较大的杆塔放线滑车采用中间轮为钢轮的加强型滑车。

（3）直线塔放线滑车应采用附件安装提线量最小的悬挂方案，以降低作业人员工作强度。

（4）金属结构类牵引绳索考虑低温冷脆性后，适当提高型号规格，并采用无损探伤装置检测牵引绳索的完好性。

（5）优化放线区段长度，减少受力较大杆塔数量。

（6）合理采取跨越施工措施，确保各放线区段低张力放线。

（7）紧线施工时，采用液压紧线机；高空压接时，采用高空压接平台及电动铝股剥线器。

三、其他架线安全管控措施

1．专家评估架线方案

针对藏区高海拔、大高差、地质条件差、气候条件恶劣、交通条件差等特殊环境，可聘请行业专家对各施工单位架线施工方案逐一评审，对每一放线区段张力放线作业图进行专家评估，对架线施工可能出现的问题及应对措施进行了详细咨询，对有关注意事项提出了具体要求，统一了架线施工安全质量技术要点，为架线施工顺利完成奠定坚实基础。架线前的现场检查见图 4-5。

2．强化领导协调力度

各施工单位分管领导必须常驻现场，落实“到岗到位”制度，提高政治站位，切实履行好安全职责，加强安全生产统筹策划和组织领导，强化“红线意识”和“底线思维”，切实做到人在位、心在岗，落实痕迹化要求，根据现场施工实际进度情况，对

图 4-5 架线前现场检查

人力、物力、财力等方面给予补充保证，统筹现场组织管理，发挥枢纽作用。解决生产中的各类困难，确保各项工作落到实处、取得实效。

3. 安全监护全覆盖

各架线施工现场必须确保架线指挥、操作机手、安全监督等关键岗位人员到岗到位，牵张场均设置专职安全员，凡 1 人以上的工地运输、接地装置安装、停电落线、跨越架搭设、瓷瓶滑车悬挂、压接附件安装等作业点均设置安全监护岗，指定专人监护安全。

4. 落实架线前安全检查

紧线前按施工技术措施的规定进行现场布置及选择工器具，地锚受力方向满足安全施工技术规定，埋设可靠。附件安装前，作业人员必须对专用工具和安全保护用具进行外观检查，下线操作人员必须把速差自控器固定在横担主材上。安装间隔棒时，安全带（绳）应拴在单根子导线上。在跨越电力线、公路等线段杆塔上安装附件时，必须采取防止导线或地线坠落的二道保护措施。在带电线路上方的导线上测量间隔棒距离时，应使用干燥的绝缘绳，严禁使用带有金属丝的测绳。拆除放线滑车组，不得直接用人力松放，应采用制动器缓慢松放。高处断线时，作业人员不得站在放线滑车上操作，割断最后一根导线时，应注意防止滑车失稳晃动；割断后的导线应在当天挂接完毕，不得在高处临锚过夜。

5. 强化冬歇期现场作业点安全管理

统筹冬歇期工作计划，尽量完成现场作业收尾。对已完成架设的导地线段必须完成紧线和附件安装，锚线场锚线采用双锚，项目部对各放线区段的导地线拉线、锚固设施进行检查，并设置硬质围栏和警示标识标牌（如图 4-6 所示）。施工项目部负责人完成撤场前安全检查并履行相应手续后方可撤场。撤场前无留守人员的临时施工人员驻地应拆除帐篷，清运场地垃圾，租用民房断水、断电、不遗留火种、火源并做好安全防护措施。

图 4-6　冬歇前索道施工点安全检查

第四节　变电站施工安全措施和管控

正式施工前，各参建单位应认真组织开展安全文明施工策划，现场落实安全文明施工标准化建设，认真组织春秋季安全检查、交叉互查和劳动竞赛活动，强化安全责任量化清单考核评价，加大现场安全“反违章”和隐患排查治理力度，突出抓好重大风险管控。

一、施工准备及后勤安全措施及管控

1. 严把人员进出关

高原上线身体条件严格管控。各参建单位严格按照“不体检不上线、不习服不上山、不培训不工作”的三不原则要求，施工人员在进场前全部进行高原体检，必须将体检合格的报告、身份信息交由项目部审核通过后，向所在医疗站报送体检合格证明预审，并提出上线作业申请，经医疗保障单位审核后方能进入施工地区，在源头上杜绝年龄不符合要求、身体不符合要求的人员进场。主要严控以下一些方面。

（1）参加项目的作业人员年龄必须在 18 周岁及以上、55 周岁以下，新进场人员需经公司级安全教育培训合格，项目部组织二级安全教育，督促班组进行三级安全教育，各级安全教育须经考试合格后方可进场。

（2）结合工程特点，对上岗前员工进行《安规》及相关安全知识的培训教育并进行考试；考试不合格的人员可进行一次补考，补考不合格予以清退。

（3）分部分项工程开工前，对作业人员进行安全技术措施交底；未参加交底或未履行签字确认手续的，不允许上岗。

（4）每天上班前开站会，交任务、交技术、交安全；查衣着、查“安全帽、安全带、安全绳”、查精神状态；未参加站班会的作业人员不允许参加作业。

（5）特殊工种人员持证上岗，上岗前提供有效证件报监理项目部审查，经过培训教育并考试合格。

（6）组织作业人员每两年至少进行一次体检，有禁忌症者禁止参加施工。

（7）对作业人员开展危险因素及控制措施，应急处置方案、急救知识培训，并参加项目部组织的应急演练，提高作业人员风险防范及应急处置能力。

（8）高海拔地区，作业人员进场前需进行专门的高原体检，合格者经过习服，能适应当地环境和气候条件才准许进入。

（9）高海拔地区的施工现场不允许一个人住一间宿舍，防止一旦发生意外，相互没有照应。床面离地面不低于30cm，禁止地铺现象。

2. 运用手机App掌控现场人员信息

利用手机App软件进行个人身份信息采集，通过分包人员二维码管理、同进同出人员定位签到模块，建立分包人员二维码台账，实现分包人员扫码考勤、进出场、施工日志管理，实现同进同出人员定位、签到和现场拍照，有效做到分包人员动态管理和同进同出人员履职监督，提高了人员管理的工作效率，实时掌握施工一线人员动态。

加深对国网基建全过程综合数字化管理平台的学习与理解，同时结合“e基建”App、“风控平台”、安全管理微信群等“互联网+”的方式，强化安全“月计划、周安排、日管控”。积极推进班组自主安全管理提升建设，作业计划和风险管控、班组骨干人员配置，杜绝无计划作业，杜绝假班组现象。

3. 落实到岗到位机制

建立关键岗位人员网络信息跟踪平台，将主管领导、项目经理、项目总工、安全员、总监到岗到位情况纳入工程日报表进行管控，要求分管领导每月到现场监督检查，项目经理常驻现场每月不得少于25天，严格请假管理，由现场指挥部书面批复后方可实施，纳入月度考核。重大风险作业期间采取巡查方式，严格记录管理人员每日工作情况，通过微信位置功能实时抽查管理人员现场到位履职情况，实现从“跟踪管理”向“信息管控”、由“视线管理”向“科技管理”的深层次转变。

按照要求，各项目（工区）主要管理人员和工作负责人深化运用安全生产风险管控平台 APP，各基建和检修项目全面报备周计划或临时计划，强化日管控，并从现场勘查、风险评估、承载力分析、三措一案、班前会、安全交底、安全工器具及施工机具、安全措施布置、危险点及预控措施、工作票许可及终结、班后会等方面上传和报备相关资料；加强对三级及以上风险管控，加强作业点布控球安装和监控，加强相关人员到岗到位打卡管理及现场安全督导，切实提升反违章督查力度。

4. 落实防护用品全覆盖

针对变电站高海拔特点，站班会加强对作业人员的身体状况、精神状况检查，状况良好方可允许高空作业，为高空作业人员配置全方位安全带、软底胶鞋、全方位安全绳等防护用品，现场安全员做好穿戴示范（如图 4-7 所示），确保安全文明施工措施费用专款专用，确保劳动防护施工人员全覆盖。

图 4-7 现场安全员做穿戴示范

5. 强化安全设施配置

施工现场及周围的悬崖、陡坎、深坑、高压带电区等危险场所均设可靠的防护设施及安全标志。坑、沟、孔洞等均应铺设符合安全要求的盖板或设置可靠的围栏、挡板及安全标志（如图 4-8 所示），切实确保施工现场按规定配置和使用安全设施。

6. 强化应急管理

统一要求各参建单位编制切实可行的应急处置方案，并在显著位置设置项目应急联络牌，组织开展地质灾害、森林防火、高原急救等教育培训及应急演练（如图 4-9 所示）。加强应急车辆、生活物资等储备和过程检查。与当地政府部门建立联动机制，做好突发事件预防预警、应急值班、信息报送和处理工作。

工程处于高原、藏区、林区，项目部严格按照高原施工的特点，做好高原病防治、施工人员习服等管理工作；尊重当地居民的民风民俗，严格人员的外出管理；对所有进入场地的施工人员及临时人员做好森林防火的宣传、教育培训工作，严格现场的消防管理及相关应急处置方案的演练，落实责任到个人，确保工程的林区防火安全目标实现。

图 4-8　基坑规范围护

图 4-9　消防应急演练

7. 强化绿色施工管理

对整个施工过程实施动态管理，对施工策划、施工准备、材料采购、现场施工、工程验收等各阶段进行全面管理和严格监督。对施工过程中产生的废水、废油、废气、废料、粉尘、噪声、建筑安装和生活垃圾以及其他可能引起公害的物质，进行有效控制（如图 4-10 所示），最大限度地减少施工对自然植被和生态环境的影响。

图 4-10　垃圾定期外运，集中处理

8. 加强施工后勤生活保障

改善作业人员的生活条件，项目部严格按照指挥部要求，保证各标段分包队伍住宿每人一床（或高低床），房屋室内温度在 16℃以上同时制定卫生管理制度，将分包人员全部纳入与企业员工无差别管理。每人配备棉安全帽、棉大衣、棉鞋、棉手套等，确保施工人员在高寒缺氧的环境中上得去，站得住，打得赢。施工项目部还为施工队伍配备了氧气瓶、氧气袋、高原急救箱和应急药品，确保每位施工人员的人身健康和安全。

9. 统一部署冬歇进出场管理

指挥部要求各参建单位制定周密翔实的施工人员冬季撤场计划，各单位分管领导亲自现场带队组织施工人员撤场。精心做好人员撤场的时间、路线、交通组织、沿途生活保障等方面的具体安排，严格按照分包管理人员和劳务人员“同进同出”的要求，统一安排专业客运公司负责人员运输，严禁由各分包单位私自包车或采取就地解散方式，切实做到安全、有序退场，确保人员平安返乡。

10. 应急救助

（1）施工现场设有电力医院的一级医疗点，备有急救药箱和急救器材。

（2）施工现场配备的急救人员必须经培训，掌握常用的“人工呼吸”“固定绑扎”“止血”等急救措施，并会使用简单的急救器材。

（3）施工现场应经常性地开展卫生防病、防高原反应、防疫、急救等宣传教育，并做好记录。

11．一级医疗站的安全职责

（1）负责参建队伍工作人员的常见病、多发病诊断和治疗，保证伤病员得到及时、有效救治。

（2）负责急性高原病的预防、早期诊断和初期抢救。

（3）负责急症、外伤的早期抢救和转送，参建现场的巡诊医疗。

（4）负责卫生防病和监护，防止传染病、地方病和自然疫源性疾病的发生和流行，并负责疫区处理。

（5）负责健康教育和适应高原卫生保障知识培训，建立和管理工程参建人员的医疗健康档案。

（6）检查新进人员进场前体检工作，督促人员进场后的习服工作，并负责进场后的体格复检工作。

（7）在人员进场后按需发放高原营养保健药品。

12．社区服务

（1）遵守国家有关劳动和环境保护的法律法规，有效地控制粉尘、噪声、振动、固体废弃物、泥浆、强光等环境污染和危害。

（2）特定落实爱民制度和不扰民措施。

（3）施工现场禁止焚烧有毒、有害物质。

（4）尊重当地民风、民俗，不得做出有违当地藏族同胞风俗行为，禁止人员在施工区周围进行钓鱼、打猎、购买、烹煮野味等行为。

二、土建施工安全措施和管控

1．变电站土石方施工

土建土石方施工阶段，为了保证场地平整清爽，土方在站外南侧弃土场临时租地堆放，其余零星开挖就近平整。先施工全站场地平整，后施工护坡等，再根据图纸供应情况施工其他部位，站外道路路基成型后立即对路面进行硬化处理，并安排专人清扫道路，确保路面整洁，对现场安全文明施工进行常态化维护管理，重点加强道路、平整后的场地保护和防止“二次污染”；及时保持沟通，专人负责定置堆放物料，场地及时平整，专人负责维护防护设施和标识标牌。

2．基坑开挖

工程所有 2m 以上深度的基坑四边设安全维护，悬挂警示标识，2 ～ 4m 深度的基坑设供人员上下的爬梯，夜间设置红灯警示。

3．基坑、孔洞防护

孔洞盖板为4～5mm厚钢板，涂刷黄黑相间警示色，并喷上“孔洞盖板，严禁挪移”，同时在盖板背面焊接限位措施。孔洞超过1m^{2}的，还要设置硬质围栏，高度1.2m，并悬挂“当心孔洞”“禁止跨越”等警示标牌。在电缆沟及水沟合适部位设置安全通道，并设置安全围栏、警示标志。

4．“五临边”防护

采用双根钢管硬围护，孔洞超过1m^{2}的，还要设置硬质围栏，高度1.2m，中间横杆0.6m，并，悬挂“当心孔洞”“禁止跨越”等警示标牌，刷红白双色相间油漆。

5．临时堆放区

材料堆放处土方进行平整，铺设彩条布，堆垛高度控制在2m以下，垛间留1m宽的通道。材料放在道木上，分层堆放用木垫块隔开，以防破坏。施工过程中用于二次平整的回填土需要设置临时堆土场进行防护，临时堆土场应选择在变电站施工空地区域。在临时堆土边缘采用编制袋装土拦挡，编制袋环状堆砌成圆形，临时堆土堆砌于其中，在其上覆盖一层防水苫布。施工期间雨水及施工废水修建临时土质排水沟，在站区排水沟末端与站外排水系统衔接处设置沉沙池并及时清淤。垃圾定期外运，集中处理如图4-11所示。

三、电气安装安全措施和管控

1．临时施工用电安全管控

（1）实行TN电网系统下的TN-S系统（完整型三相五线）。在TN保护系统内严禁任一用电设备实行保护接地。配电布置必须采用三级配电。即由总配电箱至分配电箱至开关箱分三个层次逐级配送电力。

（a）　　　　（b）

图4-11　垃圾定期外运，集中处理（一）

（a）栏杆堆放区；（b）材料堆放区；

（c）

（d）

（e）

（f）

图 4-11 垃圾定期外运，集中处理（二）

（c）钢筋加工区；（d）石料堆放区；（e）砂料堆放区；（f）设备堆放区

（2）电源变压器→总配→分配→开关箱采用电缆连接，进出开关箱电缆必须采用绝缘软缆并应有避免机械损伤和介质腐蚀等措施。

（3）两级保护一机一漏保。推荐采用总网（分路）漏电保护和末端漏电保护，总配电箱中的分路漏电保安器的额定漏电动作电流值推荐采用 75mA，额定漏电动作时间值推荐采用 0.4S（含比下级延时 0.2S）；开关箱内的漏电保安器额定漏电动作电流值采用 30mA，额定漏电动作时间值采用 0.1S；且开关箱内必须一机一漏保。

（4）潮湿、高温、金属占有系数大的场所及其他导电良好的场所，必须安装漏电保安器。安装漏电保安器后，不能撤掉或降低对线路、设备的保护接零要求及措施。开关箱内负荷接入点的装置宜采用电源插座。电源箱内带保护接地符号的螺栓应设在箱门上且应满焊。（打开箱门人面向箱门的右下角）。

（5）总配、分配、开关箱中必须设工作零线和保护零线小母线（10×4 铜排两根 N 排和 PE 排），N 排与箱体间用绝缘子过渡连接。在总配、分配、开关箱三处就近各设重复接地装置；从 PE 排上用单根多股导线（PE 线）与 RC 规范连接。PE 排与箱体之间直接连接并用保护用导线（多股铜线外观黄 / 绿双色）与箱门跨接，保护重复接地装置阻值（RC）和电气设备保护接地（外借电源）装置阻值（R）不得大于 10Ω。

（6）总配电箱、分配电箱及开关箱应装设总分断开关。开关箱与分配电箱的直线距离不宜超过 40m，开关箱与其控制的固定式用电设备的直线距离不宜超过 5m。停送电操作应按隔离开关操作程序及有关安全操作规程进行，特殊情况除外。

（7）下班停止工作时，必须将班后不用的配电装置拉闸断电，并由专人负责开启和关闭上锁。开关箱、漏电保安器应定期检查，每月至少一次，专人检查并做好记录。检查内容包括外观、试验装置、接线检查、进出线是否承受外力等。配电箱、开关箱内不能放置任何杂物，并应经常保持清洁。

2．电气设备安装安全管控

（1）设备安装前施工方案需经审批合格，全员进行安全技术交底。

（2）工具进行拴绳、登记、清点；作业人员按规定使用安全防护用具；作业用梯子有人扶持、顶端要固定；外壳及各侧绕组要可靠接地。

（3）安装现场要设置安全监护人；作业使用的照明设施不能超过 12V 电压；在安全距离外使用电火焊；设备 10m 范围内不得有火种及易燃易爆品；安装过程要有消防器材和责任制度。

（4）带电系统与非带电系统要有明显可靠隔断措施；接线位置及周围孔洞必须堵塞。

3．设备吊装、高处作业及临边防护安全管控

（1）设备吊装过程，作业人员在吊件和吊车臂活动范围内的下方不得停留；作业人员在转移设备时，要时刻注意周围环境；设备开箱前立即清除杂物和通道，要有防倾倒措施；作业人员不得站在可能坠物的构架下方。

（2）2m 及以上高处作业对人身必须实行百分之百保护，安全带要打在作业人员上方牢固的主材上，移动过程中据实际情况使用攀登自锁器、速差自控器、水平防坠器。严禁高空处抛掷任何物件。

4．其他方面安全管控

（1）SF_6 气瓶室内储存，避免直接暴露在阳光下，轻装轻卸，远离热源和油污，严禁水分和油迹污染阀门。作业现场设置 SF_6 监测仪，实时监测 SF_6 浓度，并检查通风装

置运转情况，避免作业人员中毒伤害。

（2）主变压器及并联电抗器设备安装施工合理布置施工区域，变压器、油罐等储油设备场地平整清洁，下方铺设吸油毡防止环境污染，10m 范围内严禁存放火种及易燃易爆物品，指定明确消防责任人，现场配置足够消防器材。

（3）软母线安装施工前，在构架上安装攀登防坠落轨道，配置攀登自锁器。吊装区域设置安全警示围栏，非施工人员严禁入内。

（4）临时打开的电缆沟盖、孔洞设立围栏及警示牌，防止施工人员踏空摔倒。电缆敷设时，班组作业人员听从专人统一指挥，行走平稳均匀。

四、调试阶段安全措施和管控

1. 高处作业安全管控

在坠落高度基准面 2m 及以上有可能坠落的高处进行的作业均称为高处作业。高处作业必须要有完善的安全措施，主要有以下几个方面。

（1）高处作业必须系好安全带，安全带要挂在施工点上方牢固可靠的地方。针对现场的情况，必要时可在施工作业点下方设安全网。

（2）需在上方频繁移动方可进行工作的场所，安全带必须挂在专用的安全绳上。

（3）在平台上工作时，工作点周围必须设置安全围栏。如没有围栏，必须设置临时防护栏。

（4）高处作业用脚手架的搭设要符合标准，牢固耐用，同时要标明脚手架的单位安全承重和施工负责人。脚手架的使用人员每天都要对脚手架的安全情况进行检查，发现问题及时处理，以防意外事故的发生。

（5）上杆作业时，滑板、脚扣必须合格，同时必须系、挂好安全带。

（6）高处作业时，不得上下抛掷物件，传递物件要用传递绳或工具袋。

2. 在继电保护、仪表等二次回路上安全管控

（1）严格执行“带电作业安全措施”。

（2）工作前应了解设备情况，检查是否符合图纸、设计，核对已做的安全措施是否符合要求。看清设备名称，严防走错间隔。

（3）在工作中如遇到异常情况或开关跳闸时，应立即停止工作，保持现场，待查明原因，证实与本工作无关时方可继续工作。否则，应保留现场，通知值班人员处理。

（4）所有电压互感器（TV）、电流互感器（TA）二次绕组应有永久、可靠的接地。

（5）电流互感器（TA）二次严禁开路，电压互感器（TV）二次严禁短路。工作前必须采取相应的保护措施。

（6）盘柜固定、加垫等施工时，要相互协调，以防挤伤。

3．试运安全措施

（1）各种电源柜、闸门盘在安装完成后，应标明其系统和回路，标记要清晰、准确。设备的送电应由调试或运行人员进行，安装人员不得送电。

（2）试运、检修和维护等工作，严格执行热力工作票和电气工作票制度。

（3）电缆穿入带电盘柜内时，盘上需有专人接引，同时设专人监护，严防触及带电部位、或损坏设备。

（4）严格执行“与其他专业的交叉配合”中制定的技术措施。

4．其他安全措施

（1）蓄电池安装及充放电时，应严格按照已批准的方案施工。在配酸时，严禁将水倒入硫酸中，充放电期间严禁在蓄电池室内动用明火。

（2）万用表、钳表、电能表应严格按其使用规程使用，非专业人员或不懂原理者禁止使用。测完绝缘的设备必须放电。

（3）电缆敷设应先熟悉路径，做好安全措施，认为安全可靠后方可施工，施工中应有人统一指挥。

五、变电站安全文明施工措施

1．安全文明施工策划

（1）根据上级单位指导性文件及项目特点编制《安全文明施工实施细则》。综合考虑土石方堆放场地，制定避免水土流失措施、施工垃圾堆放及处理措施、“三废”（废弃物、废水、废气）及噪声等排放处理措施，使之符合有关职业卫生和环境保护要求。

（2）编制年度安全技术措施计划，按照规定提取安全文明施工费，保证工程项目足额使用，专款专用，确保安全文明施工标准化工作有效实施。

2．安全文明施工装备设施管理措施

（1）施工项目部分阶段编制安全文明施工装备设施报审计划，明确安全设施、安全防护用品和文明施工设施的种类、数量、使用区域和计划费用，报监理项目部审核、业主项目部批准。

（2）施工项目部按照审批后的安全文明施工装备设施报审计划，选配使用安全设施和安全防护用品，进行设施和用品的采购、制作或提交施工企业统一配送。

（3）安全文明施工装备设施进场前，应经过性能检查、试验。

3．安全文明施工标准化的实施管理措施

（1）安全文明施工装备设施进场时，施工项目部将进场的装备设施报监理项目部和业主项目部审查验收。

（2）施工项目部应安排专人对安全文明施工装备设施进行登记管理，并建立安全文明施工装备设施领用发放台账和检查试验登记台账。

（3）施工准备阶段，施工项目部按要求对办公区、生活区、施工区进行标准化布置。

（4）施工作业前，施工班组应对安全文明施工设施进行安装、设置，领取安全防护用品，并发放给施工人员。

（5）起重机械安全保护装置必须齐全有效，牵张设备必须设置地锚锚固。

（6）严禁非吊装人员在吊车作业半径内逗留。

（7）吊车吊装作业时，需隔离措施，配备专业司索指挥和现场安全员。

4. 教育培训现场安全文明施工管理措施

（1）开工前：施工项目部要将安全文明施工实施细则向有关人员培训交底，明确施工现场办公区、生活区、施工区标准化布置要求以及安全设施、安全防护用品和文明施工设施的使用区域和配置标准。

（2）施工作业前：施工项目部要开展施工人员岗前安全教育培训，分专业、分工种向施工人员讲解安全设施、安全防护用品和文明施工设施的使用、维护要求以及作业行为规范。

5. 安全隔离设施标准化措施

（1）危险区域与人员活动区域间、带电设备区域与施工区域间、施工作业区域与非施工作业区域间、地下穿越入口和出口区域、设备材料堆放区域与施工区域间应使用安全围栏实施有效的隔离。安全围栏设置相应的安全警示标志，形式可根据实际情况选取。

（2）高处作业面（包括高差 1.5m 及以上的基坑，直径大于 1 m 的无盖板坑、洞）等有人员坠落危险的区域，安全围栏应稳定可靠，并具有一定的抗冲击强度。

（3）变压器安装滤油作业区和油罐存放区等危险区域、相对固定的安全通道两侧应采用钢管扣件组装式安全围栏或门形组装式安全围栏进行隔离。

（4）带电设备区域与施工区域间应采用安全围栏进行隔离，安全围栏宜选用绝缘材料，并满足施工安全距离要求。

（5）施工作业区域与非施工作业区域间、设备材料堆放区域四周、电缆沟道两侧宜采用提示遮栏进行隔离。

（6）交叉施工作业区应合理布置安全隔离设施和安全警示标志。施工作业区域与非施工作业区域间、设备材料堆放区域四周、电缆沟道两侧应采用提示遮栏或门形组装式安全围栏进行隔离。安全隔离设施标准化图如图 4-12 所示。

（a） （b）

图 4-12 安全隔离设施标准化图

（a）基坑防护；（b）设备防护

6. 孔洞防护设施标准化措施

（1）施工现场（包括办公区、生活区）能造成人员伤害或物品坠落的孔洞必须采用孔洞盖板或安全围栏实施有效防护，如图 4-13 所示。

（a） （b）

图 4-13 临边洞口防护到位图

（a）孔洞盖板；（b）临边栏杆

（2）盖板应满足人或车辆通过的强度要求，盖板上表面应有警示标志。

（3）直径大于 1m 的、道路附近的孔洞、无盖板孔洞以及盖板临时揭开的孔洞，孔洞四周必须设置安全围栏和安全标识牌。

7. 施工用电设施标准化措施

（1）施工现场临时用电应采用三相五线制标准布设。施工用电设备在 5 台以上或设备总容量在 50kW 以上时，编制安全用电专项施工组织设计。施工用电设备在 5 台以下或设备总容量在 50kW 以下时，在施工组织设计中有施工用电专篇，明确安全用电和防火措施。

（2）现场生活、办公、施工临时用电系统必须实施有效的安全用电和防火措施。

（3）直埋电缆埋设深度和架空线路架设高度应满足安全要求，直埋电缆路径应设置方位标志，电缆通过道路时必须采用保护套管，套管应有足够强度。

（4）配电箱装设端正、牢固、防雨、防尘，并加锁，四周设置安全围栏和安全标识牌，附近配备消防器材。

（5）配电箱的电器安装板上分设 N 线端子板和 PE 线端子板，总配电箱、开关箱内应配置漏电保护器；配电箱内配有接线示意图和定期检查表，由专业电工负责定期检查、记录；电源线、重复接地线、保护零线连接可靠。

施工用电设施标准化图如图 4-14 所示。

图 4-14 施工用电设施标准化图

8. 危险品防护设施标准化措施

易燃、易爆液体或气体（油料、氧气瓶、乙炔气瓶、六氟化硫气瓶等）等危险品存放在专用仓库或实施有效隔离，并与施工作业区、办公区、生活区、临时休息棚保持一定的安全距离，危险品存放处应有明显的安全标志，附近配备消防器材。

9. 起重作业防护设施标准化措施

（1）起重机械安全保护装置必须齐全有效。

（2）采用钢丝绳、绳卡、卸扣等起重工器具必须正确配置。

（3）为保护设备、支架镀锌层，宜使用吊带。

起重作业防护设施标准化图如图 4-15 所示。

10. 高处作业防护设施标准化措施

（1）高处作业指凡在坠落高度基准面 2m 以上（含 2m）有可能坠落的高处进行的作业。

（2）高处作业均应先搭设脚手架、使用高空作业车、升降平台或采取其他防止坠落措施，方可进行。

（3）高处作业时必须使用双钩安全带。双钩安全带应随时保证至少有一钩固定在牢固构件上。

（4）无法找到牢固构件时，先设置水平绳用于固定安全带。

高处作业防护设施标准化图如图 4-16 所示。

图 4-15　起重作业防护设施标准化图

图 4-16　高处作业防护设施标准化图

11. 消防设施标准化措施

（1）易燃易爆物品、仓库、宿舍、加工区、配电箱及重要机械设备附近，应按规定配备灭火器、砂箱、水桶、斧、锹等消防器材，并放在明显、易取处。

（2）易燃、易爆液体或气体（油料、氧气瓶、乙炔气瓶、六氟化硫气瓶等）等危险品应存放在专用仓库或实施有效隔离，并与施工作业区、办公区、生活区、临时休息棚保持安全距离，危险品存放处应有明显的安全警示标志。

（3）消防器材应使用标准的架、箱，应有防雨、防晒措施，每月检查并记录检查结果，定期检验，保证处于合格状态。

消防设施标准化图如图 4-17 所示。

12. 预防雷击和近点作业防护标准化措施

（1）为预防雷击，在杆塔和支架组立后及时装设工作接地线。

（2）临近带电体作业时，起重机械、高空作业车、高处作业平台、金属围栏等金属结构上应装设工作接地线。

（3）附件安装时，作业区两端必须装设保安接地线。

（4）停电作业时，作业人员应正确使用相应电压等级的验电器和绝缘棒对停电设备或导线进行验电，确认无电压后装设工作接地线。

接地设施标准化图如图 4-18 所示。

图 4-17　消防设施标准化图

图 4-18　接地设施标准化图

13．有害气体防护设施标准化措施

（1）在存在有害气体的室内或容器内工作，深基坑、地下隧道和洞室等，应装设和使用强制通风装置，配备必要的气体监测装置。人员进入前进行检测，并正确佩戴和使用防毒、防尘面具。

（2）地下穿越作业应设置爬梯，通风、排水、照明、消防设施应与作业进展同步布设。施工用电应采用铠装线缆，或采用普通线缆架空布设。

SF_6 气体防护设施标准化图如图 4-19 所示。

图 4-19　SF_6 气体防护设施标准化图

14．个人防护用品标准化措施

（1）依据不同施工作业要求，按照个人防护用品标准化要求为作业人员配备相应的防护用品，使其免遭或者减轻事故伤害及职业危害。

（2）作业人员进入施工现场人员正确佩戴安全帽，穿工作鞋和工作服。

（3）从事机械作业的女工及长发者配备工作帽。从事防水、防腐和油漆作业的施工人员配备防毒面罩、防护手套和防护眼镜。

（4）从事坑井、深沟下作业的施工人员配备雨靴、手套、保安照明等或手电、安全绳等。从事混凝土浇筑、振捣作业的施工人员配备胶鞋（或绝缘鞋）和手套（或绝缘手套）。

（5）冬季施工期间或作业环境温度较低时，应为作业人员配备防寒类防护用品。雨期施工应为室外作业人员配备雨衣、雨鞋等防护用品。

（6）从事高处作业的施工人员佩戴安全带。在垂直攀登过程中的施工人员配备攀登自锁器，高处短距离垂直移动或水平移动配备速差自控器、二道防护绳和水平安全绳。

（7）带电和近电作业的施工人员配备绝缘鞋、绝缘手套。从事高压电气作业的施工人员应配备相应等级的绝缘鞋、绝缘手套和有色防护眼镜，必要时配备防静电服（屏蔽服）。从事手持电动工具作业的施工人员配备绝缘鞋、绝缘手套和防护眼镜。

（8）从事焊接、气割作业的施工人员配备阻燃防护服、绝缘鞋、绝缘手套、防护面罩、防护眼镜。在高处进行焊接、气割作业时，应配备安全帽与面罩连接式焊接防护面罩和阻燃安全带。

（9）在有尘毒危害环境下作业的施工人员配备防毒面具（或正压式空气呼吸器）、防尘口罩、密闭式防护眼镜和防护手套。

个人防护用品标准化图如图 4-20 所示。

图 4-20　个人防护用品标准化图

15．现场办公区布置标准化措施

（1）业主、监理、施工项目部办公室独立设置，做到布置合理、场地整洁，临时建筑设施主色调与现场环境相协调。

（2）工程业主、监理、施工项目部与施工区、生活区分开隔离，并做到布置合理、场地整洁、墙体无污物。

（3）施工项目部在办公区或施工区设置“五牌一图”。设置会议室，将工程项目安全文明施工组织机构图、安全文明施工管理目标、工程施工进度横道图、应急联络牌等设置上墙。适宜位置设置宣传栏、标语等宣传类设施。

（4）业主、监理、施工项目部需应用基建管理信息系统，并能利用电子邮件、传真、无线通信等方式实现图文、声讯信息的即时、可靠传递。

现场办公区布置标准化图如图 4-21 所示。

图 4-21 现场办公区布置标准化图

16．现场生活区布置标准化措施

（1）包含分包的所有施工人员宿舍通风良好、整洁卫生、室温适宜。现场生活区提供洗浴、盥洗设施和必要的文化娱乐设施。项目部生活区设置水冲式厕所，缺水地区可采用旱厕，并保持洁净。

（2）食堂配备厨具、冰柜、消毒柜、餐桌椅等设施，做到干净整洁，符合卫生防疫及环保要求。根据现场人员民族构成，单独设立小餐桌等措施，确保少数民族员工用餐方便。炊事人员按规定体检，并取得健康证，工作时应穿戴工作服、工作帽。

现场生活区布置标准化如图 4-22 所示。

17. 现场施工区布置标准化措施

（1）实行封闭管理，采用安全围栏进行围护、隔离、封闭，有条件的先修筑围墙。开工初期首先完成站区环形道路的基层路面硬化工作。道路两旁应设置公示栏、标语等宣传类设施。搭建临时大门，控制人员车辆进出。

（2）工具间、库房等应为轻钢龙骨活动房、砖石砌体房或集装箱式房屋。临时工棚及机具防雨棚等应为装配式结构，上铺瓦楞板。

（3）材料、工具、设备应按定置区域堆（摆）放，设置材料、工具标识牌、设备状态牌和机械操作规程牌。

（4）作业区应进行围护、隔离，设置施工现场风险管控公示牌等内容。

（5）施工现场应配备急救箱（包）及消防器材，在适宜区域设置饮水点、吸烟室。

（6）可根据实际情况，在工程现场设置视频监控系统，实时监控现场施工安全风险作业状况，具体实施中应考虑永临结合，节约费用。

现场施工区布置标准化图如图 4-23 所示。

图 4-22　现场生活区布置标准化图

图 4-23　现场施工区布置标准化图

18. 现场环境保护标准化措施

（1）尽可能少占耕（林）地等自然资源，严格控制基面开挖，严禁随意弃土，施工后尽可能恢复植被。

（2）采取措施控制施工中的噪声与振动，降低噪声污染。

（3）施工现场尽力保持地表原貌，减少水土流失，避免造成深坑或新的冲沟，防止发生环境影响事件。

（4）施工材料采用彩条布铺垫，做到“工完、料尽、场地清”，现场设置废料垃圾分类回收箱。

（5）灌注桩施工设置沉淀池，有组织收集泥浆等废水，废水不得直接排入农田、池塘。

（6）对易产生扬尘污染的物料实施遮盖、封闭等措施，减少灰尘对大气的污染。

现场环境保护标准化图如图 4-24 所示。

图 4-24 现场环境保护标准化图

19. 作业行为标准化措施

（1）施工人员通过不断的培训学习，提高安全技能水平，增强安全防范意识，遵章守规，做到作业行为规范化。

（2）特种作业、特殊工种经培训合格，持证上岗，非此类人员不得从事相关工作。

（3）施工作业前检查施工方案中安全措施落实，做到措施不落实不作业，严格依照施工方案施工，遵守安全文明施工纪律，不违章作业。

（4）爱护施工现场各种安全文明施工设施，遵守使用规范，未经现场安全管理人员批准，严禁拆除、移动或挪用安全文明施工设施。对于确需临时拆除的设施，应采取相应的临时措施，事后及时恢复。

（5）施工人员有成品和半成品保护意识，自觉维护施工成品、半成品和防护设施，严禁乱拆、乱拿、乱涂和乱抹。

（6）高处作业人员在作业全过程中不得失去保护，并有防止工具和材料坠落的措施。高处作业区附近有带电体时，应与带电体保持一定的安全距离，并设置提醒和警示标志，按要求设置专人监护。

（7）进行上下交叉或多人在一处作业时，施工人员采取相应的、有效的防高处落物、防人员坠落、防碰撞措施，并相互照应，密切配合。

（8）起重作业中，施工人员不得进入起重臂、抱杆及吊件垂直下方、受力钢丝绳内角侧，应正确使用起重工器具，不得“以小代大”。在施工机械附近作业时，施工人员不得在机械作业半径内逗留、行走或工作。

（9）停电作业时，施工人员在未接到停电许可工作命令前，严禁接近带电体。在接到停电许可工作命令后，原带电体经过验电确认无电压、挂接工作接地线后，施工人员方可进行停电作业。工作接地线一经拆除，原带电体即视为带电，严禁施工人员靠近作业。

（10）施工用电设施应由专业电工操作、维护管理，布设时应由专业电工指导监督，严禁私拉乱接。

（11）车辆运输作业，车况应良好。严禁无证和酒后驾驶。严禁超速、超重运输，载物应捆绑牢固，严禁人货混装和自卸车载人。

（12）考核评价工程项目落实安全文明施工标准化工作，及时对隐患和不足进行整改，撤换工作不称职的管理人员，处罚相关责任人及分包单位。

第五节　高海拔地区后勤物资运输保障

一、环境对物资运输的影响

青藏高原地区是全球海拔最高、气候最恶劣的地区之一，其复杂的地形和恶劣的气候条件对重大件运输带来了很大的挑战。

1. 对参建人员的影响

青藏高原地区的海拔一般在4000m以上，气压低、空气稀薄、氧气含量低，造成高原生理健康保障困难。沿线大部分地区处于低气压、缺氧、严寒、大风、强辐射等区域，自然环境、气候条件极其恶劣，高原环境极易引发肺水肿、脑水肿等疾病，治疗及应急救援十分困难。根据研究：气压随高程递减，人体心脏负荷也随之增加，心跳加快，人的体力耐力明显大幅度降低。结合相关工程实践，海拔4000m左右时，人体劳动能力比平原地区要下降40%左右，施工人员在缺氧状态下，普遍的表现有：胸闷、气短、干咳、头痛、头昏、乏力、厌食、呕吐、失眠、微烧等；多数人会因缺氧而嘴唇和指甲根发紫，有的人还会因空气干燥而出现皮肤粗糙嘴唇干裂、鼻孔出血等；严重者会出现感觉迟钝、情绪不宁、精神亢奋、思考力、记忆力减退、听视嗅味觉异常、产生幻觉等，也可能发生浮肿、休克或者痉挛等现象。高原反应一般发生在到达高海拔12小时后，情况严重的恢复时间可达2周以上。

2. 对运输设备的影响

在工程建设过程中，确保参建人员生命健康的任务十分艰巨。其对车辆和设备的影响更为严重。目前牵引车普遍采用燃烧柴油发动机，由于空气密度随海拔变化，进入发动机气缸内的空气充量也发生变化。根据相关工程实践，海拔每升高 1000m，内燃机动力平均下降约 12%，油耗增加 10% 左右。在海拔 4000m 左右时，运输机械功率损失达 30%。同时连续引发如发动机动力下降、机油变稠、轮胎容易爆破等情况。因此，重大件运输在高寒缺氧环境下面临着严峻的挑战，运输过程中要增加供氧设备，调节气压和氧气含量，保证人员和机械设备的正常运转。另外，选择适合该环境的车辆和设备，对其进行改装，提高适应能力。

3. 设备维修保障任务繁重

高原高寒地区客观上存在经济滞后、资源匮乏、物资筹措储备难等困难，物资输送手段单一，各类保障物资主要依托公路运输进行。高原高寒地区海拔高、气压低、天气变化快、泥石流和洪水发生频繁，对车辆技术性能影响较大。相对于平原地区使用而言，车辆装备在高原高寒地区使用时，一是车辆装备的故障规律、维修保障器材消耗规律、保障对象、保障重点等与内地都有所不同。二是车辆装备维修作业点及保障力量分散，维修保障资源十分匮乏，器材供应不足，车辆维修保养强度大，维修机具易损坏。三是在高原低气压、缺氧环境条件下，人体机能下降明显，导致维修保障人员开展维修保障作业的难度增大。有关数据显示，车辆装备在高原高寒地区使用时故障率增加约 30%。因此，维修保障的技术难度增大，车辆维修保障任务必然繁重。

4. 对运输方式的影响

青藏高原地区的道路条件十分恶劣，物资运输沿途需翻越多座海拔 4000m 以上的大雪山以及原始森林、冰川峡谷，人烟稀少，部分地段难以通行，阻车、断通时有发生。高原高寒地区的道路少，机场少，主要以公路运输为主，部分山区道路宽度为 7～8m，转弯半径普遍为 20～30m，大批量增加牵车后，转弯半径普遍不足。且部分地区的道路条件不允许车辆通行，只能以人力或者牲畜拉运，这样的运输方式降低了运输，同时也减少了每次运输的总量，给物资保障带来困难。同时，在物资转运保障的过程中还面临对现有交通秩序影响较大的情况，高海拔地区往往是重要的旅游线路，每年 6～9 月，国内大量的自驾游车辆聚集高原地区。大件运输车辆宽度为 5m，几乎占满了全部路面，而且大件运输车辆在山区道路运输速度平均 3km/h，这给旅游车辆带来了极大的影响。且一些地方甚至没有公路，公路数量稀少、道路质量差，交通受限，车速缓慢，给重大件运输带来很大的阻碍。

由于高原地区基础设施现状，在物资转运过程中还出现后勤补给困难的情况，山区道路加油站比较少，尤其是雨雪天运输时，由于天气影响油料运输常常出现断供现象大件运输参与车辆多，耗油量大幅度增加，需要与附近多个加油站达成合作。青藏高原地区地域辽阔，运输线路长，一些区域由于地形复杂，往往不能直接驶入，必须经过多次转运。这就要求转运点要有完善的设施，需要有大型的起重设备和特殊的工具、车辆等。此外，转运人员也需要有足够的专业知识和经验，保证安全、快速地完成转运工作。

二、运输保障组织管理措施

高海拔地区后勤物资运输保障的系统、组织管理措施是为了确保在高海拔地区的工作和生活环境中，项目建设能够及时获得必需的工程物资，人们能够获取必要的生活物资支持和保障。由于高海拔地区的特殊环境和地理条件，物资运输和保障工作面临着许多挑战，对高海拔地区电网项目工程建设的快速推进造成了巨大的困难。因此需要建立一套完善的系统和组织管理措施来应对这些挑战及问题。

1．制定物资需求计划

高海拔地区后勤物资运输保障的系统必须建立科学的物资需求预测和计划制定机制。“兵马未动，粮草先行”是中国自古以来在后勤保障上的成功经验，在电网项目建设中，项目物资采购是后勤物资运输保障的前提及必要条件。根据电网工程建设的规模和难度，确定所需物资的种类、数量、质量等，制定物资采购计划。这需要结合历史数据，设备的技术指标和工程的实际需求，进行科学计算和预测。通过月、季度、年度电网项目建设计划，计算阶段性项目物资需求量，结合项目建设资金预算，完成物资采购。另外，对项目建设所需的主要材料、辅助材料、办公用品等物资分别记账，分类管理。对于主要材料及重要辅材，可依据国家相关制度要求，考察全国生产供应商情况，结合具体项目建设需要，确定不同的供应方式，如甲供、集采、自采等，优先保障项目建设主材提供；对于次要的辅材、办公用品、生活用品等可采取就近采购的方式，提高采购效率。同时，由于高海拔地区的气候和地理条件变化多端，物资需求也会随之变化，因此，必须制定详细且有效的物资应急预案。这需要通过科学的方法来预测和计划物资需求。通过分析历史气象数据、运输方式、调研和专家意见等方式来进行。根据不同时期物资需求的预测结果，制定相应的应急物资采购和调配计划，确保物资的供应和分配能够满足需求。

2．制定物流方案

高海拔地区后勤物资运输保障的系统需要建立一个完善的物资调配和运输网络，需要制定详细的物流方案。这个网络应该包括物资运输车队、物资储备中心、物资监督管理系统等。物资运输车队负责规划物资运输的线路和方式，将物资从生产供应商处运输到各个现场项目建设单位，确保物资的安全和准时到达，为物资运输提供保障。考虑到高海拔地区的特殊环境和地理条件，物资运输线路及方式的选择需要充分考虑道路状况，气候变化等因素，确保物资可以安全，准时到达工地。高海拔地区的冷热变化大，环境恶劣，易造成物资的损坏和丢失，因此，建设单位需要建立良好的物资储备中心。物资储备中心负责储备和管理各类物资，确保物资的充足和及时供应。通过建立完善的物资监督管理系统，追踪物资的使用情况，这包括项目建设正常使用物资情况、生产环节中物资浪费情况以及可能出现的物资被偷盗情况等。通过对物资使用情况分析，及时补充缺失的物资，避免不必要的物资浪费及物资失窃情况发生。

3. 制定运输过程管理机制

高海拔地区后勤物资运输保障的系统需要建立一个有效的物资运输过程管理机制。由于受到高海拔地区社会发展相对滞后、交通发展欠缺、电网建设物资生产制造企业多集中在距离较远的中东部地区且高海拔地区铁路系统受高寒冻土地理条件影响，全年满载时间有限等原因限制，高海拔地区后勤物资运输大多只能通过火车运输至临近省市火车站，再通过汽车转运进项目建设单位的方式。这种方式运输距离长、运输载量小、运输时间长，后勤物资保障难度大。同时高海拔地区道路条件差，地质灾害频发，汽车运输安全风险较高。而为了保障电网项目建设，承运车辆较多也造成了统一规范管理难度大等问题。因此，必须建立一个有效的物资运输过程管理机制。

“兵站式”管理模式是我国部队在车辆运输管理上采取的建立运输线兵站的模式，很好地提供了物资运输过程中车辆管理控制及运输后期车辆保障的作用。在对高海拔地区运输道路进行风险点的识别与排查的基础上，运输风险较高路段实施重点管控，在该路段平均分布设立“兵站式”管理过程控制点。通过“兵站式”管理过程控制点的设立，能够最大程度上实现“安全固定检查、安全过程控制、安全流动巡查、车辆维修、油料补给、医疗保障、后勤保障”七大功能，减少运输过程中重大交通事故及人员伤亡事故的发生。此外，还需建立一个专门的物资运输和配送管理机构。可通过现代化的计算机模型算法，建立高海拔地区物资运输优化配送模型，使用项目管理软件统筹协调物资运输和调配工作，合理安排物资运输路线和运输工具，确保物资的安全和高效运输，提高高海拔地区物资运输效率。通过以上方式，多措并举，让高原地区后勤物资运输走出一条具有特色的科学化、精确化、实用化的道路，有效推动物资运输过程管理机制的建立，促进高海拔地区后勤物资运输保障工作的顺利开展。

4. 制定物资质量控制和监督机制

高海拔地区后勤物资运输保障的系统需要建立一个完善的物资质量控制和监督机制。由于高海拔地区的气候和环境条件恶劣，物资容易受到损坏和产生变质，以及为了预防物资在生产供应和运输过程中出现的质量问题，需要建立一个严格的物资质量控制和监督机制，确保物资的质量符合要求。这可以由项目建设领导小组统一规划，由单个施工单位或者多个单位合作，建立物资质量检测和监测机构。通过这一机构，对物资进行定期抽样检测和监测，及时发现和处理物资质量问题，查明问题原因并及时解决。

5. 制定物资应急响应机制

高海拔地区后勤物资运输保障的系统需要建立一个高效的应急响应机制。由于高海拔地区的特殊环境和地理条件，突发事件和自然灾害的发生可能会对物资运输和保障工作造成严重影响。为确保电网工程的顺利进行，因此，需要建立一个应急响应机制，能够及时应对突发事件和灾害，保障物资运输和保障工作的正常进行。通过建立应急响应机构、制定应急预案和演练、建立备用的物资运输路线，临时的物资储备点等方式，能够在突发情况下，迅速调整物流方案，保证物资的供应。

6. 制定人力资源配置措施

除高海拔地区后勤物资运输保障的系统建设外，在组织管理和人员配置上也应当有相应的措施。在组织管理上，要突出高海拔电网建设项目领导小组统筹全局的作用，兼顾各个部门具体职能的协同发挥。项目领导小组要树立统筹兼顾、综合平衡，突出重点、带动全局的意识，高度重视高海拔地区后勤物资运输保障的整体性、关联性、耦合性和协同性，处理好各方面的关系、统筹好各方面的利益、调动好各方面的积极性，根据高海拔电网建设后勤物资运输保障实际需要，形成一系列新布局和新方略，带领全体建设单位及各个部门取得高海拔电网建设新的历史突破。

在人员配置上，后勤物资运输保障团队应由物资采购、资源调度、路线调查、质量控制和应急处理等不同角色的专业人员组成。也可根据工程进度和实际情况，由各个单位设立相应的建设部门、物资部门、计划合同部门、财务部门、安全质量环保部门、综合办公室等职能部门。各部门分工合作，相互配合，听从高海拔电网建设项目领导小组统筹安排，高效发挥自身职能。各部门在实践过程中，要及时收集数据，分析物资运输中出现的问题，找出解决问题的方法，持续优化运输方案，提高物资运输效率，确保物资运输的顺利进行。

综上所述，高海拔地区后勤物资运输保障的系统、组织管理措施是一个复杂而庞大的工程，不仅需要建立科学的物资需求预测和计划制定机制，建立完善的物资调配和运输网络，建立有效的物资运输过程管理机制，建立完善的物资质量控制和监督机制，以及建立高效的应急响应机制；还需要做到组织管理上系统谋划，统筹兼顾，听从指挥，相互合作，上下一心。通过以上的组织管理措施和系统建设，不但能够为高海拔地区电网工程建设提供稳定的物资保障，还能够有效地防范工程因突发事件而进度延误，从而提高工程完成的效率和质量。

三、运输方案的优化

针对高海拔地区运输难点，结合我国公路、铁路和水运条件，参考以往工程实践，现在面向高海拔地区物资转运、后勤保障工作逐渐采取一些方案进行优化提升。

（1）运输线路选择。首先，需要进行详细的地形勘测和道路规划，选择最佳的运输路线，确保道路的可通行性和安全性。其次，需要加强对气候条件的监测和预警，及时应对恶劣的天气情况，确保物资运输的顺利进行。同时，需要加强对交通运输设施的建设和改善，提高道路的质量和通行能力，减少物资运输的阻碍。此外，还需要加强物资运输的组织和管理，提高运输效率，确保物资的及时供应。最后，需要加强与当地政府和社区的合作，共同解决物资运输的问题，共同推动高海拔地区的发展和进步，为高海拔地区的发展和进步提供有力的支持。

（2）长距离高海拔运输尽可能选用铁路运输。铁路运输载重量大，而且施工人员相对较少，野外作业时间短。因此铁路运输是最佳的运输方案。

（3）公路运输应结合地形特点，选用多种公路运输车型。“桥式车组”运输可以减少空障和桥梁的改造：液压平板车可以减少山区道路弯道改造。因此，不同设备和运输条件应选择合适的运输车型，充分发挥车辆的特点。

（4）采取多种措施，解决施工人员高原反应。高海拔地区，施工人员面临高原反应的严重威胁。因此需要在正常施工人员数量基础上，增加 30% 施工人员。

（5）增加牵引车辆。牵引车辆在高海拔地区输出功率大幅度降低，而且由于坡道影响，牵引车数量较多。另外，海拔车用柴油要 -25 号柴油，才能满足高海拔低温运输要求。使用牵引车的数量需要进行准确的计算，同时需备用一定车辆。因为车辆一旦损坏，从内地调用车辆时间长、费用高。

（6）运输时间选择。高海拔地区每年 11 月至次年 3 月底，山上有大面积积雪，影响牵引车动力和运输安全，因此尽量避开冬季组织大型设备运输。

每年 7 ～ 9 月为旅游旺季，青藏公路、滇藏公路和川藏公路上自驾游车辆较多。而运输道路的宽度只有 6 米，修建临时错车点，减少对社会车辆的影响。错车点设计需结合地形、车辆数量等因素综合考虑。

（7）完善后勤保障。高海拔地区加油站相对较少，而车辆的油耗大幅度增加，因此长距离重大件运输需要租用移动加油车。同时考虑到人员生活，需要安排专用的后勤保障车辆。

四、运输设备优化

为了保障物资运输的顺利进行，需要对车辆、吊装等装备进行改进和优化。以提高物资运输的效率和安全性。

1．运输车辆改进

（1）选择适应高海拔地区的车辆。高海拔地区的气候条件复杂，道路状况艰难，因此选择适应这种环境的车辆非常重要。首先，车辆应具备较高的通过性能，能够应对复杂的地形和道路条件。其次，车辆应具备较强的抗寒性能，能够在低温环境下正常运行。此外，车辆还应具备较大的载重能力，以满足物资运输的需求。

（2）加强车辆的保养和维修。由于高海拔地区的气候条件恶劣，车辆容易受到严寒、高原缺氧等因素的影响，因此加强车辆的保养和维修非常重要。定期检查车辆的机械部件和电气设备，及时更换磨损的零部件，确保车辆的正常运行。此外，还应加强车辆的防冻措施，防止车辆在低温环境下出现故障。

（3）提高车辆的安全性能。在高海拔地区进行物资运输时，安全性是至关重要的。因此，应加强车辆的安全性能，包括安装防滑链、增加车辆的稳定性等。此外，还应加强驾驶员的安全培训，提高其应对复杂道路和恶劣气候条件的能力。

（4）车辆轮胎的改进。在高海拔地区，路面的陡坡和泥泞会对车辆的轮胎造成很大的磨损，因此可以采用更加耐磨和抗滑的轮胎，以提高车辆的抓地力和耐久性。

（5）车辆驾驶辅助系统的改进。在高海拔地区，由于能见度较差和路况复杂，驾驶员的驾驶压力较大，因此可以在车辆上安装驾驶辅助系统，如倒车雷达、车道偏离预警等，以提高驾驶员的安全性和舒适性。

2．吊装设备改进

（1）选择适应高海拔地区的吊装设备。高海拔地区的气候条件复杂，地形险峻，因此选择适应这种环境的吊装设备非常重要。首先，吊装设备应具备较强的抗寒性能，能够在低温环境下正常运行。其次，吊装设备应具备较大的承载能力和稳定性，以满足物资运输的需求。此外，吊装设备还应具备较高的操作灵活性，能够适应复杂的地形和道路条件。

（2）加强吊装设备的保养和维修。由于高海拔地区的气候条件恶劣，吊装设备容易受到严寒、高原缺氧等因素的影响，因此加强设备的保养和维修非常重要。定期检查设备的机械部件和电气设备，及时更换磨损的零部件，确保设备的正常运行。此外，还应加强设备的防冻措施，防止设备在低温环境下出现故障。

（3）提高吊装设备的安全性能。在高海拔地区进行物资运输时，安全性是至关重要的。因此，应加强吊装设备的安全性能，包括加强设备的稳定性、提高操作人员的安全意识等。此外，还应加强操作人员的培训，提高其应对复杂地形和恶劣气候条件的能力。

（4）吊装设备的稳定性改进。在高海拔地区，强风和地面不平会对吊装设备的稳定性造成很大的影响，因此可以采用更加稳定和坚固的吊装设备，以确保物资的安全运输。

（5）吊装设备的操作性改进。在高海拔地区，由于氧气稀薄和低温等因素，操作吊装设备的工作人员可能会感到疲劳和不适，因此可以在吊装设备上安装加热装置和人机交互界面，以提高操作人员的工作效率和舒适性。

（6）吊装设备的适应性改进。在高海拔地区，由于地形复杂和气候恶劣，吊装设备需要具备较强的适应性，因此可以采用可调节高度和角度的吊装臂、防滑装置等，以应对不同的工作环境和条件。

3．其他优化措施

（1）物资运输路线的规划和优化。在高海拔地区，地形复杂，道路条件艰苦，因此需要对物资运输路线进行详细的规划和优化，选择最合适的道路和交通工具，以确保物资的安全和及时运输。

（2）物资运输的时间安排。在高海拔地区，气候条件多变，天气突变可能会对物资运输造成很大的影响，因此需要合理安排物资运输的时间，避免恶劣天气时进行运输，以减少风险。

（3）物资运输的监控和管理。在高海拔地区，物资运输的安全性和及时性非常重要，因此需要建立完善的监控和管理系统，对物资运输过程进行实时监测和管理，及时发现和解决问题。

（4）物资运输人员的培训和技能提升。在高海拔地区，物资运输的工作环境复杂，对物资运输人员的要求较高，因此需要对物资运输人员进行专业培训和技能提升，提高其应对复杂环境和应急情况的能力。

总结起来，为了保障高海拔地区电网工程建设物资运输的顺利进行，高海拔地区电网工程建设物资运输保障的车辆、吊装等装备改进可以从车辆动力系统、悬挂系统、轮胎、驾驶辅助系统等方面入手，以提高物资运输的效率和安全性；同时，对吊装设备的稳定性、操作性和适应性进行改进，通过选择适应高海拔地区的车辆和吊装设备，加强保养和维修工作，以确保物资的安全运输。保障措施包括对车辆和吊装设备的改进外，还有物资运输路线的规划和优化，物资运输的时间安排，物资运输的监控和管理，以及物资运输人员的培训和技能提升。这些措施将有助于解决高海拔地区电网工程建设物资运输保障中的困难和挑战，提高物资运输的效率和安全性。

五、其他保障措施

1．人员培训和健康保障

针对高海拔地区的特殊环境和气候条件，需要对参与物资运输的人员进行专门的培训，提高他们的适应能力和应急处理能力。同时，要加强人员的健康保障，提供充足的氧气供应和医疗保障，确保人员的身体健康。高海拔地区的气候寒冷，需要采取保温措施。在物资运输过程中，可以使用保温箱或保温袋来保持物资的温度。同时，还可以使用保温材料对运输车辆进行保温处理，以防止物资在运输过程中受到低温的影响。

2．物资储备保障

针对高海拔地区的气候条件恶劣和交通不便的情况，需要提前做好物资储备和运输计划的制定。物资储备要充足，包括食品、药品、燃料等，以应对突发情况。运输计划要合理，根据天气、地形等因素，合理安排运输路线和时间，确保物资的及时运输。

3．交通保障和安全保证

针对高海拔地区的地势险峻，需要采取安全措施。在高海拔地区，道路崎岖不平，存在着较大的交通安全隐患。因此，在物资运输过程中，需要加强车辆的维护和保养，确保其在险峻的地形条件下能够正常行驶。同时，还需要加强驾驶员的培训，提高其应对复杂地形的能力。高海拔地区的交通不便，需要采取交通保障措施。在高海拔地区，由于地理条件的限制，交通运输往往比较困难。因此，可以采用多种交通方式，如陆路、空运和水运相结合的方式，以确保物资能够及时到达目的地。同时，还可以在高海拔地区建设临时的运输基地，以便于物资的集散和转运。

综上所述，针对高海拔地区的特殊环境和地理条件，保障后勤物资运输需要采取一系列的针对性措施，包括保温措施、氧气供应措施、安全措施和交通保障措施。通过采取这些措施，可以有效地应对高海拔地区的特殊环境和地理条件，确保后勤物资运输的顺利进行。在实际操作中，还需要根据具体情况进行灵活调整和改进，不断提高后勤物资运输的效率和安全性。只有通过这些措施的综合应用，才能够确保高海拔地区后勤物资运输的顺利进行。

第五章 高海拔地区电网运行维护

随着我国高海拔地区电网工程的不断发展，越来越多的工程已经深入到自然环境恶劣、高山峻岭遍布的人烟稀少地区或者无人区，加上高海拔固有的低氧、强辐射、干燥、交通困难等叠加因素，给电网工程的运行维护提出了更高的要求。运维单位应始终贯彻“安全第一、预防为主、综合治理”的方针，严格执行电力安全工作规程的有关规定，并制定针对性的运维策略，保证运维人员的人身安全及电网工程本体的安全运行。

第一节　输电线路运行维护

一、基本策略

运行维护单位应积极采用先进技术，实行科学管理，不断总结运行经验、积累资料、掌握规律，保证线路安全运行。主要基本策略如下：

（1）运维单位应根据线路的运行经验和特点，按照《架空输电线路运行状态评估技术导则》（DL/T 1249—2013）、《架空输电线路状态检修导则》（DL/T 1248—2013）的要求，适当延长状态检修工作周期。

（2）应以国家电网公司最新版《供电企业劳动定员标准》为依据，充分考虑高海拔无人区人工降效严重的实际，适当增加运维检修人员数量。

（3）应建立高海拔无人区输电线路运检人员准入制度，做好岗前培训及身体检查，确保人员能够满足高海拔输电线路的基本运维要求。

（4）巡检站生活保障设施、设备和物资应适应高寒、高海拔地区的自然环境，应具有防晒、防寒特性以及简单、轻量、经久耐用的特点。

（5）应在巡检站配备充足的日常运检装备、事故备品、照明设备及通信工具等物资。运检装备应具备简单、轻量、耐用等特点，适应高海拔、无人区的环境。

（6）应积极应用直升机、无人机、在线监测装置以及机器人巡检等新技术、新设备。开展机器代人及协同巡检工作，降低高海拔输电线路人工巡视劳动强度。

（7）直升机巡检、无人机巡检区段应有符合航空规定的航巡标志。

（8）对于高海拔无人区线路巡视困难区段，运维单位应加强巡视便道维护，必要时修建运维保障点，逐步改善运维条件。

（9）应根据高海拔无人区线路的运行环境、气候特点制定相应的应急抢修预案，经本单位主管生产的领导（总工程师）批准后实施，并定期开展演练。

（10）线路发生故障跳闸，重合不成功的，应排除可能引发山火等造成事故扩大的因素后，方可试送。

二、生产准备

运维单位应参与高海拔无人区线路的规划、可行性研究、路径选择、设计审核、杆塔定位、材料设备的选型及招标等全过程管理工作，秉承提升设备质量、减免维护工作量、保障设备稳定运行的原则，提出要求和建议。生产准备阶段主要安全策略如下：

（1）在可研及设计阶段，线路路径应尽量避免通过坡度较陡的高原山脉、冻土区域及不良地质区域。森林区域宜采用高跨设计。

（2）在可研及设计阶段，应充分考虑巡视道路和后期运维必要的设施设备，如巡检站、直升机停机坪等。

（3）在初步设计阶段，应充分考虑高海拔无人区线路在线监测装置的数量、种类及数据传输通道等，提前做好安装规划。

（4）在工程建设阶段，运维单位应适时介入线路工程的施工建设等各个环节。

（5）工程竣工验收后，运维单位应及时派专人负责高海拔无人区线路的技术资料、备品备件以及专用工具的交接。

（6）运维单位应健全运维管理制度，收集高海拔、无人区线路设备及运维相关资料，做好技术储备工作。线路启动投运前，运维单位应对线路进行全面巡视检查。试运行期间运维单位应重点对涉鸟故障区、冻土区及冬季覆冰区等特殊区段开展特殊巡视工作，实时掌握线路投运情况。

（7）应建立运维人员健康管理档案，做好进出高海拔区域运维检修人员的习服、脱习服工作，并配置相应的个人劳动防护用品。

（8）运维单位应做好新建工程的备品备件管理，部分地势环境险恶、交通困难的塔位应做到一塔一备。

三、巡视管理

（1）应明确每个巡线员的巡视范围、内容和要求，不得出现遗漏段（点），通过有效手段检查巡视到位率。

（2）线路巡视人员，可根据实际需要进行带电登杆（塔）检查，重点对导线、绝缘子、金具、附属设施的完好情况进行全面检查。

（3）线路巡视应由熟悉该区段地理环境且身体状况良好的人员担任，应做好运维人员的定期轮换、轮休工作。

（4）每个巡视小组人员不得少于 2 人，巡视人员必要时可携带 GPS 巡视仪、卫星电话、对讲机、急救包和必要的安全防护用具，确保人身安全。在猛兽出没等易发生人身伤害的区域巡视时，具备条件的运维单位可聘请地方人员协同巡视。

（5）安装在线监测装置的区段应适时安排人员开展后台巡检工作。

（6）应开展直升机、无人机与人工巡检的协同巡检工作。航巡工作应满足所处空域管理相关要求，遵循飞行器相关技术规程。

（7）人工巡视工作应结合天气特点，合理安排进场时间，尽量避开雷雨季节和大雪等恶劣天气。

（8）线路巡视尽量避免野外露宿，应在特殊区域合理设置线路运维保障点。

四、缺陷管理

（1）应建立完整的线路缺陷管理体系，做好缺陷记录，定期进行统计分析，形成责任分明的闭环管理。

（2）线路的各类缺陷按其严重程度，分为危急缺陷、严重缺陷和一般缺陷三个级别，不同级别设备缺陷的处理时限，应符合如下要求。

1）“一般缺陷”的处理，不宜超过 1 个检修周期。

2）“严重缺陷”的处理，一般不得超过 1 个月，对于交通困难的特殊区段或冬季大雪封山时，可延长至 3 个月。

3）“危急缺陷”的处理，一般不得超过 24 小时，对于交通困难的特殊区段或冬季大雪封山时，运维单位应尽快采取防治或避险措施。

五、检修管理

（1）检修应遵循“应修必修，修必修好”的原则，按照《架空输电线路运行状态评估技术导则》（DL/T 1248—2013）的要求开展状态检修，检修项目和周期应按照《架空输电线路状态检修导则》（DL/T 1249—2013）的方法进行输电线路运行状态的评估，并依据状态评估结果和反事故措施确定。

（2）检修工作应根据设备状况、季节特点和电网要求安排，在恶劣天气到来前及时落实各项反事故措施，确保人员和线路设备安全。

（3）检修时，在缺陷处理之外应对线路各部件进行检查，并及时做好现场检查记录。

（4）检修工作应遵守有关检修工艺要求及质量标准。更换部件（如铁塔、横担、导线、地线、绝缘子等）后，新部件应符合设计要求。

（5）应建立健全抢修机制。抢修工作应在保证人身安全的前提下开展，严禁冒险作业。

（6）应在管理、技术等各项条件均已具备的前提下，积极稳妥开展带电作业。

（7）应加强设备状态评级，积极开展状态检修工作。

六、特殊运行区段管理

1．冻土区段

（1）应掌握线路路径区域的多年冻土及季节性冻土情况，划分冻土特殊区段，制定冻土区域线路的特殊运维方案。

（2）应加强冻土区段的巡视工作，巡视过程中密切关注铁塔基础上方或线路保护区内是否有取土、水土流失等情况。

（3）应对基础热棒的埋深、倾斜度、热棒翅片进行检查，并定期用热电偶测试热棒的启动性能，确保热棒正常运行。

（4）应根据线路季节性特点、设备的实际状况，合理安排冻土基础沉降观测、杆塔倾斜观测、基础顶面高差变化观测等检测工作。

（5）应通过长时间的持续观测，积累观测数据，分析铁塔基础运行状况，制定针对性的运维策略，确保冻土区输电线路安全运行。

2．盐湖、地热源区段

（1）盐湖、地热源附近的线路外绝缘应“配置到位、留有裕度”。

（2）盐湖、地热源附近的线路要重点关注绝缘子表面积污情况，必要时开展夜巡工作。

（3）盐湖、地热源附近的线路要通过加大爬电比距，涂刷 RTV 涂料等方式提高防污水平。

（4）污闪季节前，应逐基确定污秽等级、检查防污闪措施的落实情况。污秽等级与统一爬电比距不相适应时应及时调爬、调整绝缘子类型或采取其他有效的防污闪措施。零（低）值绝缘子、憎水性失效的复合绝缘子应及时更换。

（5）防污清扫工作应根据污秽度、积污速度、气象变化规律等因素确定周期，及时安排清扫，保证清扫质量。

（6）应建立特殊巡视责任制，在恶劣天气时进行现场特巡，发现异常及时分析并采取措施。

3．重覆冰区段

（1）处于重冰区的线路要进行覆冰观测，有条件或危及重要线路运行的区域要建立覆冰观测站，研究覆冰性质、特点，制定反事故措施。

（2）经实践证明不能满足重冰区要求的杆塔型式、绝缘子串型式、导线排列方式应有计划地进行改造或更换，做好记录，并提交设计部门在同类地区不再使用。

（3）具备融冰条件的重冰区线路应有完善的融冰方案，覆冰季节前应对线路进行全面检查，对融冰装置进行检查和试验，并及时开展融冰演练，确保必要时能投入使用。当线路覆冰满足融冰条件时，应及时进行融冰。

（4）覆冰季节应加强巡视和现场观冰工作，做好覆冰和气象观测记录。应通过观冰站模拟导线覆冰情况、现场植被覆冰情况等综合判断线路覆冰厚度，结合在线监测、天气情况等综合分析覆冰发展趋势，必要时应提前启动融冰工作。

七、劳动强度管理

（1）根据各项作业的劳动强度及海拔对劳动力降效影响，将运维检修的劳动强度分为五个级别。Ⅰ级 - 轻劳动、Ⅱ级 - 中等强度劳动、Ⅲ级 - 重强度劳动、Ⅳ级 - 很重强度劳动、Ⅴ级 - 极重强度劳动。分级情况见表 5-1。

表 5-1 运维检修各项作业劳动强度分级

作业内容	劳动强度级别
生产管理	Ⅰ级
库房管理	Ⅱ级
线路巡视	Ⅲ级
检修作业（地面）	Ⅳ级
检修作业（高空）	Ⅴ级

（2）宜根据劳动强度和海拔做好工作人员作业时间管理。高海拔无人区巡视时，负重不宜超过自身体重 20 公斤，步行速度宜按照上表推荐速度，每日最大行程不宜超过 25km。在海拔 3000m 以上高原坡度每增加 5°，适宜行走速度递减约 0.5km/h。具体见表 5-2。

表 5-2 高海拔无人区线路运维检修工作劳动强度管理

作业内容	强度等级	海拔（m）	日作业时间（h）	备注
线路巡视	Ⅲ级	2000～3000	7	适宜行走速度 3.5～4.0（km/h）
线路巡视	Ⅲ级	3000～4000	6	适宜行走速度 3.0～3.5（km/h）
线路巡视	Ⅲ级	4000 以上	5	适宜行走速度 2.5～3.0（km/h）
检修作业（地面）	Ⅳ级	2000～3000	7	不宜连续工作超过 4 个小时
检修作业（地面）	Ⅳ级	3000～4000	6	不宜连续工作超过 3.5 个小时
检修作业（地面）	Ⅳ级	4000 以上	5	不宜连续工作超过 3 个小时
检修作业（高空）	Ⅴ级	2000～3000	6	不宜连续工作超过 4 个小时
检修作业（高空）	Ⅴ级	3000～4000	5	不宜连续工作超过 3 个小时
检修作业（高空）	Ⅴ级	4000 以上	4	不宜连续工作超过 2.5 个小时

第二节 变电站运行维护

一、设备巡视管理

设备巡视包含例行巡视、全面巡视、熄灯巡视、专业巡视及针对高海拔地区的特殊巡视。

（1）例行巡视是指对站内设备及设施外观、异常声响、设备渗漏、监控系统、二次装置及辅助设施异常告警、消防安防系统完好性、变电站运行环境、缺陷和隐患跟踪检查等方面的常规性巡查，具体巡视项目按照现场运行通用规程和专用规程执行。高海拔地区变电站巡视可视情况增加频次。

（2）全面巡视是指在例行巡视项目基础上，对站内设备开启箱门检查，记录设备运行数据，检查设备污秽情况，检查防火、防小动物、防误闭锁等有无漏洞，检查接地引下线是否完好，检查变电站设备厂房等方面的详细巡查。全面巡视和例行巡视可一并进行。高海拔地区变电站巡视可视情况增加频次。

（3）熄灯巡视指夜间熄灯开展的巡视，重点检查设备有无电晕、放电，接头有无过热现象。

（4）专业巡视指为深入掌握设备状态，由运维、检修、设备状态评价人员联合开展对设备的集中巡查和检测。高海拔地区变电站巡视可视情况增加频次。

（5）特殊巡视指因设备运行环境、方式变化而开展的巡视。遇有以下情况，应进行特殊巡视：大风后；雷雨后；冰雪、冰雹后、雾霾过程中；新设备投入运行后；设备经过检修、改造或长期停运后重新投入系统运行后；设备缺陷有发展时；设备发生过负载或负载剧增、超温、发热、系统冲击、跳闸等异常情况；法定节假日、上级通知有重要保供电任务时；电网供电可靠性下降或存在发生较大电网事故（事件）风险时段。

二、设备防风管理

（1）应根据本地区气候特点和现场实际，制定相应的变电站设备防风预案和措施。

（2）大风前后，应重点检查设备引流线、设备防雨罩、避雷针、绝缘子等是否存在异常；检查屋顶和墙壁彩钢瓦、建筑物门窗是否正常；检查户外堆放物品是否合适，箱体是否牢固，户外端子箱是否密封良好。

（3）每月检查和清理设备区、围墙及周围的覆盖物、漂浮物等，防止被大风刮到运行设备上造成故障。

（4）有土建、扩建、技改等工程作业的变电站，在大（台）风来临前运维人员应加强对正在施工场地的检查，重点检查材料堆放、脚手架稳固、护网加固、临时孔洞封堵、缝隙封堵、安全措施等情况，发现隐患要求施工单位立刻整改，防止设施机械倒塌或者坠落事故，防止雨布、绳索、安全围栏绳吹到带电设备上引发事故。

三、设备防寒管理

（1）根据本地区的气候特点和现场实际，制定相应的变电站设备防寒预案和措施。

（2）秋冬交季前、气温骤降时应检查充油设备的油位、充气设备的压力情况。

（3）对装有温控器的驱潮、加热装置应进行带电试验或用测量回路的方法进行验证有无断线，当气温低于5℃或湿度大于75%时应复查驱潮、加热装置是否正常。

（4）根据变电站环境温度及设备要求，检查温控器整定值，及时投、停加热装置。

（5）冬季气温较低时，应重点检查开关机构箱、变压器控制柜和户外控制保护接口柜内的加热器运行是否良好、空调系统运行是否正常，发现问题及时处理，做好防寒保温措施。

（6）变电站容易冻结和可能出现沉降地区的消防水、绿化水系统等设施应采取防冻和防沉降措施。消防水压力应满足变电站消防要求并定期检查，最低不应小于0.1MPa；绿化水管路总阀门应关闭，下级管路中应无水，注水阀应关闭。

（7）检查设备室内采暖设施运行正常，温度在要求范围内。

四、防沙尘灾害管理

（1）每年风沙季来临之前，应认真做好设备室、机构箱、端子箱、汇控柜、智能柜的密封措施，必要时安装防尘罩。

（2）定期检查变电站箱（柜）体的密封情况，对损坏的应及时更换密封胶条。

（3）沙尘情况严重时应避免室外施工作业，及时清理、固定设备区漂浮物。

（4）风沙尘过后，应根据情况及时进行设备清扫维护工作。

五、设备检修管理

（1）检修准备，检修班组应根据高海拔地区特点制定有针对性的检修策略。

（2）检修计划一经批准，检修单位应在检修前做好检修计划的落实，组织开展检修前勘察，落实人员、机具和物资，完成检修作业文本编审。

（3）为全面掌握检修设备状态、现场环境和作业需求，检修工作开展前应按检修项目类别组织合适人员开展设备信息收集和现场勘察，并填写勘察记录。勘察记录应作为检修方案编制的重要依据，为检修人员、工机具、物资和施工车辆的准备提供指导。

（4）检修前应按以下要求做好相关人员准备：

1）不安排有高原反应或有其他影响高海拔工作的病症的人员参与检修。

2）检修计划下达后，检修单位应指定具备相关资质、有能力胜任工作的人员担任检修工作负责人、检修工作班成员和项目管理人员；

3）特殊工种作业人员应持有职业资格证；

4）外来人员应进行安规考试，考试合格，经设备运维管理单位认可后，方可参与检修工作；

5）检修工作开始前，应组织作业人员学习和讨论检修计划、检修项目、人员分工、施工进度、安全措施及质量要求。

（5）检修前应按以下要求做好相关工机具准备：

1）根据高海拔特点，检查工器具准备情况，特别检查气压、液压设备的性能，作业车辆高海拔地区的工作性能。

2）检修前，检修单位应确认检修作业所需工机具、试验设备是否齐备，并按照规程进行检查和试验。

3）检修单位应提前将检修作业所需工机具、试验设备运抵现场，完成安装调试，分区定置摆放。

4）检修机具应指定专人保管维护，执行领用登记制度。

（6）检修前应按以下要求做好相关物资准备：

1）检修计划下达后，检修单位应指定专人负责联系、跟踪物资到货情况，确保物资按计划运抵检修现场。

2）检修物资应指定专人保管，执行领用登记制度。

3）易燃易爆品管理应符合《民用爆炸物品安全管理条例》《爆破安全规程》等相关规定。

4）危险化学物品管理应符合《危险化学品安全管理条例》等规定。

5）除常规物资准备，还应准备氧气瓶、高反药物等应对高海拔地区工作。

六、设备检测管理

（1）检测工作分为停电试验和带电检测两类。带电检测指设备在运行状态下，采用检测仪器对其状态量进行的现场检测；停电试验指需要设备退出运行才能进行的试验。

（2）检测准备。第三十七条检测计划下达后，运检单位应分解任务到班组，明确工作负责人、监护人与工作组成员，落实仪器、工器具，明确具体检测时间和项目。

（3）人员准备。

1）作业人员身体状况和心理状态应能满足高海拔地区工作。

2）工作负责人、监护人应是具有相关工作经验，熟悉设备情况和《安规》，经本单位生产领导书面批准的人员。工作负责人还应熟悉工作班组成员的工作能力。

3）工作组成员应熟悉工作内容、工作流程，掌握安全措施，明确工作中的危险点，并履行确认手续；严格遵守安全规章制度、技术规程和劳动纪律，对自己在工作中的行为负责，互相关心工作安全，并监督本部分的执行和现场安全措施的实施；能正确使用安全工器具和劳动防护用品。

4）外协人员应熟悉《安规》并考试合格，且经设备运维管理单位认可。

（4）工器具准备。

1）工器具在满足工作要求的情况下，还应针对高海拔地区进行专门的验证，保证工器具满足工作要求。

2）检测前一天，工作负责人应确认检测工器具是否完好、齐备，是否在校验有效期内。

3）检测工器具应指定专人保管维护，执行领用登记制度。

（5）检测实施。

1）开工前，工作负责人应做好技术交底和安全措施交底。

2）开工后，工作负责人组织实施，做好现场安全、技术和结果控制。

3）班组成员严格按照仪器设备操作规范、标准作业卡进行现场检测，检测现场应无杂物，使用的工器具、材料应摆放整齐有序；及时排除检测方法、检测仪器以及环境干扰问题。

4）及时、准确记录保存试验数据、检测图谱。

第三节　高海拔地区电网应急抢修

一、环境对电网应急抢修的影响

高海拔地区电网应急抢修是指在高海拔地区，如西藏、青海、四川藏区等，在发生电网故障、停电等紧急情况时，及时进行抢修和恢复供电的工作。高海拔地区由于地理环境复杂，气候条件恶劣，通信和交通不便等因素，电网抢修工作面临诸多困难。因此，高海拔地区电网应急抢修需要采取一系列措施来提高工作效率和安全性。首先，应建立健全高海拔地区电网应急抢修组织架构，明确各部门职责和权限。同时，要建立和完善应急抢修预案，明确抢修流程、应急措施和工作要求，确保在发生故障时能够迅速响应和展开抢修工作。其次，要加强高海拔地区电网设备的巡视检查和维护保养工作，及时发现并排除潜在故障隐患，减少故障发生的可能性。同时，要定期进行设备维修和更新，提高设备的抗干扰能力和稳定性。另外，要加强高海拔地区电网抢修人员的培训和技能提升。抢修人员应具备良好的专业技能和应急处置能力，熟悉各类设备和故障处理方法，能够迅速有效地排除故障，保证电网的正常运行。此外，在高海拔地区电网应急抢修过程中，还要充分利用现代化通信技术和设备，提高抢修效率。例如，可以使用卫星通信、移动通信等手段，加强与相关部门的协调和信息传递，提高抢修效率和反应速度。

总之，高海拔地区电网应急抢修是一项复杂而重要的工作，需要各方的密切合作和充分准备。通过科学的组织、合理的安排和有效的措施，能够提高抢修效率，恢复供电，确保人民群众的正常生活和工作。

二、高海拔典型灾害

高海拔地区气象灾害十分频繁，灾害种类甚多，造成损失十分严重。统计近 12 年西藏出现气象灾害种类共有 13 种，分别有地震、雪灾、风灾、强降温、雨雪冰冻、洪涝、扬沙、雷灾、雹灾、雪崩、森林草场火灾、旱灾和霜灾。其中洪涝、雹灾、雪灾、风灾最为常见，分别占总灾害的 45%、19%、11%、7%。

1．洪涝灾害时空分布

从空间尺度分析，江孜、尼木、贡嘎、隆子、波密和察隅洪涝频繁。西藏年平均降水量东多西少，雅江河谷一带是主要社会活动区，与主要的洪涝区域接近。同时 1961～2010 年间西藏西部、北部和东南部极端降水事件出现频数呈减少趋势，而沿江一线、南部和东北部极端降水事件出现增多趋势，年平均降水量和极端降水事件都与洪涝密不可分。从时间尺度来看，3～9 月份都有发生洪涝灾害。其中 6、7、8 月灾害频繁，7 月尤为明显，占总灾害的 41%。

2．雪灾的时空分布

在西藏，雪灾范围很广，近 12 年主要出现在普兰县、札达县、吉隆县、聂拉木县、亚东县、定日县和吉隆县等沿喜马拉雅山脉地区。从出现雪灾的时间尺度来看，10 月至次年 5 月都有发生雪灾。其中，1、2、3 月雪灾频繁，2 月份雪灾最多，占总灾害的 43%。

3．雪崩时空分布

近 12 年里发生 10 次雪崩，分别在普兰县、吉隆县、聂拉木县、丁青县、八宿县、波密县和察隅县。雪崩主要出现在常年有积雪且海拔落差较大区域，比如沿喜马拉雅山脉区域，普兰县、吉隆县、聂拉木县、丁青县、波密县、八宿县、察隅县发生过雪崩灾害，其中八宿和察隅相对频繁。从时间尺度上看，雪崩一般发生在两个时段，分别为 2～3 月和 5～7 月。其中 2 月和 3 月分别占总灾害的 40% 和 20%。

4．风灾时空分布

风灾主要出现在高海拔山区，革吉县、改则县、普兰县、昂仁县、定日县、拉孜县、聂拉木县、亚东县和班戈县等。其中亚东县和改则县风灾频繁。2 月份占总灾害的

51%，大风大多发生在春冬季节高海拔区域，伴随着降雪、降温、吹雪，可造成牲畜抵抗力下降，雪盲、迷路等灾害，还有盛夏午后至傍晚伴随雷雨的局地短时阵风，它具有破坏力大、突发性强的特点。

5．雹灾时空分布

雹灾有明显的季节性，主要出现在昂仁县、定日县、拉孜县、桑珠孜区、江孜县、尼木县、林周县、贡嘎县、浪卡子县、琼结县、隆子县、加查县等，其中贡嘎县和浪卡子县最为频繁。上述地区河流湖泊分布多，白天地表面加热不均匀，昼夜温差大等有利于出现对流天气。从时间尺度上看，集中在5～9月。其中，7月和8月最多，占总灾害的36%和32%。

6．雷灾时空分布

雷灾主要出现在安多、索县、丁青、定日、拉孜、江孜、加查和隆子，其中索县较频繁。从时间尺度来看集中出现在5～9月。其中，6月份占总灾害的32%，其余月份为14%～18%。

7．森林草原火灾时空分布

森林草原火灾是指在时间和空间上失去人为控制，自由蔓延扩展，对森林草原生态系统和人类带来危害和损失的灾害。近12年内共有12个县发生森林草原火灾，分别为察隅县、波密县、巴宜区、芒康县、朗县、定日县、工布江达县、类乌齐县、当雄县、索县、嘉黎县和普兰县，其中，察隅县、波密县、巴宜区县较频繁。从时间尺度上看，除4、9、10月以外，每月均有灾害发生。其中1、2、3、11月相对较多。

8．霜冻灾害时空分布

西藏霜冻灾害很少，主要出现在类乌齐县、乃东县、米林县、波密县。从时间分布来看，主要出现在4、5、8月。其中，4月明显多于其他月份，占总灾害的60%。

9．旱灾时空分布

旱灾主要出现在拉孜、尼木、曲水、墨竹工卡、贡嘎、巴宜区、洛隆和芒康。旱灾6月最多，占总灾害的55%，主要集中在中部河谷地带农区，该区域蒸发量大，气温回升快，土壤含水量迅速下降而易造成旱灾。

三、西藏自治区应急管理现状

1．应急管理体系不断健全

自治区层面，按照《西藏自治区机构改革方案》和《关于西藏自治区机构改革的实施意见》相关要求，自治区、市（地）、县（区）三级应急管理部门组建完成，各级应对突发事件的应急指挥部逐步建立，自治区公安消防部队和武警森林部队转制完成，统一指挥、专常兼备、反应灵敏、上下联动的应急管理体制初步形成。自治区、市

（地）、县（区）三级部门联动机制进一步完善，军地协调、资源共享、巨灾保险、财政补贴、社会参与科技支撑等保障机制初步建成。《西藏自治区抗旱条例》《西藏自治区安全生产工作考核办法》《西藏自治区安全生产党政同责实施办法》等地方性法规和政府规章逐步制定完善，《西藏自治区应急总体预案（试行）》修订完成，全区应急管理法制和预案体系框架基本形成。

国网西藏电力有限公司层面，已形成包括公司总体预案、专项预案的“1+26”应急预案体系，成立区、市、县三级一把手为组长的应急领导机构，同时建立涵盖人员、物资、装备、车辆、专家等关键要素的“131”应急响应体系［即一个体系（应急领导小组），三个图表（应急队伍人员在岗情况表、应急物资、装备表），一个专家队伍（本单位应急专家）］，实行区市公司两级联合应急指挥中心 365 天 24 小时全时段联合值班，一旦发生突发事件随时启动联合会商、联合指挥机制，确保平战迅速转换和各类突发事件的有效应急应对。

2. 防灾减灾能力明显增强

自治区层面，应急指挥一张图、防汛抗旱预警平台投入使用，区、市（地）、县（区）、乡（镇）、村（社区）五级灾害信息报送体系构建完成，灾情预警和信息上报机制进一步完善，以中央级、自治区级救灾物资储备库为中心，市（地）级县（区）级救灾物资储备库为支撑，乡（镇）级救灾物资储备点为补充的五级救灾物资储备体系基本建成。全区挂牌应急避难场所 140 余个，可容纳 37 万人以上，应急避难场所覆盖面进一步扩大。开展全区第一次全国自然灾害综合风险普查，推进中小河流治理、地质灾害防治、农村危房改造、地震易发区房屋加固、移民搬迁等一批重点工程项目。“十三五”时期，全区自然灾害受灾人次、年均每十万人受灾人次呈现下降趋势。

国网西藏电力有限公司层面，强化新一代应急指挥系统（SG-ECS）与常态化应急值班相结合，实现地震灾害防范应对应急全过程线上管理，实现资源调配全感知、灾损恢复全实时、现场视频全接入、地图展示全方位目标。同时推进西藏公司电力气象服务平台研究建设工作，加强与西藏自治区气象局、国网南瑞等单位的深度合作，促进电力气象数据在公司安监、设备、调度等专业共建共治共享，推进气象数据与电网业务深度融合、统一发布，提升公司气象地质灾害服务的精准性、专业性和时效性。

3. 应急救援能力显著提升

“十三五”时期，西藏自治区层面加快构建以国家综合性消防救援队伍为主力、专业救援队伍为协同、军队应急力量为突击、社会力量为辅助的应急救援力量体系。依托西藏自治区消防救援总队和下设支队、大队消防救援站，初步形成总队、支队、大队、消防救援站四级消防指挥体系，组建了西藏自治区消防救援总队机动支队和国家高山救援拉萨大队。巨龙铜业矿山救援队华泰龙公司矿山救援队等专业救援队伍快速发展。红十字会、医疗机构、青年志愿者协会，以及蓝天救援队、拉萨雪鹰航空公司等社会应急力量进一步壮大。有效应对了金沙江白格堰塞湖，成功处置了墨脱县 6.3 级地震、尼玛县 6.6 级地震、林芝市“4·14”森林火灾，经受住了一次又一次严峻的考验。

国网西藏电力有限公司层面，已建立覆盖发电、供电、支撑单位 17 家，共计 459 名成员的应急基干救援队伍以及涵盖 191 名成员的应急基干专家库。常态化开展年度应急培训、区内外应急拉练和应急演练，一方面主动担当自治区“应急使命·西藏 2023”抗震救灾实战化演习任务，受到自治区领导充分肯定，另一方面，积极搭建西南区域应急交流平台，巧用“引进来 + 走出去”方式拓宽公司应急队伍眼界。

四、高海拔地区电网抢修装备

高海拔电网抢修装备是专门用于高海拔地区的电网抢修的装备，主要包括以下几种。

户外装备：包括登山靴、冲锋衣、冲锋裤、抓绳、安全帽、护目镜等，用于登高作业。

抢修工具：包括绝缘手套、绝缘棍、绝缘垫、电气测量仪器等，用于电网的检修和维护。

电力设备：包括便携式电源、发电机、电缆、接线板等，用于提供电力供应。

通信设备：包括对讲机、移动通信设备、卫星电话等，用于与指挥中心和其他队员进行沟通。

医疗急救装备：包括急救包、氧气瓶、担架等，用于应对紧急情况下的医疗救护。

特殊工具：根据具体情况，还可能需要使用一些特殊的工具，如无人机、无线摄像头等，用于侦察和监测。

高海拔电网抢修装备的选择和使用要根据具体的地形条件和作业要求进行合理的配置，以确保在高海拔地区进行电网抢修工作的安全和高效。

目前，国网西藏电力有限公司已按照国家电网有限公司应急救援基干分队管理规定有关要求，配置了包含应急电源、照明类，应急通信类，运输车辆类，单兵装备类、医疗救护类、应急综合类以及后勤保障类等基础应急救援装备，基本满足高海拔电网应急抢修要求。

五、备品备件准备

在高海拔电网抢修过程中，备件的准备和储备是非常重要的，能够提高抢修效率，减少故障恢复的时间。为了保证备件的及时供应，电力单位通常会建立备件储备中心或与供应商建立长期合作关系，以保证电网的正常运行和快速抢修。高海拔地区常见的电网抢修备品备件包括：

断路器和开关的备件：如触头、触头弹簧、触头保险套等。

绝缘子的备件：如绝缘子帽、绝缘子串、绝缘子螺丝等。

电缆和导线的备件：如电缆连接头、电缆护套、电缆压接头等。

支撑和固定设备的备件：如杆塔螺栓、杆塔接地线、杆塔顶部防护器等。

传感器和测量设备的备件：如电流互感器、电压互感器、测量仪表的传感器模块等。

通信设备的备件：如对讲机电池、话筒、耳机等。

保护设备的备件：如保护继电器、故障录波器、TA 和 TV 等。

国网西藏电力有限公司依托通过新一代应急指挥 ECS 系统中的“物资管理模块”，能够第一时间调取西藏周边应急物资仓储地理信息和备品备件明细，确保电网抢修过程中备品备件得到及时供应。

六、针对性保障措施

（1）加强设备维护：对电网设备进行定期检修和维护，确保设备的正常运行，减少故障发生的可能性。

（2）增加备用设备：由于高海拔地区环境严苛，设备故障率较高，因此在高海拔地区加强备用设备的配置，保证在设备出现故障时能够及时更换，减少停电时间。

（3）强化人员培训：在高海拔地区建立专业化的抢修团队，对抢修人员进行专业技能培训，提升其对高海拔环境的适应能力和操作技能。

（4）研制专用工具和设备：针对高海拔地区特殊的地理环境和气候条件，配备适用于高海拔地区的特殊工具和设备，提高抢修效率。

（5）加强应急准备：建立健全的应急预案和应急机制，对可能出现的抢修情况进行充分的预判和准备，确保能够在最短时间内进行抢修和恢复供电。

（6）做好安全保障：在高海拔地区电网抢修过程中，要加强安全意识，配备必要的安全装备和防护设施，确保抢修人员的安全。

（7）加强与当地政府和社区的合作：建立紧密的合作机制，与当地政府和社区保持良好的沟通和合作，形成抢修合力，提高抢修效率和保障供电质量。

总体来说，高海拔地区电网抢修保障措施需要综合考虑地理环境、气候条件和设备特性等因素，采取一系列针对性的措施，确保在设备故障发生时能够及时响应并迅速恢复供电。

第六章 高海拔地区电网运行安全风险防控

高海拔地区由于其特殊的地质、水文、气象、自然环境等因素，电网工程在长年累月的运行过程中，也出现了具有地域性的安全运行事件或者故障。编写组对近些年高海拔地区（主要是西藏地区）的电网工程开展了大量的调研工作，通过对收集到的调研资料、工程安全事件或故障的典型案例进行较为详尽的梳理和分析得知，高海拔地区电网运行安全事件或故障主要是鸟害导致，当然在地质、微气象、微地形、风偏闪络、覆冰跳闸、雷击跳闸等方面也存在一些故障，通过对这些故障和安全事件的分析评价，本文也提出来相关应对措施。

第一节　地质、微气象、水文灾害防控

一、地质类灾害防控

高海拔输电线路距离长、跨越区域广、地质与地形条件复杂、地基土物理力学性质差异大，塔基的安全一方面依存于地基岩土体的稳定，另一方面受地质环境影响很大。地质环境包括水环境条件、岩土介质条件、生态环境等，随着基础加载、施工开挖等外界扰动，地质环境条件发生改变，可能影响塔基的安全。由于高海拔线路基础的研究比较薄弱，科研成果和技术储备相对不足，需要结合已有工程，从不良地质作用、构造断裂影响、特殊土的分布及其特性、施工过程及方案、杆塔基础稳定性监测等方面提出关于高海拔地区电网工程岩土勘察的建议和风险防控措施。

1. 不良地质作用潜在风险及防控

潜在风险：高海拔地区，尤其是高海拔山区沟谷深切，谷坡陡峻，地质断裂、褶皱构造发育，地震活动强烈，岩体风化程度深，岩体破碎，松散覆盖层厚度大、分布广，地质环境复杂脆弱，加之部分地区季节性降雨量大、寒冻风化与冻融等作用交替，内外因素叠加形成地质灾害高易发区，对输电线路本质安全提出了很高的要求。

防控措施：高海拔山区不良地质作用受众多因素的影响，其发生、发展的随机性很大，具有分散性、隐蔽性，工程前期仅靠地质调查与搜资手段难以满足甄别、排查、

识别、评价的目的，应采用全路径遥感和不良地质作用专题研究，及早发现影响路径安全的风险点、隐患面，采取避让、优化，提出治理与加固方案。全路径综合地质遥感和不良地质作用专题研究一般在可研和初步设计等阶段进行。

2. 构造断裂潜在风险及防控

潜在风险：高海拔地区尤其藏中及藏东南地区，属于板块运动最剧烈、断裂发育最密集、断裂活动最强烈的地区之一，有雅鲁藏布江深断裂带、班公湖—怒江深断裂带、澜沧江深断裂带、金沙江—红河深断裂带等，主断裂带两侧具有隐伏断裂。区域性的主断裂带控制着水系的发育、地貌的格局、岩体的形成等，这些区域地震活动性强，地震等级高，地震基本烈度高，地震效应明显，属于抗震不利和危险地段，对输电线路塔基基础影响较大。

防控措施：需开展地震安评工作，查清断裂位置、宽度、长度、延伸方向等基本要素，评价断裂的活动性，分析断裂与线路路径、塔位的位置关系，采取跨越、地基处理、抗震等措施。对于抗震等级要求高的线路，在线路途经活动断裂发育区段时，应进行地震安评工作。

3. 特殊土的风险

潜在风险：高海拔地区岩土种类多、分布广，主要分布有多年冻土、风积砂、软土、盐渍土和碎裂岩体等特殊类岩土，其工程性能决定塔基的地基处理方案和基础型式，特殊类岩土对输电线路的危害主要是弱化和恶化基础持力层，容易引起基础发生水平、竖向变形，进而导致上部塔基发生倾斜、隆起、倾覆等后果。特殊类土中，尤其是多年冻土和碎裂岩对工程的危害更大，多年冻土引发潜在问题多在高海拔高平原地区、或山体坡脚等相对背阴位置，碎裂岩体主要分布在高海拔深切高山峡谷地区，对这两类特殊岩土应开展专门研究。

防控措施：高海拔地区的特殊土需要在前期进行辨识及初步查明，在施工图阶段应针对杆塔具体位置进行详细查明。对于认识性不足的特殊性土，如多年冻土、碎屑岩等必要时应开展专题研究。

4. 施工弃土潜在风险

潜在风险：高海拔地区基础开挖和塔基降基将产生大量施工弃土，弃土处置不当将对塔基的稳定性产生影响。弃土处置不当引发的次生灾害主要有诱发地表冲刷、地表浅层滑动、冲沟复活等，此外，弃土就地堆放，在挡土墙、排水沟等岩土工程措施基础时，基底弃土经过降雨浸泡、压缩变形，导致挡土墙、排水沟等变形、失稳破坏，失去功能进而有可能引起塔基附近的原状岩土体随之发生破坏，危害塔基安全。

防控措施：合理处置弃土的措施主要有弃土合理外运，岩土治理措施基础附近严禁倾倒弃土（尤其挡土墙、排水沟、喷锚支护、放坡处理等辅助设施基础附近），塔基附近恢复植被（如洒草籽、种植小型植被等起保水固坡作用），基础设计施工采用新工艺、新手段，尽量减少施工弃土，如采用高低腿、高低基础、掏挖基础、岩石锚杆基础和挖孔基础等。

5. 特殊塔位潜在风险

特殊塔位指的是复杂地质条件下的终端塔、转角塔以及三跨（跨江河、跨沟壑、跨路）塔位，以及设计专业对特殊塔提出地基处理、灾害防治、高陡边坡防治等塔位和地质专业认为运行后期可能会随着时间或地质环境变化有可能产生稳定性风险塔位。

潜在风险：特殊性塔位往往有特殊的要求，勘测工作是否查清尤为关键，往往考虑不周时带来潜在隐患。同时塔位的长期稳定性不仅取决于塔基自身及附近环境的稳定性，还受制于周边较大范围内地质环境条件变化的影响，后者往往不被重视或不容易发现，往往在后期运行过程中出现问题。

防控措施：特殊性杆塔在勘测协作、勘测设计过程中应相互交底，按需求进行相应的勘测设计，同时在勘测资料和设计资料中应明确和交底，确保勘测设计无遗漏，施工监理有重视，后期运行有反馈。

6. 施工过程潜在风险监测

潜在风险：输电线路塔基基础分布“点多面广”，地质勘测点多分散，沿线勘测精度和详细程度难以像建筑物地基那样精确可靠，基础开挖难免会出现地层条件不一致，基础开挖引起的风险越来越引起人们的重视，地质风险主要有基坑（槽）及土方施工、基坑（槽）降水、桩基施工等。

防控措施：施工单位及地质工代能够及时、及早地识别发现风险点，将信息反馈给设计，基于新的地质条件重新设计。另外，应重视和加强地质工代的现场工作。

7. 塔基长期稳定性风险

潜在风险：高海拔地质灾害容易引起斜坡稳定性问题，严重时引发杆塔塔位变形，这些问题往往发生在运行后期。如长时间降雨、区域内地震、杆塔基础附近人为性施工等影响。使其改变了周边原有的地质环境，导致斜坡潜在稳定性风险，在控制不当时易发生运行安全事故。

防控措施：应用地质灾害监测有利于控制塔位变形特征，能够起到较好的预防管控作用，在风险塔位宜安装塔位及斜坡稳定性检测设备进行稳定性监测，确保塔基安全。地质灾害监测系统设计应根据地质灾害的类型和模式有针对性地进行，其主要控制原则如下：

（1）在综合分析地质灾害形成条件、诱发因素、变形破坏迹象等因素的前提下，提出监控指标，确定监测内容和监测项目。

（2）结合地灾点的地质环境条件及其发育特征，确定监测内容，进行系统的监测方案设计。

（3）根据设计方案进行仪器设备选型，布设远程智能化监测系统。

（4）监测系统现场实施，包括安装、调试以及运行维护。

输电线路塔基地质灾害监测应从灾害类型、监测方式和灾害风险等角度出发，根据地质灾害点对杆塔安全的影响通过位移监测、应力监测、含水率监测等监测地质灾害对杆塔的影响，采用成套仪器设备，实现地质灾害监测数据的高精度、无人值守、动态分级采集，具备异常信息即时捕获功能，保证灾前信息不丢失；通过现代无线通信技术研究，建立基于GSM、GPRS和北斗卫星通信的地质灾害监测数据远程传输体系，实现灾前信息的快速、实时远程传输，为杆塔安全系统监测提供准确的数据及理论支撑。

二、微地形、微气象灾害防控

输电线路某一地段的小范围气象条件可能与附近有较大差异，原因是局部存在的微地形、微气象。微气象主要指地面气层的温度、湿度和风速等综合状况，微地形主要指地形地貌、植被类型、土壤性质、周围环境。典型性的微气象微地形有：垭口和风口、分水岭、迎风坡和背风坡、山脊和山坳及鞍部、湖泊与水库。微地形、微气象对输电线路的安全运行带来了不利的影响，多次引起运行事故，需仔细甄别，做好防控。

1. 微地形、微气象区防控方法

微地形、微气象区主要根据覆冰气候背景、覆冰地形等气象条件分析，结合现场踏勘和气象资料调研综合判读，通过整体数据进行防控，主要防控措施有：

（1）覆冰气候背景分析需分析输电线路工程区域典型寒潮过程路径、影响范围（包含回流区域或驻留区域）、持续时间；以及形成覆冰的冷暖空气和水汽的主要源地、输送通道、到达位置及影响范围，准静止锋影响区域，是否容易出现冻雨；分析典型和罕见冰雪灾害天气的成因，初步确定覆冰性质、覆冰起止高程、覆冰分布情况。

（2）覆冰地形分析应根据卫片（如奥维地图等软件），有条件情况下还可以结合使用地形分辨率更为精细的航片，将覆冰气候背景的分析结果与线路通道大地形位置、线路与山脉（岭）走向关系相结合，判断区域覆冰期的主导风向，确定迎风坡和背风坡及其覆冰分布情况。判断风口、连续山岭、独立山体、山麓、山腰、山顶、河谷、山间平坝，山间盆地、大型水体附近等地形的覆冰空间分布差异，结合微地形微气象区的特征，初步识别垭口、峡谷风道、高山分水岭、水汽增大型等微地形微气象点。

（3）在现场踏勘过程中，根据实际的地形特征，复核初步识别微地形微气象区，查漏补缺。针对典型的微地形微气象区，开展同一般地形段的覆冰和大风对比调研，判断微地形微气象区影响程度。

2. 微地形、微气象区主要控制要素

微地形、微气象区类型主要分为垭口型、高山分水岭、水汽增大型、地形抬升型以及峡谷风道型。根据不同气象类型采取赋值评分法可进行定量评估，取得相应的微气象参考值，目前主要控制要素如下：

（1）根据垭口型微地形、微气象的特点，主要因素为地形特征识别、冰区初步识别、垭口高度（H）及垭口宽高比（W/H）四个主要方面。

（2）根据高山分水岭型微地形、微气象的特点，主要因素有地形特征识别、冰区初步识别、分水岭与半坡的相对高差、分水岭与冬季主导风向的夹角。

（3）根据水汽增大型微地形、微气象的特点，主要因素有地形特征识别、冰区初步识别、水体容量、与水体距离和水体位于上风侧或下风侧等五个方面。

（4）根据地形抬升型微地形、微气象的特点，主要因素有地形特征识别、冰区初步识别和相对高差（ΔH）三个方面。

（5）根据峡谷风道型微地形、微气象的特点，主要因素有地形特征识别、冰区初步识别、峡谷轴线与覆冰期主导风向的夹角。

（6）复合型微地形微气象由至少两种类型的微地形、微气象复合而成，其应同时满足构成复合型微地形、微气象的各种判断标准。

三、水文灾害防控

高海拔地区电网工程水文灾害主要为暴雨、融雪引起的洪水灾害以及结冰期的冰凌灾害，会影响河流、湖泊、冲沟所在区域的电网工程的安全运行，甚至造成基础裸露、基础变形甚至倒塔的灾害发生。对水文灾害的防控应以事前防控为主，做好以下两方面：

1. 确保基础资料的准确性、可靠性及预见性

（1）高海拔地区水文站较少，其水文参数在用于周边输变电工程时，往往会存在一定适用性条件或偏差。水文专业人员在选择使用时，应做好“三性”分析，并对资料的适用范围与工程区域的现状分析判断，采用适当的方法，将已有水文资料推算至工程区域，而不应简单地直接移用。

（2）对无资料地区输变电工程的水文条件，应结合现场踏勘、调查及历史影像资料，采用不同的方法进行分析计算，选择其中与现状最接近的作为提出水文参数的依

据，不应仅以某种经验公式简单计算即作为取值依据。

（3）近年来全球变暖趋势增强，极端气候频发，青藏高原作为最敏感的区域，变化尤为明显。以青海湖为例，2000 年之前的几十年内，其湖面不断缩小，水位下降 3m 多，但自 2005 年以后，受高原暖湿化气候加剧的影响，湖水位不断上升，近 15 年湖面即上升了 3.11m。青藏高原的其他一些湖泊也出现相同情况，甚至已经威胁到青藏铁路的安全运行。高原地区电网工程在设计阶段应考虑到以上变化，在水文资料的选取和应用时应进行分析判断，必要时对资料进行分段，做出适应当前新变化趋势的分析预判，不宜仅以更长系列作为判断依据。

2. 水文灾害防控工程措施

（1）跨越河流塔位，应尽量选择在河床较窄、河岸顺直和稳定的河段。若无法避开时，则应采取抬高基础、设置防水墙、防止冲刷等措施，保证塔位安全。

（2）青藏高原湖泊众多，对于跨越湖泊及水库的塔位，应选择水面较窄、岸滩稳定的地段。若无法避开时，则应判断湖泊水位变化趋势，采取抬高基础、防止冲刷等措施，保证塔位安全。

（3）由于青藏高原气温低，河流易发生冰冻，在跨越冰冻河流时应避开易发生冰坝或流冰危害较严重河段。若无法避开时，应采取防撞击、防冲刷等措施，保证塔位安全。

（4）跨越冲沟塔位，应避开主沟道及正冲区域，选择沟岸稳定地段。若无法避开时，应采取挡水墙、防撞击、防冲刷等措施，保证塔位安全。

（5）穿越内涝区域塔位，应尽量选择在地势相对较高处，若无法避开，则应采取抬高基础、防止积水长期浸泡等措施，保证塔位安全。

第二节　风偏闪络安全事件防控

一、主要故障情况

根据运行单位提供的故障分析报告，在 2017 年 4 月至 2019 年 11 月之间，共有 8 起风偏闪络事故。

1. 4 起事故是耐张塔边相跳线对塔身放电

2017 年 4 月 25 日，220kV 山麦Ⅱ线 283 号耐张塔边相（A 相）跳线风偏后对塔身放电。

2017 年 8 月 24 日，220kV 夺曲线 44 号耐张塔边相（C 相）跳线风偏后对塔身放电。

2018年2月19日，220kV林麦Ⅱ线256号耐张塔边相（B相）跳线风偏后对塔身放电。

2019年11月25日，220kV夺乃Ⅰ线7号耐张塔边相（C）跳线风偏后对塔身放电。

2. 1起事故是耐张塔中相跳线风偏后对跳线架下侧放电

2017年5月6日，220kV山麦Ⅱ线257号耐张塔中相（A相）跳线风偏后对跳线架下平面放电。

3. 3起事故是档中导线风偏后对山体放电

2018年2月3日，220kV乃麦Ⅰ线93号—94号档C相导线风偏后对山体放电。

2018年1月30日，220kV曲墨Ⅰ线61号—62号档A相导线风偏后对山体放电。

2018年1月31日，220kV曲墨Ⅰ线61号—62号档A相导线风偏后对山体放电。

二、故障原因分析

1. 耐张塔边相跳线对塔身放电事故

耐张塔边相跳线对塔身放电事故有以下共同点：

（1）未发现异物、外破等现象，故障时故障段为大风天气。

（2）杆塔位于山区，部分杆塔位于山谷风口位置，大风导致耐张塔边相引流线向塔身靠近。

（3）在强风作用下，引流线受横向风的作用力，发生剧烈摆动，引起引流线与塔身安全距离不足，导致引流线对塔身放电，造成线路风偏跳闸。

（4）根据铁塔和跳线上的放电痕迹判断放电通道为边相跳线至塔身。

2. 耐张塔中相跳线风偏后对跳线架下侧放电

（1）该故障区段处于山区，排除机械外力破坏引起线路故障。

（2）该区段（含线路走廊附近）不存在经幡悬挂现象以及树障，可排除经幡树障引起线路故障。

（3）查询雷电监测系统，故障时此区段无雷电活动，可排除雷击故障。

（4）故障时当地为大风天气，风速在10m/s以上；257号杆塔为转角塔；地形为山谷地段。

3. 档中导线风偏后对山体放电

档中导线风偏后对山体放电事故有以下共同点：

（1）未发现树障、异物、外破等现象，故障时故障段为大风天气。

（2）在强风作用下，导线受横向风的作用力，发生摆动，引起导线与山体安全距离不足，导致导线对山体放电，造成线路风偏跳闸。

（3）档距内导线与山体最小距离不满足规程要求。

（4）档中边相导线和附近山体均有放电痕迹，判断放电通道为导线与附近山体。

三、故障防控

1. 耐张塔边相跳线对塔身放电事故

根据收集到的事故报告，出现风偏事故的均为220kV线路，部分耐张塔跳线串采用复合绝缘子且无重锤片，部分跳线串配重不足，部分大角度外侧跳线串未采用双联串，因此对于耐张塔边相跳线对塔身放电事故在设计阶段应采取如下措施。

（1）对跳线串加装重锤片，控制大风工况跳线风偏角。

（2）对大角度耐张外侧相加装双联跳线串。

（3）必要时可采用防风偏跳线串。

（4）对微地形、微气象区段线路建立数据库，重点关注和加强，根据季节、气候变化进行动态巡视。

2. 耐张塔中相跳线风偏后对跳线架下侧放电

对于这种情况，可对跳线串加装重锤片，控制大风工况跳线风偏角。

3. 档中导线风偏后对山体放电

对于这种情况，设计阶段应加强导线对风偏点的安全距离校核，此外可对档中增加杆塔，确保导线对风偏点最小距离满足要求。

第三节　覆冰跳闸安全事件防控

一、主要故障情况

2019年2月至2022年10月，左波Ⅰ、Ⅱ线共发生12起覆冰引起的线路跳闸故障，其中业拉山段9起，米堆冰川段3起。业拉山段均为相对地故障，米堆冰川段均为相间故障。

业拉山段9起故障中，3起发生在2019年10月27日，位于35号塔C相、37号塔A相和39号塔C相；1起发生在2020年1月，位于43号塔B相；4起发生在2022年3月，其中3起为Ⅱ线48—49号B相，1起为Ⅰ线48—49号C相；1起发生在2022年10月，为Ⅰ线42—43号B相。

米堆冰川段3起故障中，1起发生在2019年2月，位于368号塔C相；2起发生在2020年5月，位于412号塔AC相、407号塔AC相。

二、故障原因分析

1. 业拉山段

经过校验，本段线路绝缘子选型及绝缘配置满足规程要求，经过中国电科院和西藏电科院复核，满足工程现场实际需求。业拉山段跳闸事件发生时，均伴有较大风雪，故障相为单回路边相或双回路上相对地故障，现场已确认事故点，故障档档中地线或光缆有烧蚀痕迹，判定事故原因为覆冰导致的导地线距离不足引起的放电。

2. 米堆冰川段

2019 年 2 月的一次故障原因不明确。2020 年 5 月的两次故障原因，很可能是在极端（历史罕见）气候下，导线上出现不均匀覆冰或脱冰跳跃后产生相间闪络故障。

三、故障防控

1. 业拉山段

根据国家电网公司《国网设备部关于印发 500kV 左波Ⅰ、Ⅱ线冰害故障分析会议纪要的通知》要求，对左波Ⅰ线、Ⅱ线改造从增加绝缘子结构高度（爬距）和提高地线运行张力两方面采取措施。参考该段线路改造经验，推荐采用加高地线支架、档中加塔、改线等措施，也可安装必要的在线监测装置，对覆冰厚度、气象条件等进行监测。

（1）提升地线、OPGW 光缆运行张力。提升地线运行张力，即抽紧地线，减少地线弧垂，加大档中导线、地线空间距离，降低不均匀覆冰条件下导线、地线静态接近和导线脱冰跳跃时的导地线放电可能性。

（2）加高地线支架。适当增加地线支架高度，并考虑增加一定的地线水平偏移，可有效地加大导地线之间的距离，减少覆冰条件下导地线之间距离过小而产生的跳闸故障。

（3）地线挂点改耐张。为减少各档不均匀覆冰产生不平衡张力引起光缆悬垂串滑移情况，对直线塔地线挂点进行改造，由悬垂挂点改为耐张挂点，减少因地线或光缆滑移产生的档内弧垂增加。

（4）档中加塔。对于易发生覆冰的线路，可通过在档中增加耐张塔，减少档距，控制导地线弧垂。

（5）对于覆冰明显超过设计值，并且其他改造措施不能根本解决问题时，可考虑改线，新建线路可绕开重覆冰区域，如果不能绕行则需按重冰区设计，对于自然条件恶劣区域，设计冰厚应留有裕度。

（6）安装必要的在线检测装置。对气候条件恶劣，建设环境复杂，施工、运维难度大，并且缺少气象和覆冰资料的区域，有必要安装覆冰、视频、图像、微气象等在线监测装置，可为沿线气象和覆冰数据提供测量，也可减轻线路运维压力。

2. 米堆冰川段

（1）对于双回路相间故障，可分别增加中、下相耐张串绝缘子片数，不同程度增加中、下相导线弧垂，从而增加上、中、下三相导线空间距离，减少覆冰跳闸发生。

（2）参考单回路段覆冰引起的相对地故障，也可采用档中加塔、局部改线、安装必要的在线监测装置等措施。

第四节　雷击跳闸安全事件防控

一、故障情况

参照运行单位提供的故障分析报告，在 2017 年至 2020 年间，共有 31 起雷击跳闸事故，其中 ±400kV 柴拉线 1 次，500kV 朗许线 2 次，其他均为 220kV 线路。

二、故障原因分析

根据国家电网公司统计，输电线路跳闸原因主要是雷击，占比 40% 以上。雷击中杆塔的顶部或者避雷线，雷电电流流过塔体以及接地体，可以使杆塔的电位升高，并在相导线上产生感应过电压。若升高塔体电位和相导线感应过电压合成的电位差超过了输电线路的电压值，从而引发反击。雷电击中导线，则为绕击。雷电的绕击率和杆塔的高度、输电线路经过的地形、地貌、地质条件和避雷线对边导线的保护角等因素相关。

绕击和反击均是导致 220kV 线路雷击跳闸的主要原因，500kV 线路雷击跳闸的主要原因是绕击。

一般输电线路雷击故障有以下原因：

（1）区域地雷活动强度高，地闪密度高。

（2）接地电阻不满足要求。

（3）地线保护角偏大。

（4）地形因素，山顶、陡坡、河滩、跨越河流、大跨距区段等区域杆塔易受雷击。

三、故障防控

（1）《国家电网公司十八项电网重大反事故措施》要求，为防止雷电过电压事故，架空输电线路的防雷措施应按照输电线路在电网中的重要程度、线路走廊雷电活动强度、地形地貌及线路结构的不同，进行差异化配置，重点加强重要线路以及多雷区、强雷区内杆塔和线路的防雷保护。新建和运行的重要线路，应综合采取减小地线保护角、改善接地装置、适当加强绝缘等措施降低线路雷害风险。针对雷害风险较高的杆塔和线段宜采用线路避雷器保护。

（2）国家电网公司《架空输电线路差异化防雷工作指导意见》要求，为规范架空输电线路差异化防雷工作，进一步提高输电线路防雷技术及管理水平，应重点开展以下工作：

加强雷电监测及雷害统计分析，开展雷区分布图绘制工作；开展输电线路雷害风险评估；积极推进新建线路差异化防雷设计；加强在运线路差异化防雷治理改造。

（3）国家电网公司企业标准《架空输电线路防雷导则》（Q/GDW 11452—2015）要求，对于运行的输电线路，重要线路应逐塔进行雷击风险评估，对高风险杆塔实施防雷改造。

（4）《国家电网公司生产技术改造原则》相关条款：

3.3.2.2.3 依据电网雷区分布图和雷害风险评估情况，对重要线路处于山顶、边坡、垭口等特殊地形的杆塔、大跨越、大档距、导地线对地高度较高的杆塔、耐张转角塔及前后直线塔和 C1 及以上雷区的杆塔，应采取安装避雷器等措施进行防雷改造。

3.3.2.2.4 对一般线路处于山顶、边坡、垭口等特殊地形的杆塔和大跨越、大档距、导地线对地高度较高的杆塔、耐张转角塔及前后直线塔以及 C2 及以上雷区的杆塔，可采取安装避雷器等措施进行防雷改造。

第五节　鸟害安全事件防控

一、故障情况

根据运行单位提供的故障资料，鸟害故障均来自 ±400kV 柴拉直流线路。

±400kV 柴拉直流线路自 2011 年 11 月 11 日试投运以来至 2016 年 8 月 4 日共发生 88 次故障。按故障原因分，在 88 次故障中，鸟害直接、间接原因导致故障占比已达 98%。

二、各类防鸟措施及效果评价

1. 防鸟刺

防鸟刺作为一种基本的防鸟措施，可防止鸟类在塔头长期、大范围停留。安装鸟刺有效防止了鸟类在铁塔上做窝及长期、大范围和大规模停留，但由于防鸟刺簇间有较大空隙，无法防止对于体型较小的鸟类在空隙间筑巢和活动。部分鸟类会避开横担选择较高处的耐张绝缘子串上站立和活动，也会造成耐张塔的鸟害事故率升高。

2. 挡鸟板

在绝缘子串悬挂处的横担下方安装绝缘挡板，可防止鸟类在横担上或鸟巢内栖息排泄鸟粪引起绝缘子串短路跳闸。挡鸟板防止鸟粪闪络上效果比较明显，但由于容易造成积雪及堆积鸟粪，且如应用在 ±400kV 柴拉直流上，也会存在挡鸟板面积过大、风荷载过大的问题。因此尽管该措施具有可行性，但不宜推荐。

3. 驱鸟器

驱鸟器主要分为智能超声波驱鸟器和感应引爆空气驱鸟器两种。此类驱鸟器防鸟效果在安装运行之初效果较好，但经过一段时间后驱鸟效果不明显。而感应引爆空气驱鸟器在 4500～5100m 高海拔条件、零下 20℃的低温条件下供电电源无法长期正常工作，工作状态欠佳。因此，不推荐采用驱鸟器措施。

4. 栖鸟架

选择鸟类活动频繁，特别是先前发生过鸟害故障区域的塔位，在地线支架上方安装适合鸟类站立、蹲卧、避风的平台。吸引鸟类尤其是大型鸟类在该平台上栖息、避风、筑巢，从而降低鸟类在杆塔带电区域活动的概率，减小叼啄异物造成线路故障的风险，达到疏导鸟类的作用。该措施在防鸟害方面具有可行性。

5. 绝缘护套

绝缘护套作为一种阻断空气间隙放电的重要手段，在西北地区各电压等级线路上得到一定的应用，由于其造价较高，其功能应定位于在鸟害集中多发区，绝缘护套方案因价格昂贵，采取其他防鸟害措施无法取得明显成效时，才考虑使用。由于在柴拉直流线路塔身或上横担上加装绝缘护套，存在加装面积大、结构复杂难以实现全包覆等缺点，因此仅考虑在导线挂点实现全包覆，经试点此类方案是可行的。

6. 防鸟针板

防鸟针板安装在绝缘子上方，利用其防鸟针的锋利以及覆盖面积，迫使鸟类在杆塔危险位置无法停留甚至筑巢，从而达到驱鸟的目的。防鸟针板安装尺寸与横担上下平面塔材相一致，避免了防鸟设施安装过程中重要防鸟部位漏装及缺失；因刺针相对较短，减少了防鸟设施风振损伤，每一根针刺都发挥了应有的防鸟效果；防鸟针板材质为不锈钢材质焊接而成使用寿命长，防鸟针板通过在西北地区的应用，目前防鸟效果较好，有效防止了鸟类在铁塔上做窝及长期、大范围和大规模停留，有效降低了鸟类活动导致线路故障的风险。可作为主要推荐的防治鸟害技术措施。目前经过前期安装，运行效果较好。

7. 悬垂串绝缘间隙优化

分析表明，增大导线悬挂点与横担处的垂直距离是避免鸟粪等异物闪络的有效措施。可通过调整 V 串角度来增加垂直方向导线对横担下表面间隙距离。对 I 型串可直接增加绝缘子串高度。

三、故障防控

根据 ±400kV 柴拉直流线路、330kV 唐玛玉线路等防鸟改造后的运行经验，以下几种防鸟措施效果较好，推荐采用。

（1）防鸟针板结合耐张串异性防鸟刺（针板）的防治方式，属于单纯采用防鸟刺的改进措施，弥补了单纯使用防鸟刺的缺点。

（2）栖鸟架与防鸟针板的结合使用，疏堵结合的原则。

（3）观鸟红外照相机能为今后的防鸟措施进一步改进提供重要的原始数据。

（4）通过增大导线悬挂点与横担处的垂直距离，也是有效减少鸟害事故的直接方式。

第六节 消防安全事件防控

变电站是电力系统中变换电压、接受和分配电能、控制电力流向和调整电压的电力设施，是输电和配电的集结点，是典型的重要电力场所。尤其是起枢纽作用的变电站，通常连成环网，其主变压器容量大、供电范围广，全站停电后，将可能引起整个系统瘫痪。变电站内有火灾风险的部分就是站内建筑物和电气设备，建筑物发生的火灾的危害性较小。站内火灾防控的重点是电器设备故障火灾。

一、变压器、高压电抗器火灾事故防控分析

变压器、高压电抗器等大型带电充油电气设备是变电站最重要的设备之一，在长期运行中虽然比较安全可靠，但变压器、高压电抗器内有大量的可燃变压器油，一旦因内部故障引起火灾，使绝缘油在极短的时间内处于高温，形成高压油气状态，则可能产生燃烧甚至发生爆炸。变压器、高压电抗器发生火灾的原因主要有以下几点：

（1）线圈绝缘损坏产生短路，使线圈发热燃烧。

（2）线圈连接处接触不良产生高温，在松动或断开时产生电弧造成爆炸起火。

（3）套管损坏爆裂起火，套管发生渗油或长期积满油垢而闪络或套管绝缘层损坏、老化，绝缘击穿引起爆炸起火。

（4）变压器、高压电抗器老化变质引起内络击穿，造成变压器的爆炸起火事故。

（5）因设备制造质量差，内部故障引起爆炸起火。

变压器一旦着火，由于油量大，火焰温度很高，在油燃尽之前很难扑灭，变压器也无从修复。目前各种灭火设施对变压器严重火灾所起的作用是相当有限的，尚无在短时间内降温灭火的成功经验。因此主变压器消防的主要目标是防止火灾扩散和蔓延。

为了防止变压器、高压电抗器火灾或万一发生了火灾能够及时有效的灭火，确保安全生产，通常采用下列一种或数种防火措施：

（1）距离分隔。

（2）防火隔墙。

（3）事故排油设施。

（4）水喷雾灭火系统。

（5）其他型式灭火装置。

二、电缆火灾事故防控分析

某变电站因电缆沟失火导致其中一台主变压器故障起火，造成另外一台主变压器跳闸，同时波及另外 1 座变电站主变压器故障跳闸。分析电缆故障的原因，对于减少电缆的损坏，提前预判故障点防范火灾事故尤其重要。电缆故障的原因大致可归纳为以下几类：

（1）机械损伤导致电缆故障。安装时损伤：在安装时不小心碰伤电缆，机械牵引力过大而拉伤电缆，或电缆过度弯曲而损伤电缆。直接受外力损坏：在安装后电缆路径上或电缆附近进行城建施工，使电缆受到直接的外力损伤；行驶车辆的震动或冲击性负荷会造成地下电缆的铅（铝）包裂损。因自然现象造成的损伤：如中间接头或终端头内绝缘胶膨胀而胀裂外壳或电缆护套；因电缆自然行程使装在管口或支架上的电缆外皮擦伤；因土地沉降引起过大拉力，拉断中间接头或导体。

（2）绝缘受潮致电缆故障。绝缘受潮后引起故障。造成电缆受潮的主要原因有：因接头盒或终端盒结构不密封或安装不良而导致进水；电缆制造不良，金属护套有小孔或裂缝；金属护套因被外物刺伤或腐蚀穿孔。

（3）绝缘老化变质致电缆故障。电缆绝缘介质内部气隙在电场作用下产生游离使绝缘下降。当绝缘介质电离时，气隙中产生臭氧、硝酸等化学生成物，腐蚀绝缘；绝缘中的水分使绝缘纤维产生水解，造成绝缘下降。

过热会引起绝缘老化变质。电缆内部气隙产生电游离造成局部过热，使绝缘碳化。电缆过负荷是电缆过热很重要的因素。安装于电缆密集地区、电缆沟及电缆隧道等通风不良处的电缆、穿在干燥管中的电缆以及电缆与热力管道接近的部分等都会因本身过热而使绝缘加速损坏。电缆的防火措施按规程要求执行。电缆采用阻燃电缆；敷设时采用分段分隔、封堵电缆孔洞、涂刷防火阻燃涂料等措施。

电缆沟道、夹层（竖井）中电缆布置密集、数量多，电缆在长期运行时会产生大量热量。电缆发生火灾时，传播速度可达 20m/min，火势凶猛激烈，并产生大量烟气。电缆沟道、夹层（竖井）内的防火、救火条件相对恶劣。火灾中，烟雾迅速充满地下空间，能见度大大降低。火灾发生时，电缆沟道、夹层（竖井）的内部条件，使得人工救援难度非常大。因此，在敷设大量电力电缆的重要电缆沟道、夹层（竖井）内，非常有必要根据自身实际情况，设置自动灭火设施。目前，应用在电缆沟道、夹层（竖井）里的灭火产品主要有：热气溶胶、火探管式感温自启动灭火装置、超细干粉（冷气溶胶）、高压细水雾灭火系统。同时，主变压器设备区内的电缆沟均应采取密闭措施。为防止电缆发生火灾时有可能蔓延到充油设备，同样也为了充油设备发生火灾时尽可能不波及电缆，从而有效减小火灾事故的扩大范围，要求对变电站充油设备附近的电缆沟盖板进行密闭。

三、变电站动火作业火灾事故防控

变电站应制定合理的消防安全管理制度，应包括下列内容：

（1）各级和各岗位消防安全职责、消防安全责任制考核、动火管理、消防安全操作规定、消防设施运行规程、消防设施检修规程。

（2）电缆、电缆间、电缆通道防火管理，消防设施与主体设备或项目同时设计、同时施工、同时投产管理，消防安全重点部位管理。

（3）消防安全教育培训，防火巡查、检查，消防控制室值班管理，消防设施、器材管理，火灾隐患整改，用火、用电安全管理，氧气瓶背包。

（4）易燃易爆危险物品和场所防火防爆管理，专职和志愿消防队管理，疏散、安全出口、消防车通道管理，燃气和电气设备的检查和管理（包括防雷、防静电）。

（5）消防安全工作考评和奖惩，灭火和应急疏散预案以及演练。

（6）根据有关规定和单位实际需要制定其他消防安全管理制度。

（7）动火作业应落实动火安全组织措施及技术措施。动火安全组织措施应包括动火工作票、工作许可、监护、间断和终结等措施。动火安全技术措施应包括对管道、设备、容器等的隔离、封堵、拆除、阀门上锁、挂牌、清洗、置换、通风、停电及检测可燃性、易爆气体含量或粉尘浓度等措施。

第七章

高海拔地区医疗健康保障

高原气候环境恶劣，高原电力施工、电力维护的劳动强度大，故高原疾病发病率高、重症率高；高原现场当地能依托的医疗力量薄弱，高原交通困难，使高原疾病救治难度增加，危险性大。经过10多年高原电力医疗人员的科技攻关及技术创新，高原疾病的防控取得了突破性进展，实现了高原病零死亡、零伤残，鼠疫及其他疫源性疾病零传播，有力保障了阿里联网工程、藏中联网工程、川藏联网工程、青藏联网工程、新甘石工程、青豫直流、两河口水电站送出工程及红原色尔古等电力工程的顺利完成。

第一节　高海拔地区特殊环境对人体的影响

一、高海拔缺氧对人体的生理影响

高海拔地貌包括高原和高山，在我国其主要为高原。

医学上的高原与地理学上所指的高原概念不同。地理学上的高原是指海拔在1000m以上，顶面平缓，起伏较小，而面积又比较辽阔的高地。而医学上的高原指海拔2500m以上的高原，其对人体产生明显影响、可能发生高原病。

高原气候环境主要特点为低气压、低氧、干燥、寒冷、日温差大、阳光及紫外线强。海拔越高，气候则越恶劣。高原电网作业常处于海拔3000m以上，气候恶劣，对人体影响较大。

在众多高原恶劣气候环境因素中，对人体影响最大的是高原缺氧。高原缺氧对人体主要系统产生重要生理影响。

呼吸系统：①肺通气功能。随进入高原时间延长，先后出现：初入高原肺通气量增加—数天后通气量下降—再数天后通气量再度上升—此后缓慢下降。②肺换气功能。进入高原后影响小。而当出现高原肺水肿时，肺换气功能减低。

心血管及血液系统：①初入高原，绝大部分人员出现心率及血压代偿性、应激性增加；肺动脉压增高；全身血液应激性重新分布，心、脑、肺血流增加，而肝、肾、胃肠道、皮肤及四肢肌肉血流减少；红细胞从骨髓加快释放、从储存池释放到循环池，外周血红细胞可一过性增高。②长期居住高原，红细胞代偿性增加；毛细血管增生，在颜面部表现特别明显，出现“高原红”；部分人员出现高原高血压、高原低血压。

神经系统：中枢神经系统对缺氧耐受性差，高原缺氧环境对其影响极大。轻度缺氧引起大脑功能紊乱，出现兴奋、多言语、幻听、幻视，动作捷度、精细度下降。严重缺氧引起大脑皮层抑制，出现注意力不集中、反应迟钝、表情淡漠、计算力下降。更严重的缺氧会引起嗜睡、意识模糊、昏睡及昏迷。

消化系统：初入高原，由于血液重新分布，胃肠道血流减少，出现急性胃肠粘膜损害、蠕动减弱、唾液胃液分泌减少，消化能力减低。初入高原缺氧应激，可出现胃、十二指肠应激性溃疡。

能量及代谢系统：高原低氧，线粒体受损；影响氧化磷酸化过程；无氧糖代谢增强；ATP 生成较少。初入高原，人体基础代谢率增强，随高原时间延长，逐渐减低至正常水平。

二、对劳动能力的影响

（一）对体力劳动能力的影响

平原人移居高原后，体力、劳动能力降低，降低的程度与进入高原的海拔、海拔升高速度和在高原的习服程度等因素有关。海拔升高速度越快、到达海拔越高、习服程度越低，劳动能力下降越明显。在高原，体力劳动后的疲劳感更加明显；体力的恢复时间更长，约比平原增加 1/3～1/2。

（二）对脑力劳动能力的影响

高原低氧环境对脑力劳动能力的影响是多方面的，初入高原可表现为记忆力、注意力和反应能力减弱，经过一段时间习服后，能明显恢复，但部分人长期在高原居住，可引起记忆力和部分思维能力等降低。

三、高原环境致高原疾病谱的改变

高原疾病指由高原环境因素引起或促发、具有一定高原特征的一类疾病，它包括：高原缺氧所致的高原病，其他高原环境因素引起的高原高度相关性疾病。

高原病指由高原缺氧引起的、在高原上特有的疾病。高原病分为急性高原病和慢性高原病。急性高原病包括：急性轻型高原病（急性高原反应）、高原肺水肿、高原脑水肿。慢性高原病包括：高原红细胞增多症、高原心脏病、高原高血压、高原低血压、高原衰退症。

其他高原环境因素引起的高原高度相关性疾病，指在平原上可以发病，但受高原环境因素影响，其在高原上发病率更高、对人体损害更大的一类疾病。如：高原高尿酸血症及痛风、高原睡眠障碍、高原肺动脉高压等。

第二节　医疗保障的组织管理

一、医疗保障组织管理

（1）组织机构。工程建设指挥部（业主项目部）成立医疗保障领导小组，组长由副总指挥（业主项目部副经理）担任，副组长由医疗保障工作管理部门负责人担任，成员由医疗保障单位现场负责人和各参建单位负责人组成。医疗保障工作由医疗保障单位组织实施，在现场设立医疗保障项目部负责医疗保障工作开展。医疗保障救护车如图 7-1 所示。

图 7-1　医疗保障救护车

（2）施工单位医疗保障中的职责。在工程建设中，要强化各单位在医疗保障的责任担当，施工单位承担医疗保障的主体责任，医疗保障单位承担医疗保障的保障责任，监理单位承担医疗保障的监督责任，工程建设管理单位承担医疗保障的考核责任。

二、三级医疗保障体系

建立三级医疗保障系统，一级医疗站是前哨、二级医疗站是桥梁、三级医疗站是后盾，如图 7-2 所示。

（1）医疗站点设置。一级医疗站向周围辐射的范围不宜超过 50km，二级医疗站向周围辐射的范围不宜超过 100km，根据公路里程和当地医疗条件的实际情况，选择在

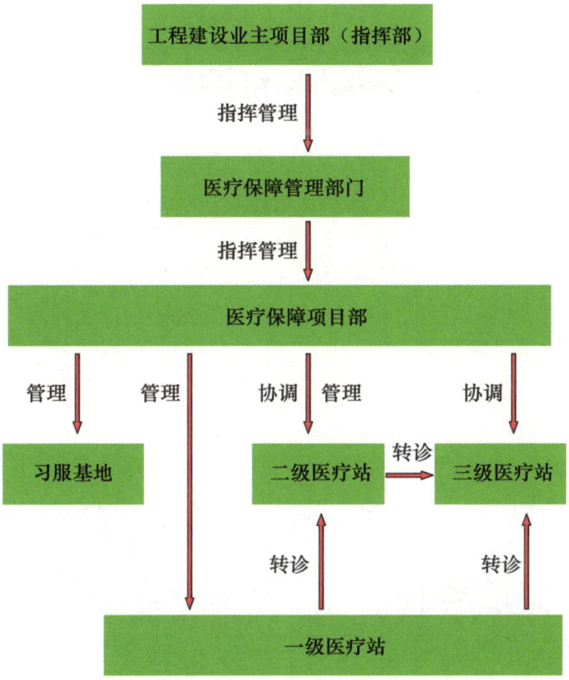

图 7-2 医疗保障管理机构图

工程项目部设立一个二级医疗站或一级医疗站。

三级医疗站依托工程沿线或者附近的当地大型三甲医院承担，建立绿色通道。其功能主要是接纳一、二级医疗站转送的伤病员，确保得到及时救治。依托当地医疗机构建立的二级医疗站，由工程沿线的县人民医院或其他二级医疗单位承担，建立绿色通道。

（2）医疗站配置。

1）房屋配置。各个诊断治疗室满足日常医疗用水需要。电源线到达医疗站内所有房间，末端接好照明灯、插座；医疗设备电源线为 $16mm^2$ 铜线，并满足随时启用各种医疗设备的需要。医疗站每个房间配备取暖设施，室内温度宜在 16℃以上，确保医疗设备能够正常运行。二级医疗站房屋数量要求 11 间，一级医疗站房屋数量要求 5 间以上。

2）人员配置。医疗保障人员按照《高原电网建设与运维医疗卫生保障》（Q/GDW 11564）的要求设置，自建一级医疗站和自建二级医疗站的人员设置，见表 7-1；一级医疗站均采用自建的方式建立，所依托的二级医疗站和三级医疗站采用与当地医疗机构建立绿色通道的方式，不专门设置人员；开展医疗保障巡诊，如图 7-3 所示。

表 7-1　　医疗站的人员设置

序号	人员类别	自建一级医疗站人员数量	自建二级医疗站人员数量
1	临床医生	2	2
2	放射医生	—	1
3	检验医生	—	1
4	护士	1	2
5	驾驶员	1	1
6	合计	4	7

图 7-3　医疗保障巡诊

3）自建一级医疗站和自建二级医疗站的设备配置，见表 7-2。

表 7-2　　医疗站的设备配置

序号	设备名称	二级医疗站配置数量	一级医疗站配置数量
1	救护车	1	1
2	心电图机	1	1
3	心电监护	1	1
4	呼吸机	1	1
5	除颤仪	1	1

续表

序号	设备名称	二级医疗站配置数量	一级医疗站配置数量
6	固定式高压氧舱	1	0
7	便携式数字化 X 线摄片系统	1	0
8	全自动生化分析仪	1	0
9	全自动血细胞分析仪（三分类）	1	0
10	离心机	1	0
11	氧气瓶（40L）	若干	若干
12	氧气瓶（2L）	若干	若干
13	氧气瓶（10L）	若干	若干
14	指脉氧指套	若干	若干

4）主要药品配置。

a. 氧气及抗高原反应药。氧气、大珠红景天胶囊、肌苷胶囊等。

b. 常规类药品。常规类药品配备如下：

a）呼吸系统：急支糖浆、盐酸氨溴索片、茶碱缓释片、抗病毒颗粒（无糖）、复方氨酚烷胺片等；

b）消化系统：乳酸菌素片、蒙脱石散、口服补液盐、多潘立酮片、氯化钾缓释片等；

c）心血管用药：硝苯地平控释片、马来酸依那普利片、复方丹参滴丸、酒石酸美托洛尔片、呋塞米（速尿）片等；

d）眼科用药：阿昔洛韦滴眼液、金霉素眼膏、地塞米松眼液等；

e）急救类：盐酸肾上腺素注射液、醋酸地塞米松注射液、盐酸多巴胺注射液、尼可刹米注射液、盐酸洛贝林注射液、硫酸阿托品注射液、呋塞米注射液、氨茶碱注射液、利多卡因注射液、复方氯化钠注射液、50% 葡萄糖注射液、甘露醇注射液、0.9% 氯化钠注射液等；

f）外科类用药：碘伏液、云南白药喷雾剂、苯扎氯铵贴等；

g）消炎类：头孢地尼胶囊、盐酸小檗碱片等；

h）清热解毒类：黄连上清丸；

i）维生素及微量元素类：善存多维元素片、维生素 C、复合维生素 B 等；

j）抗过敏：氯雷他定片、孟鲁司特钠片；

k）头痛失眠：阿普唑仑、罗通定、复方对乙酰氨基酚、布洛芬缓释胶囊等。

c. 消毒类药品。主要包括消毒片、手消毒液。

第三节　高原健康检查、习服和脱习服

一、高原健康检查和高原作业禁忌证

（一）上岗前健康检查

委托有条件的二级以上医疗机构进行上岗前高原健康检查，筛选出不宜从事高原作业的人员，对合格人员建立基础健康档案。检查内容见《高原电网建设与运维医疗卫生保障》（Q/GDW 11564）。

（二）在岗期间健康检查

高原作业人员每年应进行一次在岗期间的健康检查。可委托有条件的二级及以上的医疗机构，也可由当地具有条件的医疗机构检查。检查内容见《高原电网建设与运维医疗卫生保障》（Q/GDW 11564）。

（三）离岗时健康检查

作业人员在离开高原作业岗位前 90 天内，应进行离岗时高原健康检查，确定作业人员是否应进行康复治疗。可委托二级及以上的医疗机构检查。检查内容见《高原电网建设与运维医疗卫生保障》（Q/GDW 11564）。

（四）高原作业禁忌证

有下列情况者不宜到高原地区从事工程建设、运维检修和应急抢险作业：

（1）中枢神经系统器质性疾病或功能异常：癫痫、脑炎、脑血管病后遗症等；

（2）各种器质性心脏病：高血压性心脏病、冠心病、风湿性心脏病、先天性心脏病、心肌病、急性心肌炎、心包炎等；

（3）急、慢性呼吸系统疾病：慢性间质性肺病、慢性支气管炎急性发作期、支气管扩张、支气管哮喘、活动性肺结核等；

（4）严重消化系统疾病：消化性溃疡活动期、急慢性活动性肝炎、肝硬化等；

（5）泌尿系统疾病：肾功能不全、肾盂肾炎急性发作期等；

（6）风湿免疫系统疾病：系统性红斑狼疮、皮肌炎等；

（7）内分泌系统疾病：未有效控制的糖尿病、甲状腺疾病等；

（8）未得到有效控制的高血压病；

（9）各种恶性肿瘤；

（10）各种血液病；

（11）各种精神类疾病；

（12）鼻出血反复发作；

（13）有高原肺水肿、高原脑水肿、严重症状的急性轻型高原病、高原红细胞增多症、高原性心脏病等高原病史；

（14）感冒、腹泻发病期；

（15）其他直接影响工作的疾病。

二、高原习服与脱习服

（一）高原习服

高原习服是指从平原进入高原或由高原进入更高海拔后，机体发生一系列可逆的、不遗传的生理性代偿变化，以适应高原低氧环境的过程。体检合格的参建人员进入习服基地（点）习服，初步适应高原环境。

1. 基本要求

不宜急进高原，应采用阶梯式上升，并在工程建设项目部或施工队所在地就地习服 3～5 天。

习服完成后，可先辅以轻度的体力劳动，再进行正常体力劳动作业。

习服期间，可以进行疾病防治、健康检查及培训等。

2. 习服内容

对习服人员进行健康检查并建立习服人员健康档案，在健康检查过程中，发现习服人员身体有任何异常，及时处置。

指导习服人员进行适度体能锻炼，不得剧烈运动。

3. 习服注意事项

在习服过程中如有身体不适，及时观察、初步处理，如症状无明显好转及时送医治疗。

维持正常饮食，控制刺激性、油腻性食物。饮食不宜过量，多吃新鲜蔬菜、水果和易消化的食物，加强饮食卫生监督，坚持饮食卫生制度，防止“病从口入”。

控制吸烟，防治上呼吸道感染，对于气短、胸闷的作业人员应合理吸氧，必须吸氧时应以间歇、少量、多次吸氧为宜。对于心率、收缩压偏高的人员，不应饮酒，控制饮浓茶、咖啡等兴奋性饮料，应保证每日 7 小时以上的睡眠时间。

做好冻伤及紫外线灼伤等防护工作。

4. 习服程度判断

初步习服：进入高原 7 天后，急性高原反应症状基本消失；安静状态下呼吸、脉搏频率明显下降并接近完全习服人群基础生理指标范围、血压基本恢复；轻度劳动作业后无明显不适。

基本习服：进入高原1个月以上，安静状态下呼吸、脉搏频率恢复至完全习服人群基础生理指标范围，血压稳定；红细胞计数及血红蛋白含量增加到一定数量并趋于稳定；中度劳动作业后无明显不适。

完全习服：进入高原6个月以上，红细胞计数及血红蛋白含量达到完全习服人群基础生理指标范围并趋于稳定，见表7-3，重度劳动作业后无明显不适。

表7-3　　完全习服人群基础生理指标

项目	范围
呼吸频率	16～20次/min
脉搏（心率）	50～90次/min
血压	收缩压90～130mmHg
	舒张压50～90mmHg
红细胞计数	＜6.5×10^{12}个/L
血红蛋白含量	＜200g/L

（二）高原脱习服

人员进入高原低氧环境一段时间之后，当返回平原时，可能出现脱习服反应，主要表现为疲倦、无力、嗜睡、胸闷、头晕、食欲减退、腹泻等。高原脱习服过程中应注意下列事项：

（1）采用阶梯式下降方式，逐渐降低海拔；

（2）适当进行锻炼，逐渐增加活动量，不得剧烈运动，同时增强机体抵抗力，预防上呼吸道感染；

（3）注意生活的规律性，保证充足睡眠；

（4）节制饮食，防止体重增加而出现其他并发症；

（5）可服用多种维生素、谷维素、红参或西洋参等进行调节；

（6）如果出现内分泌功能紊乱、全身水肿或其他的并发症，应进行相应的对症治疗。

第四节　高原常见病、多发病

一、高原病

（一）急性轻型高原病（急性高原反应）

（1）临床表现。发病率与进入高原速度、海拔、劳动强度和季节有关，海拔升高速度越快、到达的海拔越高、劳动强度越大，发病率越高。寒冷季节进高原发病率高。常在进入后 1～3 天发病。出现头痛、头晕、心悸、胸闷、气短、乏力、食欲缺乏、睡眠障碍，重者出现恶心、呕吐、发绀、尿少等症状，常有心率加快、呼吸深快、血压轻度异常，颜面或四肢水肿等体征，经过在高原短期适应或对症治疗，症状及体征能够显著减轻或消失。

（2）现场处置。一般不需治疗，大部分患者休息 3～5 天自愈。注意减少活动强度。症状严重者低流量吸氧；对症药物治疗，头痛者给予散列通片或去痛片或布洛芬止痛，呕吐者予以胃复安口服或肌肉注射。症状特别严重且常规治疗无效者可考虑高压氧治疗、增压舱治疗或下送低海拔地区。

（3）预防。进高原前心理辅导、进行预缺氧训练、口服预防药物；减缓进入高原时海拔增高的速度；选择中间海拔地区，进行阶梯性习服。进入高原后数天内，应避免剧烈运动和劳累，保证良好的休息睡眠，清淡易消化饮食，避免洗澡，不饮酒。进入高原前后应预防感冒。

巡诊现场指导吸氧如图 7-4 所示。

图 7-4　巡诊现场指导吸氧

（二）高原肺水肿

（1）临床表现。高原肺水肿是高原地区特发疾病，以发病急、病情进展迅速为其特点。临床表现主要有呼吸困难、咳嗽，咯白色、黄色或粉红色泡沫痰，口唇及四肢发绀，听诊单侧或双侧肺部可闻及湿啰音。病情轻或间质性肺水肿可未闻及湿啰音。发病率取决于海拔、进入高海拔地区的速度以及所从事活动的强度等因素。通常发病率为 0.5%～1.0% 左右。海拔越高、进入高海拔地区的速度越快，发病率越高。高原肺水肿发病具有一定的个体易患性，患过高原肺水肿者再次进高原，高原肺水肿再发率达 70%～80%。

（2）现场处置。一旦发生高原肺水肿应立即就地采取有力治疗措施：停止一切体力活动，将患者调整为坐位或半卧位，高流量吸氧（氧流量 4L/min 以上），乙醇湿化吸入消痰泡（湿化瓶中乙醇浓度 20%～40%），痰多有窒息风险者体位引流。就地立即给予速尿、地塞米松、氨茶碱等药物治疗。使用速尿时配合口服氯化钾缓释片。待病情平稳后转移到低海拔地区，途中不能中断治疗，保持半卧位，原则上不能升高海拔。

（3）预防。预防基本措施同急性轻型高原病（急性高原反应）。进高原前应体检，患有严重心血管、肺疾病者不宜进入高原；积极预防和治疗呼吸道感染；体温在 38℃以上的感冒患者宜暂缓进入高原；积极预防和治疗急性轻型高原病；对有高原肺水肿既往史者劝其不要进入高原，必须进高原者予以速尿、地塞米松、氨茶碱等预防，并重点全程监护。

（三）高原脑水肿

（1）临床表现。高原脑水肿是由急性缺氧引起的中枢神经系统功能严重障碍，其特点为发病急，病情重，若治疗不及时得当，常危及生命。临床表现以严重头痛、呕吐、共济失调、进行性加重的意识障碍（嗜睡、意识模糊、昏睡、谵妄、昏迷）为特征，主要改变有脑组织缺血或缺氧性损伤，脑组织水肿、颅内压增高。必须要先排除无脑出血、脑梗塞、蛛网膜下腔出血、一氧化碳中毒、糖尿病酮症酸中毒、低血糖等引起意识改变的疾病，才能诊断为高原脑水肿。

高原脑水肿死亡与以下因素有关：①病情重，出现脑疝。②昏迷时间长，脑组织缺氧产生不可逆性损害较重。③合并严重的肺水肿、感染、脑出血、脑梗塞、呼吸衰竭、心衰以及多器官功能的衰竭。④发病地区海拔高，医疗条件差，后送困难。⑤高原肺水肿合并高原脑水肿，出现用药矛盾。

（2）现场处置。勤观察勤巡诊，发现早期高原脑水肿病人；高原脑水肿需要尽早处置，尽快送医；绝对卧床休息，保持呼吸道通畅。应尽早给予中高流量吸氧（2～6L/min），有条件者可使用增压舱或高压氧舱治疗。使用甘露醇快速静滴减低颅内压（合并高原肺水肿者先使用速尿、氨茶碱等治疗，待肺水肿减轻后再使用甘露醇），甘露醇还可配合速尿使用。静推地塞米松，使用神经营养药物治疗，使用冰敷或亚低温手段保护脑组织。对极度兴奋或谵妄患者予以约束，避免跌倒、伤人及自残，并给予镇静药物。生命体征稳定后尽快转低海拔地区，途中不能中断治疗，保持呼吸道通畅，原则上不能明显升高海拔。

（3）预防。基本预防措施同急性高原反应。有高原脑水肿既往史者劝其不要进入高原。有癫痫、严重神经衰弱等病史者，不宜进入3500m以上高原；避免过度疲劳和受寒；对急性高原反应严重、出现精神和神经症状者应及时治疗，高原脑水肿的早发现与早治疗非常重要。

（四）高原红细胞增多症

（1）临床表现：高原红细胞增多症是由于高原低氧引起的红细胞代偿性过度增生的一种慢性高原病。临床表现有胸闷、心慌、呼吸困难、头痛、头晕、多梦、失眠、记忆力下降、多血貌、皮肤、黏膜和指端发紫。血液学特点为红细胞和血容量绝对增多，低氧血症，血黏度增加。高原红细胞增多症诊断标准为：久居高原，血红蛋白≥200g/L，红细胞数≥6.5×10^{12}/L，红细胞压积≥65%。2005年提出新诊断标准：男性血红蛋白≥210g/L，女性血红蛋白≥190g/L。

（2）处置：长期吸氧氧疗，使用活血化瘀药物或阿司匹林降低血黏度，严重者进行成分放血治疗。有条件者降低居住地海拔，回到平原后红细胞数及血红蛋白恢复到正常。

（五）高原心脏病

（1）临床表现：以高原慢性低氧引起肺动脉高压为基本特征，伴有右心室肥厚或右心功能不全。发病缓慢，症状逐渐加重，早期有高原衰退症状及肺动脉高压的表现，进一步发展出现心悸、胸闷、呼吸困难、肝肿大、下肢水肿等右心功能不全的表现。

（2）诊断：高原心脏病有严格诊断标准。心脏彩超：右心室内径＞23mm，右室流出道内径＞33mm。

（3）处置：降低居住地海拔高度，长期氧疗，口服降肺动脉高压药物，减低体力劳动量和强度。急性心衰期加强氧疗，利尿、抗心衰治疗，治疗呼吸道感染等诱发心衰因素，平稳后送到平原或低海拔地区。

（六）高原高血压

（1）临床表现：长期居住在高原，血压长期增高达到高血压诊断标准：收缩压≥140mmHg和或舒张压≥90mmHg。可以出现头痛、头昏等症状，而回到平原血压又自动恢复正常。血压增高特点为：舒张压增高为主，脉压差小，发病年龄较小。

（2）处置：常规药物抗高血压治疗。注意高原环境下慎用利尿药物降压。回到平原后密切监测血压，抗高血压药物需要减量或停用。

（七）高原低血压

（1）临床表现：长期居住在高原，出现低血压，血压<90/60mmHg（收缩压或舒张压单项降低达到标准即可），可出现头昏、头晕、晕厥等症状，返回平原后血压恢复至正常水平。

（2）处置：不宜进行高处作业。症状轻者不需要药物治疗。症状严重者给予吸氧，使用升血压药物管通（米多君片）或使用参麦饮中成药，药物治疗无效者转移至低海拔地区。

（八）高原衰退症

（1）临床表现：脑力衰退症状：头昏，头痛，失眠，记忆力减退，注意力不集中，思维判断能力降低，情绪不稳定等。体力衰退表现：胸闷，心悸，食欲减退，纳差，腹胀，劳动及工作能力降低，体重减轻，疲乏无力，性功能减退，月经失调等。

（2）诊断：长期居住高原，出现以上症状，并排除高原红细胞增多症、高原高血压、高原低血压、高原心脏病者，诊断为高原衰退。

（3）处置：可长期低流量吸氧治疗，使用对症治疗。

氧气瓶背包携氧作业如图 7-5 所示。

图 7-5　氧气瓶背包携氧作业

二、高原相关性疾病

（一）高原高尿酸血症与痛风

（1）临床特点：高尿酸血症及痛风在高原发病率比平原高。另外，平原痛风多见于中老年人，而在高原地区发病年龄较年轻。

（2）处置：调节高原饮食，减少及限制高嘌呤食物；多饮水，促进尿酸排泄；适当运动；严禁饮酒；慎用抑制尿酸排泄的药物。急性痛风性关节炎期使用秋水仙碱、非甾体类抗炎药及糖皮质激素治疗。发作间歇期和慢性期使用排尿酸药：苯溴马隆，如丙磺舒；抑制尿酸生成药，如别嘌醇。

（二）高原睡眠障碍

（1）高原睡眠障碍患病率高。有资料显示，急进高原睡眠障碍患病率为9.45%～44.92%，长期居住于高原的人员睡眠障碍患病率为42.2%。

（2）高原睡眠障碍特点：急进高原睡眠障碍者睡眠时快速动眼期时间减少，浅层睡眠（Ⅰ期、Ⅱ期睡眠）增加，Ⅲ期、Ⅳ期睡眠减少甚至缺失。长期居住高原睡眠障碍者出现睡眠期转换次数增多，睡眠表浅，频发觉醒，睡眠呈片断状。高原睡眠障碍与周期性呼吸常伴发，氧饱和度降低，加重缺氧。

（3）处置：对初期进入高原人员可以在睡前持续低流量吸氧。高原富氧室可以明显改善睡眠障碍。对有严重睡眠问题者可给予安定片或舒乐安定、唑吡坦、扎来普隆等。行为和认知疗法、放松疗法等在治疗高原睡眠障碍方面有一定的作用。伴发睡眠呼吸暂停低通气综合征予以持续气道正压通气治疗。顽固高原睡眠障碍者回到平原症状可以减轻。

（三）高原性肺动脉高压

（1）临床表现：肺动脉高压指肺动脉压力异常升高的一种病理生理状态，在静息状态下平均肺动脉压大于25mmHg。高原性肺动脉高压指由于高原低氧环境引起的肺动脉高压。肺动脉高压分为三度：静息平均肺动脉压26～35mmHg为轻度肺动脉高压症，36～45mmHg为中度，大于45mmHg为重度。大部分轻度肺动脉高压症没有临床症状。中度、重度肺动脉高压可以出现呼吸困难、胸痛、胸闷、头晕和咯血等症状。

肺动脉高压也可以是其他高原病的发病原因及伴发表现。高原肺水肿、高原红细胞增多症、高原心脏病病人可以发现不同程度的肺动脉高压。

（2）治疗：高原性肺动脉高压的根本病因是高原低氧，因此回到平原或降低居住海拔是最有效的手段。氧疗，包括长期吸氧，必要时高压氧治疗。药物治疗包括：氨茶碱、钙通道阻滞剂、前列环素、内皮素受体拮抗剂、磷酸二酯酶-5抑制剂。

（四）日光性皮炎

（1）临床表现：日光性皮炎即日照性皮炎，又称日晒伤，为正常皮肤经暴晒后产生的一种急性炎症反应。高原太阳辐射与紫外线强，日光性皮炎的发病率较高。在体表暴露部位表现为局部境界清楚的皮温升高、红斑、肿胀、瘙痒、触痛、疼痛，可出现水疱、大疱；重症者可伴全身症状；部分患者出现延迟性红斑。

（2）治疗：轻度者冷敷后可自愈，中重度患者反复用冰牛奶、冷水湿敷，局部外用炉甘石洗剂、糖皮质激素软膏。全身症状明显者，可口服抗组胺药、钙剂或泼尼松，补充体液。

（3）预防：穿着高原特殊防晒着装避免暴晒，在暴露部位预先涂抹防晒霜，进行日光照射适应性训练。

（五）日光性眼炎（雪盲）

在高原雪地或冰川长时间作业，角膜和结膜吸收了被雪面反射的紫外线，引起的急性角膜炎和结膜炎又称为雪盲。预防以佩戴防紫外线太阳镜最有效。出现雪盲后需要及时冷敷与止痛，注意眼睛的休息，避免眼部疲劳或熬夜。

（六）鼻衄

鼻衄俗称“流鼻血”，是高原常见疾病之一。高原空气干燥是鼻衄发病的常见诱因，可鼻腔涂抹软膏保持鼻腔湿润或滴无刺激性的复方液体石蜡。轻症患者通常用指头压迫出血侧鼻翼数分钟即可止血。重症患者应使用凡士林纱布条填塞鼻腔，必要时可给予止血剂等处理措施。多饮水，多食新鲜蔬菜，可口服复合维生素片。

第五节　高原地区常见传染病和食源性疾病

高原地区常见的传染病包括：鼠疫、包虫病，常见的食源性疾病是食物中毒。

一、鼠疫

（一）临床表现

青藏高原是鼠疫自然疫源地，野外施工应特别注意防控鼠疫。

临床上分为腺鼠疫、肺鼠疫、败血症鼠疫、轻型鼠疫、皮肤鼠疫、肠鼠疫、眼鼠疫、脑膜炎型鼠疫、扁桃体鼠疫等，发病急剧，主要表现为寒战、高热，体温骤升至39～41℃，呈稽留热。剧烈头痛，有时出现中枢性呕吐、呼吸急促、心动过速、血压下降。重症患者早期即可出现血压下降、意识不清、谵妄等。

（二）处置

凡确诊或疑似鼠疫患者，均应迅速组织严密的隔离，就地治疗，不宜转送。主要处置措施如下：

1．严格地隔离及消毒患者

病区内必须做到无鼠无蚤。入院时对患者做好卫生处理（更衣、灭蚤及消毒）。

病区、室内定期进行消毒，患者排泄物和分泌物应用含氯石灰或甲酚皂液彻底消毒。

2. 饮食与补液

急性期应卧床休息，流质饮食，或葡萄糖和生理盐水静脉滴注。

3. 药物和对症治疗

（1）本病的治疗原则是早期、联合、足量、应用敏感的抗菌药物，常用药物有链霉素、庆大霉素、四环素等。

（2）高热者给予冰敷、酒精擦浴等物理降温措施。

（3）发热＞38.5℃，或全身酸痛明显者，可使用解热镇痛药。

（4）烦躁不安或疼痛者可使用镇静止痛剂。

（5）有 DIC（弥漫性血管内凝血）者在给予血小板、新鲜冰冻血浆和纤维蛋白原等进行替代治疗的同时给予肝素抗凝治疗。

（6）中毒症状严重者可适当使用肾上腺皮质激素。

（三）预防

（1）避免进入鼠疫疫区，避免接触鼠疫患者或旱獭等动物。

（2）开展灭鼠、灭蚤活动，及时将病死动物深埋。

（3）疫区工作人员需做好自我防护，勤洗手。

（4）建议积极接种疫苗。

二、包虫病

（一）临床表现

包虫病，又称为棘球蚴病，是棘球绦虫的幼虫寄生于人体组织，引起人畜共患的寄生虫病。根据感染的部位不同，分为肝棘球蚴病、肺棘球蚴病、脑棘球蚴病，其他部位感染相对少。肝棘球蚴病的表现是肝区不适隐痛或者胀痛、肝肿大。查体可以触及到无痛性的囊性包块，如果肿块压迫了胆管，可以出现黄疸；如果压迫门脉，可以出现门脉高压的症状，比如腹水、食管胃底静脉曲张等；如果合并感染与肝脓肿或者膈下脓肿相似；压迫入腹腔、胸腔可以引起弥漫性的腹膜炎、胸膜炎或者过敏反应。肺棘球蚴病以右下、中肺叶多见，可以有胸部的隐痛或者咳嗽，在与支气管相通，咳大量的液体带粉皮样的囊壁和囊沙。继发感染时可以出现高热、咳脓痰。脑棘球蚴病多见于儿童，多伴有肝与肺棘球蚴病。常常表现为头痛、视乳头水肿等颅内高压的症状，也有癫痫发作的表现。

（二）处置

经检查被确诊为棘球蚴病，要及时进行隔离治疗。外科手术是首选的治疗方法，早期发现、早期手术，手术前后应用药物治疗（如吡喹酮），可防止术中原头蚴漏出导致播散的作用。也可以口服阿苯达唑。

（三）预防

（1）管理传染源：犬是包虫病的最终宿主和主要传染源。对流行区可用吡喹酮驱除犬的细粒棘球蚴绦虫。

（2）切断传播途径：使广大群众了解包虫病的防治，避免与犬接触，注意饮食和个人防护。

三、食物中毒

高原地区由于水沸点低，不能有效杀灭病原菌，同时食物不容易熟，故容易出现“食物中毒”。高原多地产蘑菇，蘑菇中毒也较常见。

（一）临床表现

食物中毒是指摄入了“有毒”食物，这些食物可以是本身含有毒素，也可以是被细菌、真菌等微生物及其毒素污染的食物，或者毒物污染的食物。若误食，一般以急性胃肠炎症状为主，兼有神经系统症状；少数则以神经系统症状为主，伴有胃肠炎或其他有关症状。胃肠道反应，表现腹痛、上吐下泻等。有些毒物吸收进入血液，会损害肝脏、肾脏等脏器。

（二）处置

一旦食物中毒，应立即清除肠道内残余的毒物（如催吐洗胃、导泻等）。对于那些已经进入血液的毒物，需要及时解毒清除（如肉毒杆菌中毒可用该菌的多价抗毒血清治疗）。若是细菌、真菌导致的食物中毒，还需要相应的抗菌药物。

高原地区常发生食用有毒蘑菇中毒，可采取催吐洗胃和导泻的方法为减少毒素的吸收，大量地饮用温开水或淡盐水。催吐后可出现反复呕吐，要防止呕吐致窒息的发生。注意保暖。

（三）预防

（1）保持厨房和餐用具的卫生，做好消毒和分类处理。

（2）要食用新鲜干净的食物，少吃剩菜、剩饭，不食过期食品、含有有毒添加剂的食物。

（3）要采用正确的处理方式对食物进行彻底的高温杀灭病毒。

（4）将食物合理保存，避免发生变质。

（5）避免食用不明来源的食物或者不确定是否有毒的食物。

（6）高原水沸点低，需要使用高压锅才能将食物煮熟。

第六节 高原地区职业卫生、劳动保护和合理膳食

一、职业卫生

高原地区电网作业主要的职业危害因素包括：高原低氧、低气压、紫外线、低温、高处作业、有限空间作业等。

高原低氧和低气压可能导致职业性高原病，职业性高原病包括：急性高原病（高原脑水肿和高原肺水肿）和慢性高原病（高原红细胞增多症和高原心脏病）；处置和预防措施见第四节。

紫外线可导致职业性白内障，建议在强紫外线的露天作业时佩戴防紫外线眼镜。

低温可导致冻伤，在高原地区的冬季露天作业时，还应做好防冻伤的防护措施。作业前，注意携带足够防寒衣物、手套等保暖物品。作业时，保持衣物干燥，避免弄湿衣物；裸手不接触金属物体，寒冷季节金属物体表面温度低，热传导快，手接触易于冻伤，接触金属物体时应戴手套。作业后，如衣物被汗液或雨雪等浸湿，应及时更换；多喝开水，有助保持体温；休息睡觉时，注意保暖。

冻伤后处置：①尽快脱离低温环境，脱掉湿冷衣服、鞋袜和手套，换上干燥衣服和鞋袜。②采取保温措施，对于能够进食的人员，补充高能量食物。③立即用温水迅速复温，将冻伤部位浸泡在38～42℃的温水当中，直到冻伤部位的皮肤组织恢复红润、柔软为止，当皮肤的颜色和感觉恢复后，应该立即擦干并且用温暖的衣服进行保温。如不具备复温条件，也不能采用错误的复温方法，如拍打、冷水浸泡、雪搓或火烤等。

高原地区的高处作业和有限空间作业均可加重缺氧，建议携氧作业或控制连续作业时间（作业时间可参照《高原电网建设与运维医疗卫生保障》的要求）。

二、劳动保护

根据岗位工种的实际情况依据《国家安监总厅办公室关于印发〈用人单位劳动防护用品管理规范〉的通知》和《国家电网公司关于印发〈劳动防护用品配置规定〉的通知》，对各接触职业危害因素岗位的作业人员配备质量合格个人劳动防护用品（见表7-4）。

表7-4　　个人劳动防护用品表

防护部位	防护用品	备注
头	遮阳帽	/
	防寒帽（低温环境）	材质选用动物毛皮
	护目镜	镜片对紫外线的透过性能达到GB/T 3609.1—2008的要求，质量按GB 14866—2006执行

续表

防护部位	防护用品	备注
身体	防寒服（低温环境）	防寒性能应达到 GB/T 13459—2008 的要求
	防雨工作服、雨衣	/
手	防寒手套（低温环境）	材质选用动物毛皮
	防冻防裂膏	卫生理化指标应达到 GB/T 13641—2006 的要求
脚	防寒鞋（低温环境）	选用牛皮面，毛毡棉内衬
	雨靴	/
	防寒棉袜（低温环境）	/
	毛毡鞋垫	/
皮肤	防晒油	卫生理化指标应达到 GB/T 13641—2006 的要求
口唇	润唇膏	卫生理化指标应达到 GB/T 26513—2011 的要求

三、合理膳食

初到高原，既要补充高原低氧环境下有利于机体习服的各种营养素，又要切记勿暴饮暴食，可少吃多餐，尽量避免饮酒，因为饮酒可使机体需氧增加，加重机体的缺氧程度，大量酗酒易诱发急性高原病的发生。

食物的三大供能营养物质分别是碳水化合物、脂肪、蛋白质。初到高原时应以高碳水化合物、低脂肪、适量优质蛋白饮食为主，碳水化合物主要来源于米饭、馒头、面条等主食，它们供能效率高、易消化、代谢耗氧量低，在每日膳食供能中应占 60% 以上；减少高脂肪食物摄入，高脂肪食物不易消化，且代谢耗氧量大，可加重人体缺氧；同时，应多补充一些具有抗缺氧作用的优质蛋白，如精瘦肉、鱼类、蛋等动物性食物，这些食物中含有酪氨酸、色氨酸、胆碱、牛磺酸等，有助于抗缺氧。

高原低氧环境易影响食欲和胃肠功能，因此要吃热食熟食和易消化的食物，减少刺激性和易产气食物，增加食物的色香味，提高食欲。多食新鲜蔬菜和水果，在缺乏新鲜蔬菜的地区，每日可通过多维元素片补充一定量的多种维生素与矿物质。注重食品卫生，烹煮食物用高压锅，避免食用不洁或变质食物。

第七节　高原职工心理健康防护

一、心理健康与安全生产

随着市场经济的快速发展与社会竞争的日益激烈，紧张的工作和快节奏的生活使员工的观念、心理和行为都在随之发生变化。在这一时代背景下，员工心理健康与安全生产之间的关系尤为重要，安全生产需要建立在员工良好的心理素质基础上。员工的心理若不健康，对安全生产来说，就是一枚“定时炸弹”。因此，充分重视员工的心理健康，以多种方式提高员工的抗挫折能力，最大限度地减少员工不健康心理对安全生产的影响，成为当今企业管理的新课程。

心理健康水平的评价标准包括：一是适应性，既适应环境（自然环境、社会环境、和个体环境）的能力，包括被动适应和主动适应。二是宽容性，指经受心理刺激或压力能力。三是自控性，自控性是指控制和调节自我情绪能力，控制能力下降的特征是容易激动。四是注意力，注意力可作为评价心理健康水平标准，注意力难以集中，心理健康水平就低。五是社交能力，普遍来说，心理健康的人有良好的人际关系，良好的人际关系带来更舒适的心情，身体也相对健康。六是恢复能力，是指心理创伤后的恢复能力。七是道德意识，精神健康的一个标准是愉快胜于痛苦的道德感。

员工心理健康问题的主要表现：一是注意力不集中，在实际生产中，注意力不集中往往容易导致事故发生。二是心理紧张导致生理疲劳，长期处于心理紧张的员工容易生理疲劳，对工作的控制力下降。三是心理创伤引起的沮丧抑郁，员工可能会因家庭变故等造成心理创伤，引起情绪低落，造成注意力不集中等问题，导致危险事故的发生。四是心理上的敌对情绪，敌对情绪主要表现为唱反调、违抗权威等行为，如待遇、职位和领导的不公平决策等有可能导致员工敌对情绪，不按照规范操作造成事故。五是孤僻、抑郁、悲观等心理障碍，表现为员工反应迟钝、情绪低落、经常旷工和离开岗位等现象，如果不及时关心教育，就有可能导致操作失误和安全生产事故发生。

二、高原环境对心理健康的影响

相关研究表明，高原低氧环境会使人的智力、瞬时短时记忆及数字顺序和操控能力下降。低压低氧随着海拔增加，大气压降低，肺泡内的氧含量也降低，动脉血氧饱和度也随之降低。当血样浓度降低到一定程度，即可引起各组织器官供氧不足，发生功能性器质性变化，易使人产生焦虑、厌倦心理。因此，高原职工在面对工程建设的工作压力同时，高原缺氧、寒冷、干燥的环境条件和与亲人家庭分离、生活资源相对匮乏等客观条件会叠加作用，对个体心理健康状况造成影响。相关研究表明高海拔地区工作人群与平原地区比较，心理健康问题更加复杂和多样。

在北京电力医院一项针对电力援藏人员的心理相关研究中发现，高寒高海拔地区环境恶劣，物资匮乏且相对隔离，援藏人员往往世居低海拔地区，进入高原后常常难以很快适应。高原环境下，焦虑和孤独感是比较常见的心理健康问题，同时不良的心理状态对睡眠常常造成不利影响。援藏人员的焦虑水平高于正常水平，其焦虑症状与习服、脱习服症状有关，且常常混杂在一起。

预防和减轻高原特殊环境对电力工作人员心理健康的危害，应该越来越得到应有的重视。

三、高原环境心理健康综合干预

在高原环境心理防护方面，军队系统有比较好的经验，可供电力行业借鉴。在军队相关研究与实践中，高原知识学习与团队认知训练相结合的综合干预方式对提高急进高原前个体心理健康水平具有显著作用，提示开展综合性干预对于提高个体应对应激事件、情绪控制及压力应对等方面能够起到积极作用。

1．心理准备

主要内容为帮助初到高原电力工作人员掌握高原卫生防病知识，如高原相关常识、高原生活指南、促进高原习服的因素、高原常见病预防等。应对由低海拔进入高海拔工作的电力职工进行系统的习服和脱习服训练，针对高原环境气候特点、进入高原注意事项等编写并发放相关手册。有针对性开展健康宣教，让员工提前了解高原环境、气候特点、高原反应、高原疾病、进入高原注意事项、应对方式，降低对高原的恐惧心理。

2．心理训练

入藏前可进行一对一或团体心理辅导，帮助员工建立正确的心理预期，学会积极的压力应对方式。开展心理援助训练，包括学会主动寻求帮助和提高支持利用度；团队拓展合作训练，包括风雨同行等心理游戏；压力调节训练，包括应对压力挫折训练和环境适应训练；情绪管理训练，包括身心放松和想象放松，整个训练过程按照“团体训练—个人经验分享—技术巩固”的训练模式，并配有专业的心理咨询人员跟踪指导。认知心理训练同时配合身体习服，提高机体低氧环境的耐受力。

3．心理支持

大量研究表明社会支持越好，心理健康水平越高。从组织层面为高原施工的电力工作人员营造温暖关爱的人文环境和工作氛围，让职工感觉到组织的关心与支持，对高原环境下职工心理健康会起到积极的促进作用。企业可根据情况开展团体活动，帮助工作人员尽快融入新的工作集体，提高其归属感，发展和谐的人际关系。

应进一步完善高海拔电力建设心理健康服务体系，为员工提供可及的心理健康服务。定期开展心理健康教育和心理测评，及时发现心理异常人员，并提供必要的心理干预。企业也可以通过开通心理热线、开展心理咨询、建设心理健康小屋等活动，给职工提供心理问题疏导和解决的通道，及时关注和解决心理健康问题，做好高原特定环境下职工的心理支持。

第八章 高海拔地区电网新技术应用

近年来，党中央国务院先后发布了推行装配式建设、绿色建造、智能建造等系列文件，对现代技术手段应用等提出了明确要求。数字技术、节能环保、建筑技术迅猛发展，为国家电网有限公司积极开展基建新技术研究应用、创新推进电网建设方式转变带来新机遇。因此，越来越多的新技术、新工艺、新设备、新材料成功应用于电网工程。编者结合高海拔电网工程的特点，经过细致梳理，罗列了近些年较为成熟的新技术，如可伸缩防鸟针板、山地微型桩、可拆分小型挖机、卫星遥感解译、三维数字化、无人机/直升机验收巡视、感温电缆、隔离断路器、长螺旋钻孔灌注桩等“四新”技术。其他未提及的新技术可见《国家电网有限公司基建技术应用目录（2022年版）》。这些技术在高海拔地区电网工程的应用，可有效提高工程建设效率，降低施工运维风险，保证工程本体质量，节约工程造价。

第一节　输电线路相关新技术

一、可伸缩防鸟针板

雷击、鸟害、外力破坏是威胁输电线路安全运行的三大主要灾害，全国相关统计资料表明，鸟害已占输电线路总故障的第三位。随着人类对自然生态环境保护意识的加强，禁猎和退耕还林政策的实施，人类为鸟类生存创造了更好的环境，鸟的种类及数量逐渐增多，活动范围逐步扩大。随着电网的发展，输电线路如不采取针对性的防鸟措施，其危害程度也将逐步增大。

目前，防鸟刺仍为电力建设中主要的防鸟手段，然而采取防鸟刺措施后鸟类在铁塔筑巢、绝缘子鸟粪情况仍普遍存在，进一步分析表明，鸟刺的密度、长度参数过于单一，对于种类繁多、体型各异的鸟类不能起到普遍防鸟作用，鸟类仍可在鸟刺下端进行筑巢及活动，不能发挥到防鸟的作用。此外，常规的防鸟装置在使用过程中并未考虑相应的防护措施，往往会对鸟类造成一定的伤害，环境友好性较差。

考虑到高海拔地区生态环境的脆弱性和现阶段电网的薄弱性，如何将鸟类活动的影响降到最低，同时电网在运行过程中体现出自然环境的生态友好性，是线路设计中一个亟待解决的问题。

为避免鸟害事故威胁输电线路安全运行，同时避免常规防鸟设备使用的局限性以及对鸟类造成的伤害，可采用新型可伸缩防鸟针板。可伸缩防鸟针板在防护原理上与普通防鸟针板一致，通过占位使得鸟类不再进入相关区域，从而达到防鸟效果，同时在端部加装红色保护帽装置，避免对鸟类的伤害。可伸缩防鸟针板在藏中电力联网工程中得到广泛应用，根据运行单位反馈，安装新型的可伸缩防鸟针板后鸟害事故得到了有效控制，同时也未出现过鸟类的伤亡事件。

可伸缩防鸟针板安装应采用专用夹具，专用夹具使用 4.8 级 M16 × 40 热镀锌螺栓紧固连接，紧固螺栓采取了可靠的防松措施。防鸟针板根据塔材大小设置成单排、双排或多排针板，现场装拆方便。

可伸缩防鸟针板的每根钢针整体长度（220 ± 5）mm，直径 φ2.5mm，端部做防伤害处理，针板基板的材质采用厚度（1.3 ± 0.1）mm 的 304 不锈钢钢板制成。针板每一连接单元收缩时：长度≤140mm，宽度≤80mm；每一单元拉伸至两基板夹角呈 90° 时：长度（500 ± 10）mm，宽度（60 ± 5）mm。对于 1m 长防鸟针板，每套针板标配 2 个连接单元，总拉伸长度（1000 ± 20）mm，总收缩长度≤280mm，总钢针数量 36 根；1.5m 长防鸟针板，每套针板标配 3 个连接单元，总拉伸长度（1500 ± 20）mm，总收缩长度≤420mm，总钢针数量 54 根，如图 8-1 所示。

图 8-1　可伸缩防鸟针板示意图

可伸缩防鸟针板的安装金具采用厚度 8mm 钢板制成，整体热镀锌防腐处理，具备双向安装功能，每个安装金具配一套 M12 螺栓作为顶丝使用。

每套 1m 长可伸缩防鸟针板质量≤2.1kg，每套 1.5m 长可伸缩防鸟针板质量≤3.2kg，且两种针板可根据实际安装要求具备自由组装和拆分功能，可以自由组装成多单元和多排形式安装，适应宽度 250mm 以下的所有角钢、所有位置，以及各种长度塔材的安装。可伸缩防鸟针板安装效果图如图 8-2 所示。

图 8-2 可伸缩防鸟针板安装效果图

可伸缩型防鸟针板为解决现有防鸟装置防护效果不佳、不利于检修人员检修工作、安装不方便、使用寿命短等缺点而产生的。根据不同杆塔需要防护范围不一，可以自由地进行拉伸和收缩，并在端部加装红色保护帽装置，避免对鸟类的伤害，能有效保护高海拔地区脆弱的生态环境，促进社会经济和自然环境的和谐发展。

二、山地微型桩基础

针对山区基础，由于地形条件与复杂地质条件的制约，常规的输电线路基础设计、施工往往受到各种制约。例如，传统的原状土掏挖基础、人工挖孔基础、岩石嵌固基础等型式，桩径普遍超过 1.2m，埋深在 6～30m 之间，对钻机的扭力要求大，基坑开挖机械成孔需要大扭矩力装备。大扭矩力装备体积大、重量大，难以上山，无法实现机械化施工，人工成孔仍然是目前我国输电线路行业主要施工方式。同时，由于市场炸药的限制，人工掏挖基础施工效率低，孔下作业安全风险大。尽管岩石锚杆基础可采用小型机械施工，但锚杆基础单杆承载力较小，对地质条件和岩石完整性要求较高，应用受限制，使用比例较低。

微型桩是在树根桩基础上发展起来的一种新型小直径钻孔灌注桩，直径通常为

0.1～0.4m，但可以达到较大的深度，长径比可达30～50。该基础通过一种小型的钻孔灌注设备在地基中先成孔，然后在孔中下入设计所要求的钢筋笼和注浆管，经清孔后在孔中投入一定规格的石料或细石混凝土，再采用压力注浆的形式将水泥浆液灌入孔中，形成同径或异径小桩。微型桩基础通过压力注浆可明显改善桩周土体的工程力学特性、提高地基承载力，同时又能承受较大的上拔力和水平力。因此微型桩具有节约混凝土、钢材、土石方量，一方面可以降低工程造价；另一方面，对环境影响也较小，现场施工工作量小等优点，有着显著的经济效益。通过对微型桩基础与一般挖孔基础相比较，直线塔一般可节约混凝土7%～14%左右，节约造价3%～7%左右。耐张塔一般可节约混凝土8%～17%左右，节约造价5%～10%左右。

国网经研院等几家设计、科研、设备单位于2019～2021年完成了一项科研项目，研究了设计和施工更为优化、适用范围更广的山地微型桩基础型式，同时也研制了几种小型钻机以适应山地运输和施工需要。该项目开展不同桩长、桩径和受力状态的山地微型桩基础现场原位真型试验基础数量共计24个，基础尺寸设计如表8-1所示。

表8-1　试验工况设计

基础型号	桩径（mm）	布置形式	桩长（m）	承台尺寸（m）	试验工况	数量
LZ300T	300	单桩	4.5	/	上拔	3
LZ300N	300	单桩	4.5	/	下压	3
LZ300H	300	单桩	4.5	/	水平	3
LZ300T	300	单桩	3	/	上拔	1
LZ300N	300	单桩	3	/	下压	1
LZ300H	300	单桩	3	/	水平	1
LZ300T	300	单桩	6	/	上拔	1
LZ300N	300	单桩	6	/	下压	1
LZ300H	300	单桩	6	/	水平	1
LZ250T	250	单桩	4.5	/	上拔	1
LZ250N	250	单桩	4.5	/	下压	1
LZ250H	250	单桩	4.5	/	水平	1
LZ350T	350	单桩	4.5	/	上拔	1
LZ350N	350	单桩	4.5	/	下压	1
LZ350H	350	单桩	4.5	/	水平	1
BZ300T	300	群桩 2×2	8.7	1.7×1.7×0.6	上拔	1
BZ300N	300	群桩 2×2	8.7	1.7×1.7×0.6	下压	1
BZ300H	300	群桩 2×2	8.7	1.7×1.7×0.6	水平＋上拔	1

图 8-3 为直径 D300mm，埋深 L4.0m 微型桩单桩抗拔真型试验。

图 8-3 D=300mm，L=4.0m 微型桩基础抗拔破坏情况

图 8-4 为群桩基础为 2×2 根微型桩，直径 300mm，桩长 4.5m，上拔试验。

图 8-4 群桩上拔试验

同时，为满足山地多种地质条件地基土要求的钻孔多功能技术，以及为实现更换组合快速、便捷，可靠，动力单元和操控系统的通用性和兼容性，根据施工机具动力头种类和各种钻具的不同组合研究了不同的钻进工法。如图 8-5～图 8-8 所示。

山地微型桩钻机采用模块化方法进行设计，模块化方法具有拆装方便、移运快捷的优点，有效解决了工程中索道运输设备承重应不超过 2.0 吨限制。工程中各模块之间采用锥形孔定位原理，快速精准地实现了拼装工作。按整机结构划分为十四大模块，如图 8-9 所示。

图 8-9 中每一个模块质量见表 8-2。

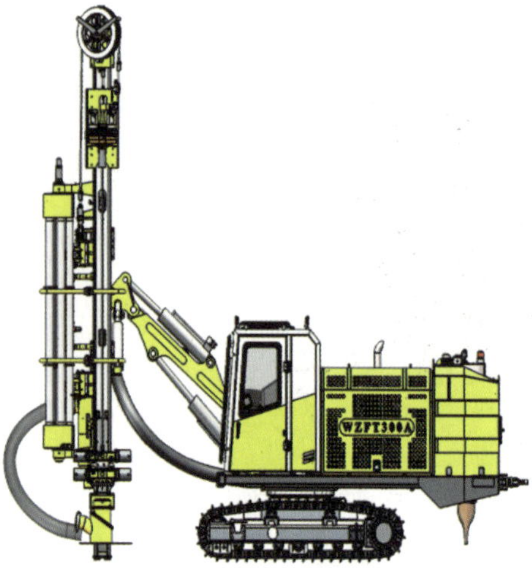

图 8-5 潜孔模式图

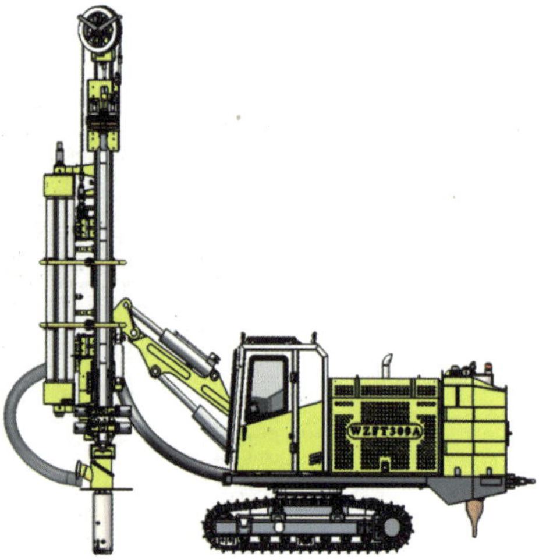

图 8-6 旋挖模式

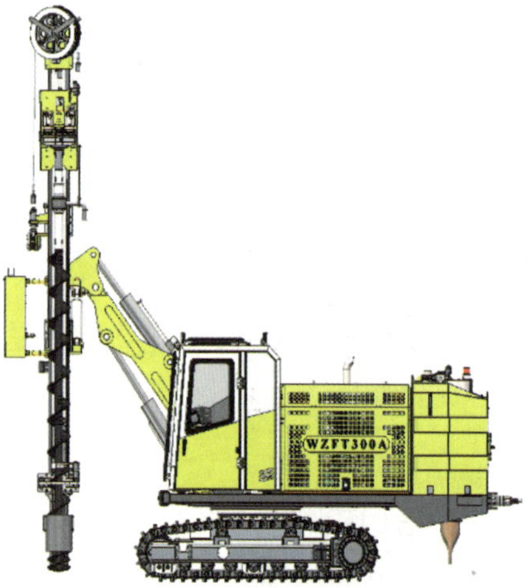

图 8-7 螺旋钻模式

图 8-8 微型钻机样机

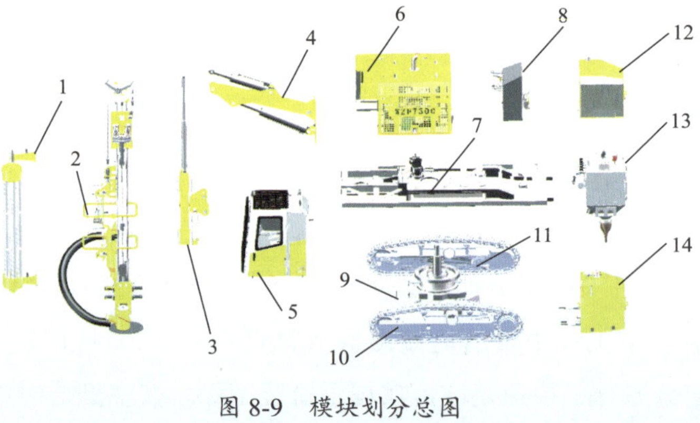

图 8-9 模块划分总图

1—换钎仓组件模块；2—推进梁总成模块；3—中托架总成模块；4—钻臂总成模块；5—驾驶室总成模块；6—车身中段总成模块；7—车体架总成模块 1；8—车体架总成模块 2；9—行走底盘总成；10—左履带总成；11—右履带总成；12—柴油箱总成模块；13—集尘器总成模块；14—液压油箱总成模块

表 8-2　　各模块质量

编号	设备名称	单件重量（kg）	备注
1	换钎仓组件模块	1765	包含钻杆
2	推进梁总成模块	1915	
3	中托架总成模块	530	
4	钻臂总成模块	980	
5	驾驶室总成模块	1406	
6	车身中段总成模块	1475	包含动力系统
7	车体架总成模块 1	1880	
8	车体架总成模块 2	1109	
9	行走底盘总成	1061	
10	左履带总成	1150	
11	右履带总成	1150	
12	柴油箱总成模块	1041	
13	集尘器总成模块	450	
14	液压油箱总成模块	1088	

三、可拆分式小型挖孔机

从源头压降施工安全风险，高效推进电网建设，提升施工本质安全，国内相关送变电公司开展了可拆分式小型挖孔机的研制和改进。

可拆分式小型挖孔机具有开挖、清渣、护壁为一体的功能，整机采用模块化设计，拆装方便，最大拆分质量为 1.3 吨，可以实现轻型货运索道运输，适合在山地丘陵等重型装备无法到位的地区使用。在功能上，该机动力强劲，适应地质条件较为广泛，实现了“人不下坑”的作业要求，配合“泵送混凝土”工艺，可以有效避免现场“湿作业”，在绿色环保施工方面有极大的改善。设备结构图如图 8-10 所示。

可拆分式小型挖孔机的工作原理是：采用高速旋转的多组刀头对岩体进行立向切削；采用真空负压装置进行孔底排渣；地面采用两套动力泵站，一套驱动刀头自转和公转，另一套控制钢护筒升降，并通过巧妙设计起到进给装置的作用，给刀头施加下压力，从而完成开挖作业。该装置通过多套动力的整合，整体功率达到 202kW，可开挖 35MPa 及以下强度的岩体，对 40MPa 的岩体也有一定的适应性。

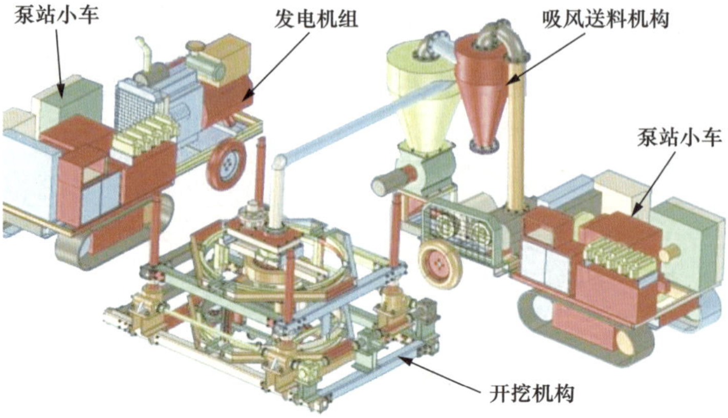

图 8-10　设备结构图

整体设备主要由动力系统和作业系统两个部分组成，动力系统由发电机组、液压泵机组成；作业系统开挖机构和负压排渣装置组成，共四个单元，如图 8-11 所示。

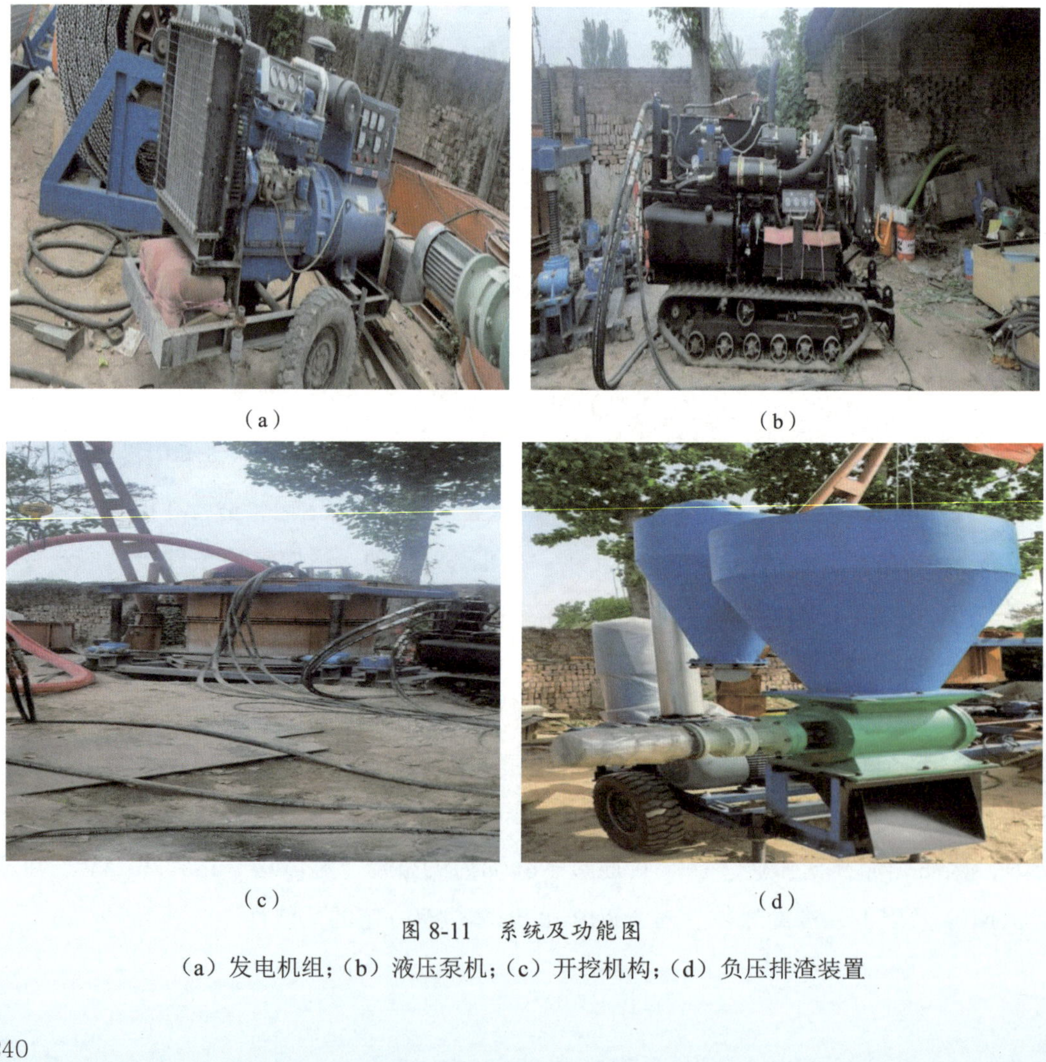

图 8-11　系统及功能图
（a）发电机组；（b）液压泵机；（c）开挖机构；（d）负压排渣装置

本机通过几个工程的应用测试，已在白鹤滩 500kV 配套送出工程和泸州—泸州东 500kV 输电线路工程中得到了广泛应用，取得了良好的效果。

四、卫星遥感解译技术

西藏地区地形复杂多样，高山峡谷地带海拔较高，形成特有的冰川雪域地貌和强烈的寒冻风化环境。另外高原峡谷地区缝合带、板块接触带等深大活动断裂众多，区域稳定性差，广泛分布着高地温、高地应力情况，致使区内崩塌、滑坡、错落、泥石流等不良地质灾害十分活跃。对于以上地质问题，传统输电线路初勘选线需要大量的人力物力，作业效率较低。可使用如图 8-12 所示的卫星遥感技术，在终勘选线前期通过室内遥感技术规避一些不良地质区域，线路设计不仅可以节省大量人力物力，还极大地提高了工作效率。

线路沿线区域地形地质复杂，气候条件恶劣，可能遇到的地质灾害数量多、面积广。如果按照常规的工程地质调查方法开展工作，由于视野所限或交通不便等给区域地质调查带来许多困难，过程漫长，与工程的紧迫性矛盾突出。而利用遥感图像判释，可以直接按影像勾绘出范围，并确定其类别和性质，同时还可查明其产生原因、规模大小、危害程度、分布规律和发展趋势，能够提高工作效率，保证工程质量。

（a）　　（b）

图 8-12　典型高陡边坡解译

（a）高陡边坡解译一；（b）高陡边坡解译二

通过对遥感影像进行处理，对图像上的沿线地形地貌、地质构造、活动断裂、外动力地质现象等进行解译。尤其对不良地质作用进行高精度解译，对不良地质作用进行准确定位，划分范围，并根据危险性进行分区，为塔位稳定性评价提供可靠依据。如图 8-13～图 8-15 所示。

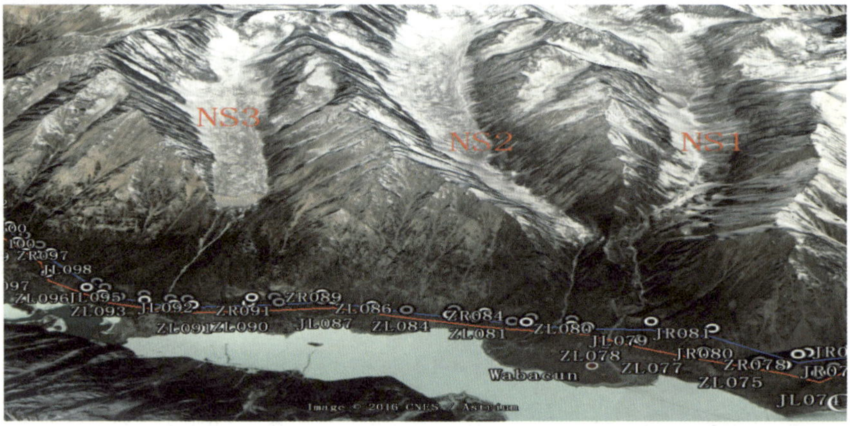

图 8-13　典型泥石流沟解译

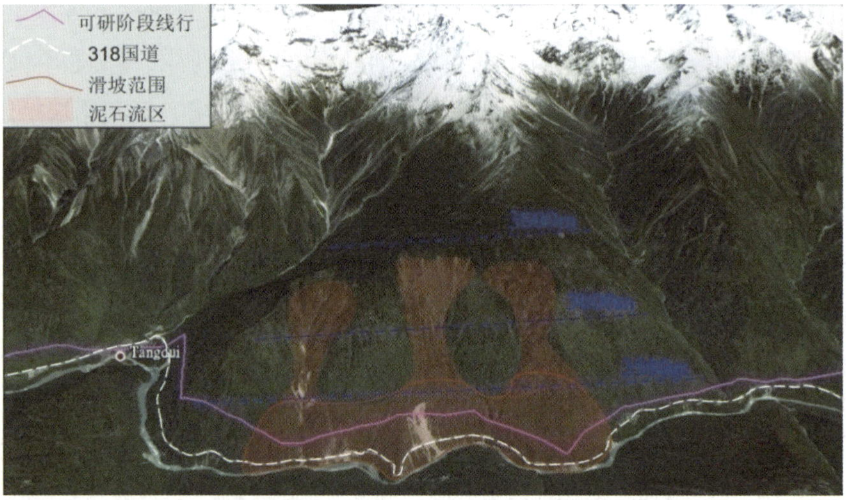

图 8-14　沿线典型滑坡群解译

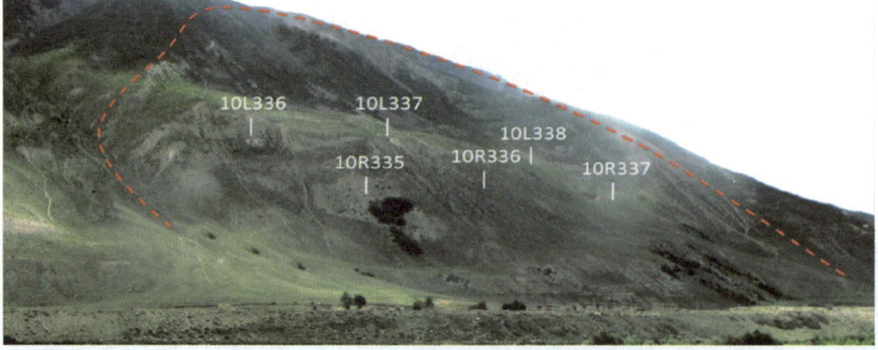

图 8-15　沿线典型特大古滑坡解译示意

五、基于海拉瓦的索道选择与优化

传统线路选线作业模式是用GPS结合航测技术进行线路测量的方法下的终勘作业模式。这种模式下的终勘作业工作分为路径放样和定位。海拉瓦技术主要由海拉瓦全数字摄影测量系统与洛斯达自主研发的一套针对电力工程优化设计的技术组成。对于西藏高海拔、高山大岭、大高差的地形特点，借助于海拉瓦技术，不仅可以使得线路选线设计大大提高效率，减小终勘定位工作量，还能用于布置施工索道，降低施工困难程度。

由于西藏地区自然景观原始纯净，修复极其困难。线路途经地形条件复杂，对线路施工造成极大挑战。海拉瓦摄影测量技术不仅可以优选路径，还可以对施工索道进行布置和优化，减小施工困难程度。

1. 路径选择

应用海拉瓦航测技术优化路径，尽量避开树林、植被、厂矿和房屋集中区域，提供准确的信息，有效保护环境。在施工图前期，根据海拉瓦航测系统生成线路断面，应用定位优化程序进行了预排位，其成果用于杆塔优化设计，提出了适合工程的最佳塔型组合条件，从宏观上优化选择塔位基础。

2. 利用海拉瓦技术辅助施工索道方案布置及优化

利用三维可视化手段集成输电线路设计信息、DEM、道路、坡度、外业调绘等信息，综合考虑道路、运货场、索道方案布置条件等多方面的因素，完成索道方案布置的规划。

索道方案布置原则如下：

（1）塔位所在山地坡度较陡，人畜不易到达处。

（2）距离公路较远且与公路高差较大。

（3）跨越集中林区段路径，减少林木砍伐量。

（4）装货点尽量靠近车辆能到达的位置，卸货点应尽可能在线路杆塔高点附近。

（5）索道尽量避免和已有或新建的线路、通信线、公路、铁路和居民区交叉。

3. 索道方案布置工作内容

海拉瓦立体平台可覆盖线路两侧各两公里范围，提供沿线地物地形的各种信息，对重要地物进行避让。

与施工人员配合，对塔位四周可能的各种方案布置位置进行初选。对于坡度大于30°且无路可到的塔位，考虑布置索道方案；选好位置后在Microstation软件下与立体影像联机画出索道路径，同时量测对方案成立有影响的各项参数。海拉瓦立体选线模块如图8-16所示。

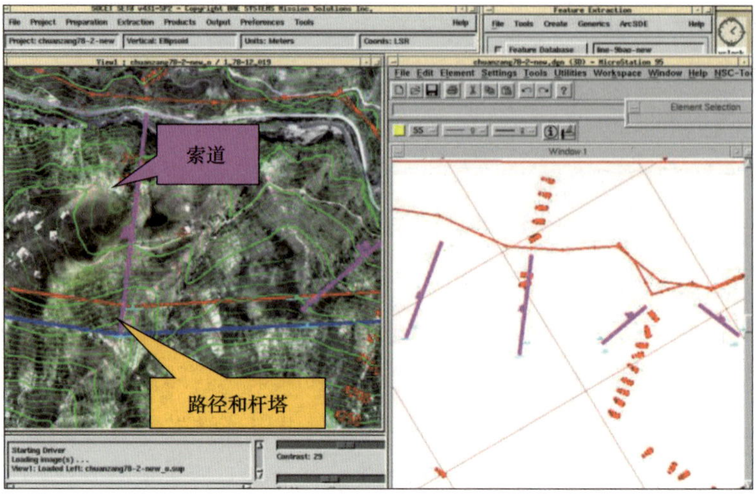

图 8-16　海拉瓦立体选线模块

海拉瓦立体平台可实时生成如图 8-17 的索道断面图，直观显示该索道方案的地形特征。

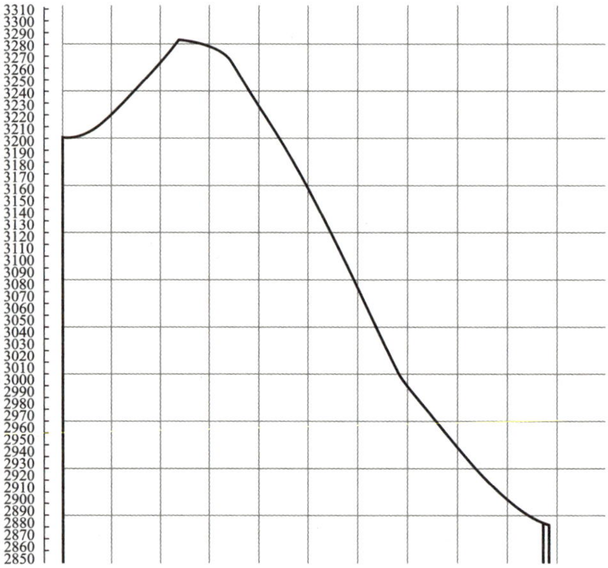

图 8-17　索道山坡断面图

在海拉瓦环境下对索道方案进行比选，考虑小运是否能到达，中间是否有运货场，是否有设支点位置等因素，实时量测索道与道路的距离、坡度以及索道高差角，最终比选出最佳索道路径。索道方案比选实例如图 8-18 所示。

六、三维数字化移交

为方便工程投产运营后的运维管理，在工程实施过程形成的所有数字成果需要进

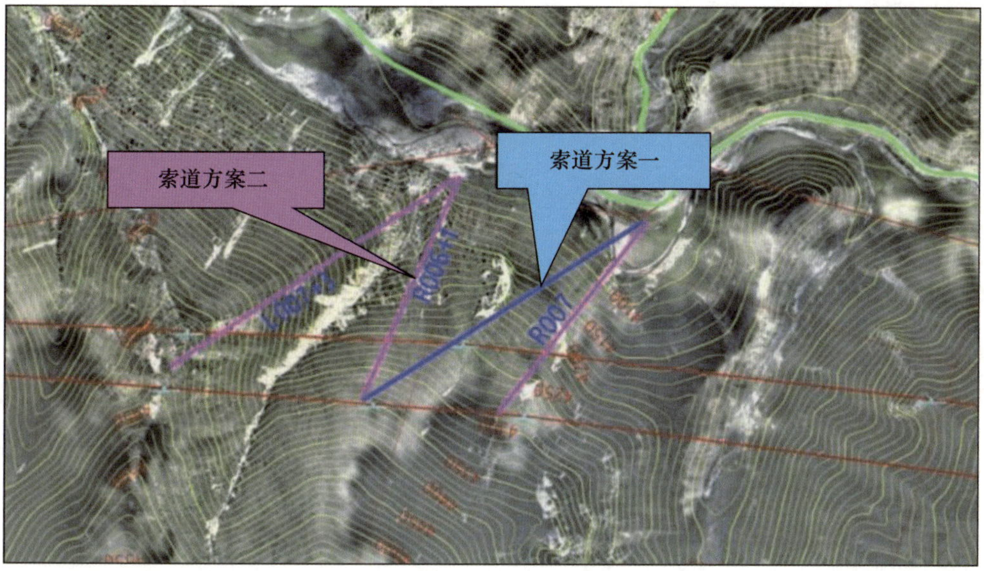

图 8-18 索道方案比选实例

行统一管理维护。将施工过程中所形成的所有数据资料、设计资料、文字材料、多媒体资料等进行整合入库，将在工程建设中的所有数字成果交付业主单位，方便业主随时对工程相关材料进行调阅以及实现相关的三维分析、统计分析等功能。三维电子化移交是非常必要的。

传统的档案移交主要包括纸质版和扫描版档案，业主需要从参建各方接收大量的数据，但目前数据移交接收的技术和手段大多还停留在旧有模式下，且由于基建过程管理与运行维护期管理对生产性资产数据的关注点也不尽相同。同时，管理人员分属于不同管理团队，团队之间缺乏沟通，导致最后所移交的数据还需要经过大量的人工筛查处理以及手工录入，数据的完整度、可用性得不到有效保障，还远不能满足集约化、标准化、流程化管理的需求。

为解决上述问题，在移交过程中根据运检单位对地理空间数据的具体要求，对地理数据进行处理。

在电子化移交阶段，需对各设计单位的竣工资料重新收集整理，按照竣工资料内容，对施工图设计阶段的档案、模型参数库进行更新。在该阶段，主要工作有竣工资料的采集、整理、入库，相关数据的检查更新等。

三维电子化移交成果分为平台移交和标准数据资料移交两部分。

1．平台移交

根据三维电子化移交的具体要求移交相应的平台，平台包含航摄影像、DEM 数据、交叉跨越、杆塔模型等信息。如图 8-19～图 8-28 所示。

（1）系统主界面。

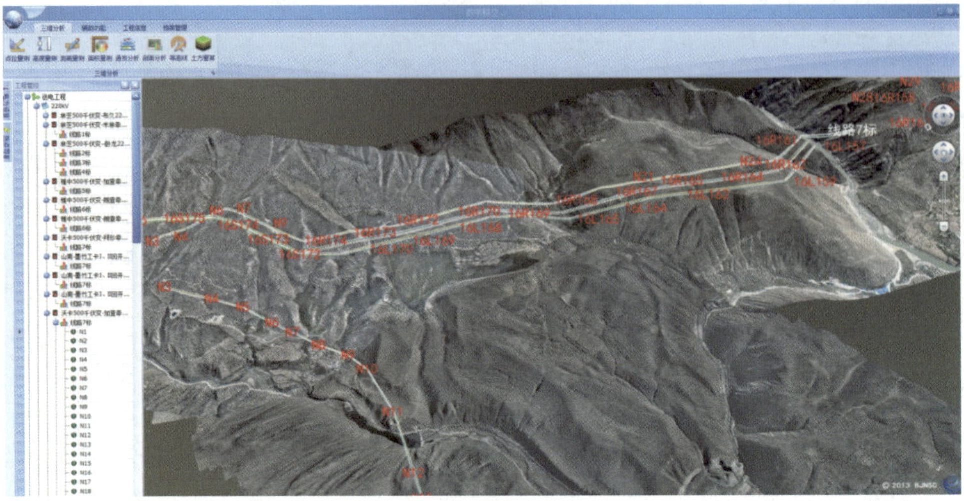

图 8-19　系统主界面

（2）三维可视化。

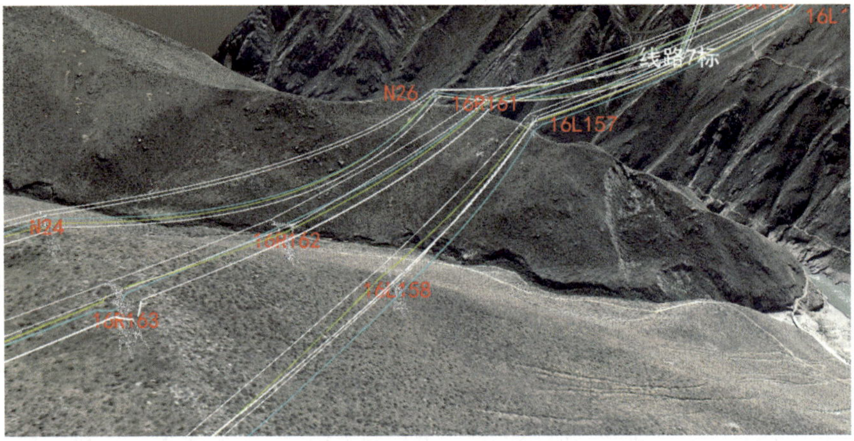

图 8-20　三维可视化 - 三维地形

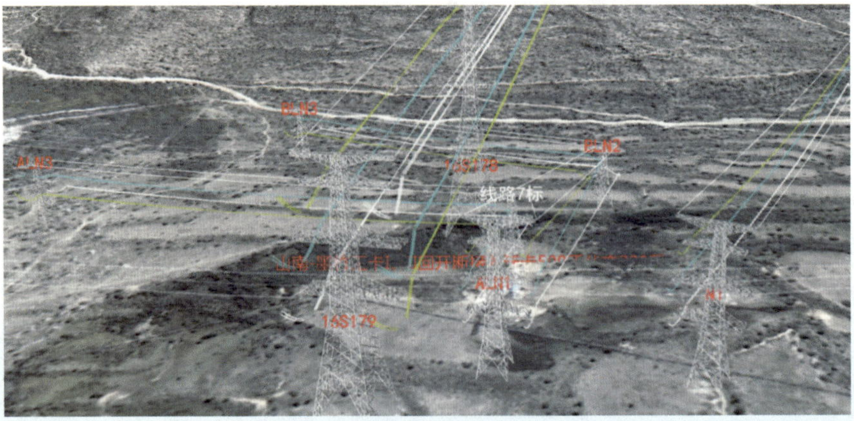

图 8-21　三维可视化 - 线路和交叉跨越

（3）工程建设信息管控。

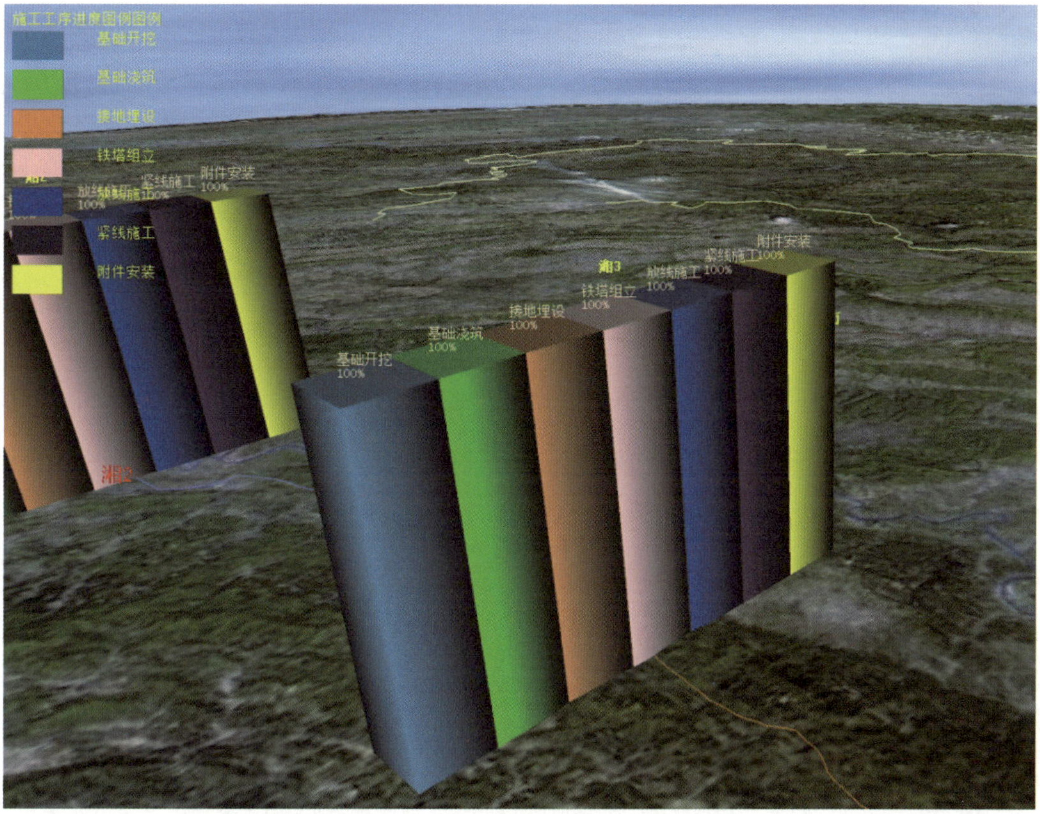

图 8-22 工程建设信息 - 施工进度

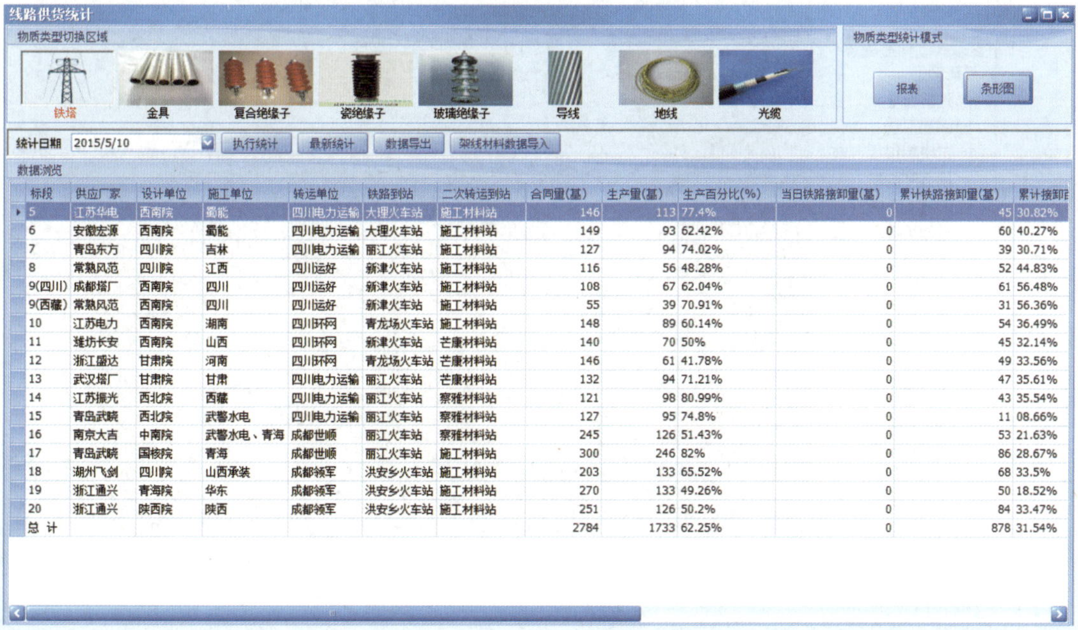

标段	供应厂家	设计单位	施工单位	转运单位	铁路到站	二次转运到站	合同量(基)	生产量(基)	生产百分比(%)	当日铁路接卸量(基)	累计铁路接卸量(基)	累计接卸
5	江苏华电	西南院	蜀能	四川电力运输	大理火车站	施工材料站	146	113	77.4%	0	45	30.82%
6	安徽宏源	西南院	蜀能	四川电力运输	大理火车站	施工材料站	149	93	62.42%	0	60	40.27%
7	青岛东方	四川院	吉林	四川电力运输	丽江火车站	施工材料站	127	94	74.02%	0	39	30.71%
8	常熟风范	四川院	江西	四川运好	新津火车站	施工材料站	116	56	48.28%	0	52	44.83%
9(四川)	成都塔厂	西南院	四川	四川运好	新津火车站	施工材料站	108	67	62.04%	0	61	56.48%
9(西藏)	常熟风范	西南院	四川	四川运好	新津火车站	施工材料站	55	39	70.91%	0	31	56.36%
10	江苏电力	西南院	湖南	四川环网	青龙场火车站	施工材料站	148	89	60.14%	0	54	36.49%
11	潍坊长安	西南院	山西	四川环网	新津火车站	芒康材料站	140	70	50%	0	45	32.14%
12	浙江盛达	甘肃院	河南	四川环网	青龙场火车站	芒康材料站	146	61	41.78%	0	49	33.56%
13	武汉塔厂	甘肃院	甘肃	四川电力运输	丽江火车站	芒康材料站	132	94	71.21%	0	47	35.61%
14	江苏振光	西北院	西藏	四川电力运输	丽江火车站	察雅材料站	121	98	80.99%	0	43	35.54%
15	青岛武晓	西北院	武警水电	四川电力运输	丽江火车站	察雅材料站	127	95	74.8%	0	11	08.66%
16	南京大吉	中南院	武警水电、青海	成都世顺	丽江火车站	察雅材料站	245	126	51.43%	0	53	21.63%
17	青岛武晓	国核院	青海	成都世顺	丽江火车站	施工材料站	300	246	82%	0	86	28.67%
18	湖州飞剑	四川院	山西承装	成都领军	洪安乡火车站	施工材料站	203	133	65.52%	0	68	33.5%
19	浙江通兴	青海院	华东	成都领军	洪安乡火车站	施工材料站	270	133	49.26%	0	50	18.52%
20	浙江通兴	陕西院	陕西	成都领军	洪安乡火车站	施工材料站	251	126	50.2%	0	84	33.47%
总 计							2784	1733	62.25%	0	878	31.54%

图 8-23 工程建设信息 - 物资供应

（4）工程信息检索。

（5）三维分析。

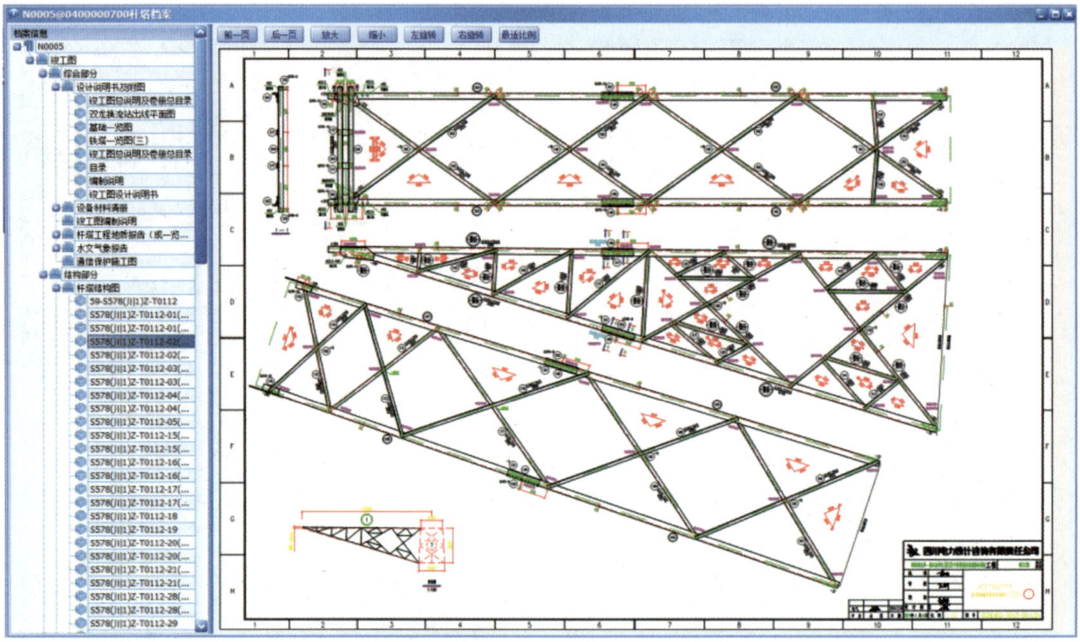

图 8-24　工程信息检索 - 档案资料检索

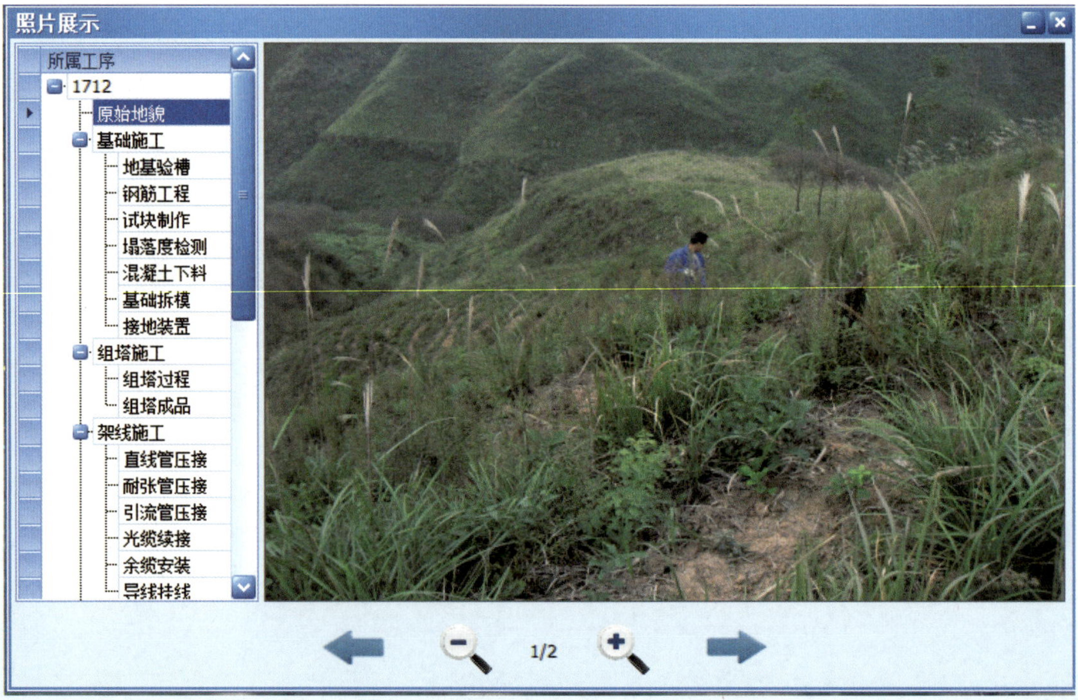

图 8-25　工程信息检索 - 工程数码照片

图 8-26　三维分析 - 通视分析

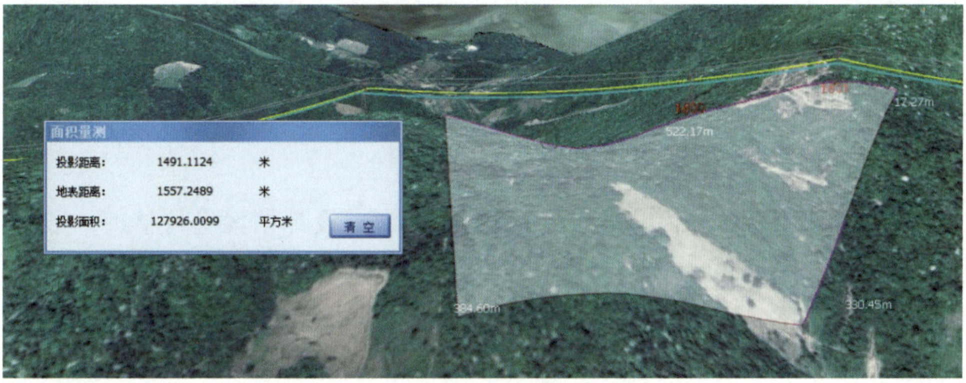

图 8-27　三维分析 - 面积量测

图 8-28　三维分析 - 土方量算

2．标准数据资料移交

在完成了对基础数据的处理后，向指定移交单位进行成果的电子化移交。

（1）地理空间信息及模型成果移交。可对 DEM、路径、杆塔模型、绝缘子模型、影像数据、杆塔属性成果移交，如图 8-29 所示。

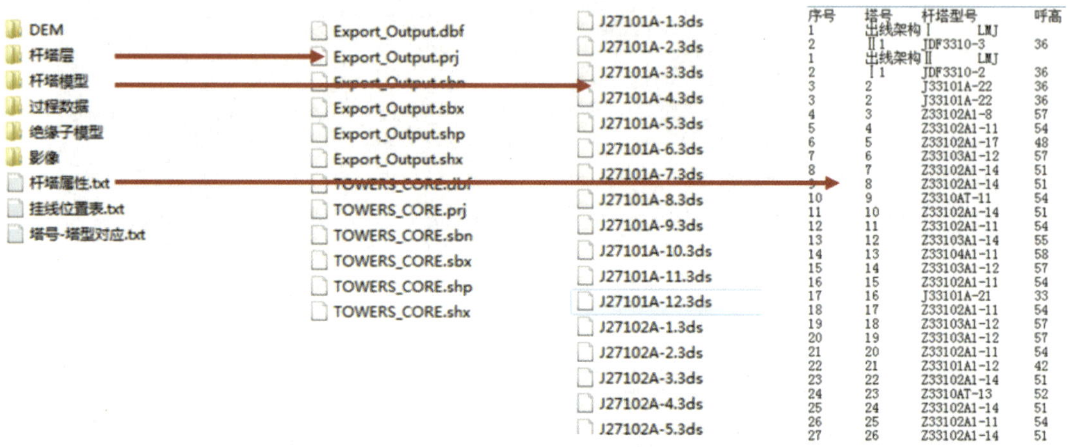

图 8-29　地理空间数据、电力专题数据成果

（2）档案资料成果移交。按照移交相关要求，对设计档案进行整理，形成如图 8-30 所示的档案成果。同时根据文件的组织方式构建索引数据库，如图 8-31 所示。

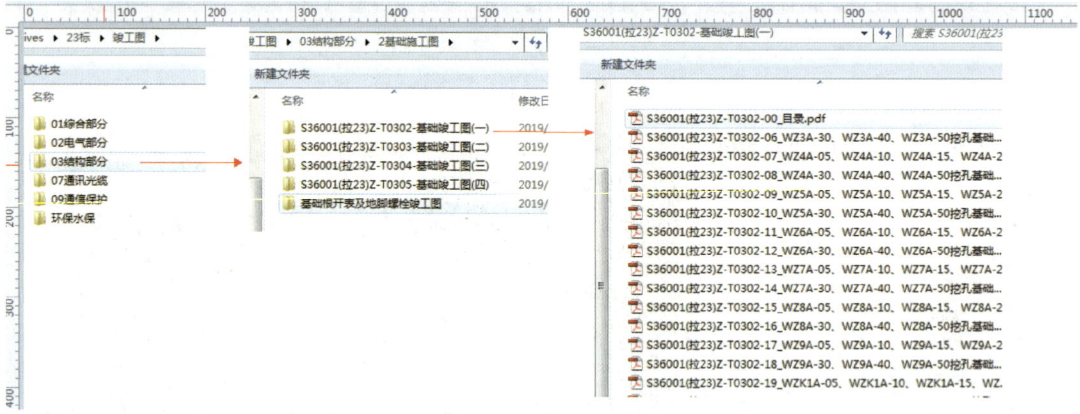

图 8-30　设计资料

（3）工程数码照片成果移交。工程数码照片最终形成数码照片文件库以及相关索引表，如图 8-32 所示。

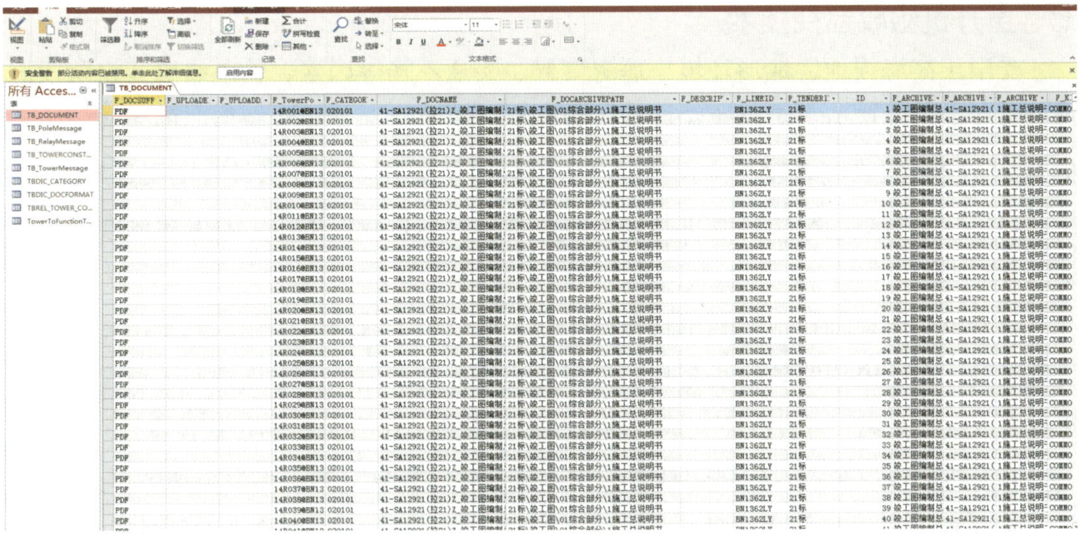

图 8-31 档案资料索引表

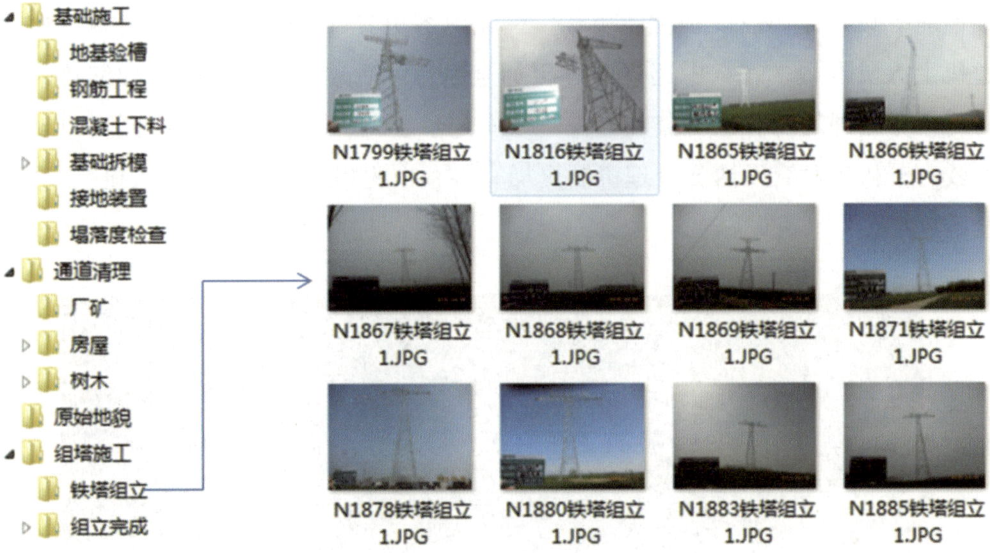

图 8-32 数码照片文件

三维数字化移交包括平台移交和标准数据资料移交。先完善平台建设，搭建数据框架，然后通过整合大量的基础数据，根据制定的流程、规范，完善数据间的关系，数据之间形成点、线、面的立体结构，有效避免了孤立数据出现。采用三维数字化移交，对运维单位而言，降低了后期的检索难度；对业主而言，三维数字化移交具有数据查询可靠性高、直观性强、效率高、智能化强等特点，对工程全生命周期管理意义重大。

七、直升机验收巡视技术

受限于高海拔地区地形环境、恶劣气候、交通不畅等因素，输电线路建设阶段困难重重，建设完成后，需尽快完成施工验收投入运行。通常验收阶段时间短、验收人员不足，传统验收方式较难全面覆盖建设线路各个方面。直升机具有不受地形限制，作业速度快等特点，利用直升机开展验收巡视可以取得较好效果。直升机高海拔作业如图 8-33 所示。

直升机验收巡视技术指利用直升机平台，通过机上航检员操作机载专用相机、吊舱等设备，对输电线路导地线金具、附属设施等关键部位按照定点拍照（录像）标准流程完成数据采集，并在线下完成对所采集影像数据查缺和分析的作业技术。

直升机验收巡视技术优势包括：①作业速度快。根据直升机高海拔地区作业经验，作业不受地形限制且单机组线上作业效率可达 11～15km/h，单作业日可作业 4～6h，作业效率是人工及其他巡视手段的 10～50 倍。②作业设备丰富、性能优越。通过直升机平台，作业设备的质量可达到 60kg，可搭载专业相机、稳像设备、双光吊舱、激光扫描吊舱等设备，作业设备性能更优，作业内容更具针对性。③作业内容更加全面。通过机上人员巡视，在空中巡视内容更加全面，可对巡视任务进行更加细致的巡视，同时对任务之外的内容也可兼顾巡视。④安全系数高。通过严格的作业管控措施，有人驾驶直升机应对突发情况处理机制更加完善，作业相对于人工和无人机具有更高的安全系数。

图 8-33　直升机高海拔作业

验收巡视以可见光巡查为主，同时采集可见光录像，视情况进行红外巡视。作业内容如下：

（1）杆塔本体检查时。悬停位置：直升机在杆塔侧悬停，距离杆塔 50m 以内。悬停位置与地线横担水平或稍高于地线横担，并与杆塔侧面保持 30°角，采取塔前塔后两个位置对杆塔进行拍摄。不分螺栓穿向，位置一按照按定点拍照流程进行拍照。位置二对杆塔主要连接金具、挂点进行拍照，不再对绝缘子串进行拍照。当遇到双绝缘子串时拍照应包含双串挂点部件。

拍摄流程：直升机在距离杆塔第二个间隔棒位置（特高压塔在第二和第三个间隔棒中间）开始减速，可见光操作员在位置一按定点拍照流程对塔头、基础依次拍照，待悬停稳后按定点拍照流程对地线支架，绝缘子串、塔端挂点、线端挂点，引流间隔棒、引流重锤片，附属设施等拍照，在位置二按定点拍照流程对主要连接金具、挂点进行拍照，不再对绝缘子串进行拍照。

（2）档中导地线巡视时。档中速度：直升机在两基杆塔之间的档中作业速度应不超过地速 35～40 节，应保证人员目视可看清并分辨间隔棒缺陷，当遇到大档距、大落差情况时，飞行员可根据实际情况适当调整速度。

检查流程：吊舱操作员监视可见光录像画面检查导线和通道，可见光操作员肉眼观察导地线、通道和“三跨”，当发现线路缺陷或隐患时，应悬停拍照和录像。具体如下：

档中巡视时，可见光操作员目视被巡视线路的导、地线；吊舱操作员将可见光镜头范围调整至包含被巡视线路所有导线。

巡查重点：作业中重点对导地线连接金具、复合绝缘子、线上临时接地是否全部拆除等项目进行检查，并对线路走廊内树障、危险源、重要交叉跨越等信息进行记录。

预期成效：通过开展直升机验收巡视，可以克服高海拔地形及气候对线路验收巡视的影响，快速掌握线路建设状态，留存投运前影像资料、分析线路投运存在的风险隐患，及时将建设施工存在的缺陷隐患反馈验收单位，督促施工单位完成整改，有力保障线路安全投运。

技术应用情况：国内自 2009 年大规模开展直升机航巡作业以来，累计完成超过 150 万 km 的直升机航巡作业，并形成了完整的技术标准体系，已经在平原地区常态化开展直升机航巡及验收巡视作业。相对于平原地区，高海拔地区主要特点为空气稀薄和天气多变，通过选用高原性能优异的直升机如空客 H125，并严格分析高原地区天气特点制定针对性措施，即可实现高海拔地区验收巡视的顺利开展。国内如国网通航公司已连续 5 年开展高海拔地区直升机航巡作业并实现世界上海拔最高的 500kV 输电铁塔（海拔 5357m）航巡作业，输电线路直升机验收巡视具备实现所有新建线路全覆盖能力。

巡视发现的典型缺陷如图 8-34 所示。

图 8-34　典型缺陷

（a）销子、螺母缺失；（b）螺丝缺失；（c）均压环缺失；（d）间隔棒缺失；
（e）挂点螺栓缺螺母 1；（f）挂点螺栓缺螺母 2

八、无人机验收巡视技术

传统的人工验收工作存在强度高、效率低、范围有限等问题，难以适应电力运维发展要求。而采用无人机可有效弥补人工方法的不足，无人机可以完成各种高空拍摄、远程监控，有效解决高层设备的巡视盲区，可以大幅度提高验收巡检质量与效率。但高海拔地区输电线路由于其地形地貌、气象环境、通信条件等外界特殊性，造成无人机续航能力差、操控难度大、动力受限，并缺少有效通信链路。借助于信息处理技术的快速进步，利用无人机在高海拔地区携带多传感器获取多源数据并分析出来已经得到了跨越式的发展，无人机巡检技术已成为高海拔地区输电线路重要巡检手段。目前已逐步实现了高海拔地区输电线路无人机巡视作业，利用垂直起降固定翼无人机和多旋翼无人机搭载双光吊舱或激光扫描系统开展精细化巡视或激光扫描作业，并应用于电网基建验收作业。固定翼无人机搭载激光扫描系统作业如图 8-35 所示。

图 8-35　固定翼无人机搭载激光扫描系统作业

高海拔地区无人机巡检可有效减少在电力巡线过程中人力、物力等投入，减少或避免巡检人员靠近高压线路，进而避免工作中误操作发生的工伤事故，提高了输电线路运维的安全性。高海拔地区无人机飞行示意图如图 8-36 所示。

（1）精细化巡视技术。高原地区的新建线路区域周边往往无公路通行区域，人工验收巡视难以抵达周边。利用无人机进行监察、验收视角广、无盲区，能够发现一些因视野、角度问题难以发现的缺陷，有效提高监察验收质量，极大地提高了基建监察、验收效率，免除人工重复登塔，有效减轻劳动强度，降低作业风险，如图 8-37 所示。

无人机施工监察和基建验收巡视过程中，作业人员通过无人机图传系统对传回的画面进行仔细检查，及时发现杆塔构件缺失、绝缘子及金具连接不牢靠、导地线损伤等问题，并分别对杆塔、三相绝缘子串及金具、导线、导线连接点、线路通道等各个角度进行全方面地拍照。

图 8-36 高海拔地区无人机飞行示意图

图 8-37 无人机验收巡视飞行示意图

作业人员通过现场和内业对作业照片、视频进行二次查缺，如图 8-38 所示，进一步确认施工质量及监察施工工作人员在施工过程中存在的安全问题。通过对新建输电线路杆塔、绝缘子串、挂点、塔基等进行精细化验收，拍摄输电线路杆塔、金具、绝缘子串等部件的安装状态，有助于及时发现绝缘子及金具连接不牢靠等细小问题，有效防止工程“带病”投运。

同时也可采用基于激光点云的无人机精细化巡线系统，实现输电线路无人机自主精细化巡检。通过基于高精度三维点云数据，以深度学习技术、高效空间几何算法为支撑，实现输电线路无人机自主精细化巡检航线自动生成并控制无人机自主导航飞行作业，如图 8-39 所示。自主巡检拍摄内容包括塔全貌、塔头、塔身、杆号牌、绝缘子、各挂点、金具、通道等内容，通过人工智能方式实现杆塔本体缺陷识别，促进了无人机在高海拔地区巡检智能化的发展与应用。

无人机自主巡检技术可有效提高对高海拔地区恶劣地势地貌巡线的适应性，促进巡检目标智能化识别；提高作业效率和操作的便捷性；降低无人机飞手人工控制，降

图 8-38 无人机验收巡视结果示意图

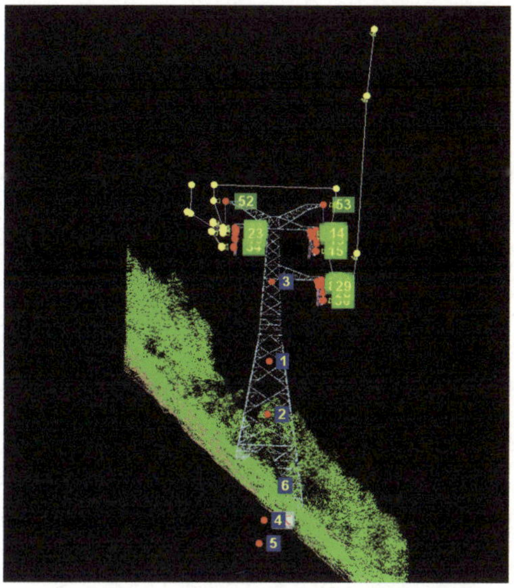

图 8-39 无人机自主航迹规划示意图

低的无人机的操控难度与应用门槛。同时，基于无人机自主巡检系统所拍摄得到的照片普遍精度较高且成像质量较好，在有效保障了无人机航点的准确性与规划的易用性的基础上，从可视化、数字化的角度极大地提升了精细化巡检航迹的生产效率。无人机自主巡检效果示意图如图 8-40 所示。

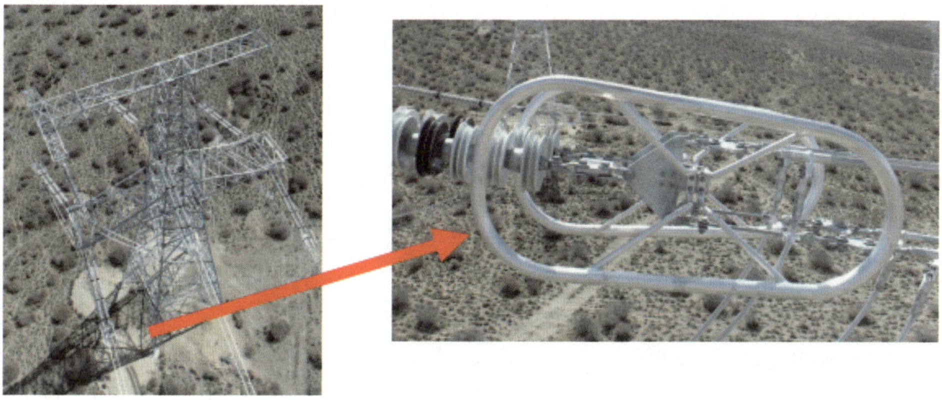

图 8-40 无人机自主巡检效果示意图

（2）激光扫描竣工验收。利用各种类型的无人机设备平台，通过搭载先进的激光扫描系统，高效的获取复杂多变环境下输电线路的铁塔、附属设施、导地线、挂点、通道情况等部位高质量激光点云信息，并在线下完成对所采集点云数据处理与分析的作业技术，可应用于输电线路竣工验收技术研究的内容包括：通道隐患的筛查、弧垂量测、跳线到杆塔的距离量测、杆塔位置及转角角度量测、交叉跨越检测、模拟工况分析等，技术路线如图 8-41 所示。

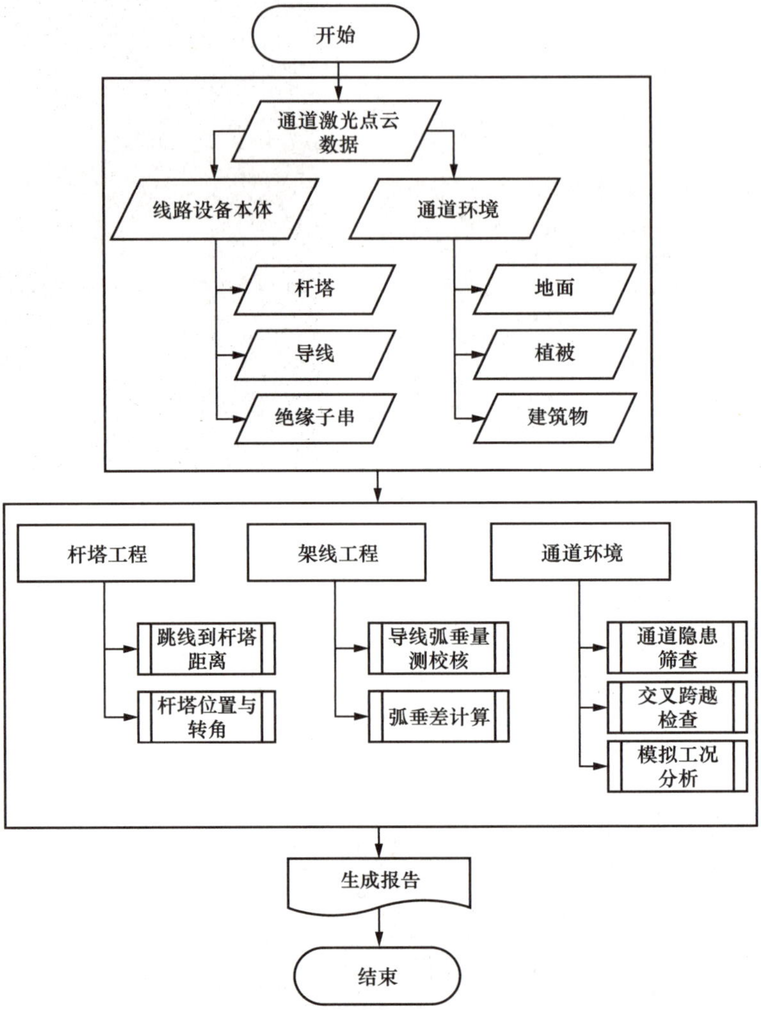

图 8-41　激光扫描竣工验收技术流程

无人机激光扫描技术优势包括：①作业效率较高。根据无人机高海拔地区作业经验，作业不受地形限制且单架次线上作业效率可达 30 公里，单作业日可作业 2 ～ 4 架次，作业效率是人工及其他巡视手段的 10 倍以上。②作业方式灵活，能适应复杂的高海拔输电通道巡视任务。作业内容更具针对性，可以根据输电线路地形情况，制定对应的巡视策略；可以根据不同的无人机平台以及设备的性能，制定出最优的作业方案。③全天候作业。无人机激光扫描作业对场地要求比较低，只要飞行条件满足，可以全天候进行作业，尤其是可以常态化夜航作业。④人员、设备安全系数高。针对高原作业的复杂性，通过提前进行危险点判别，制定相应的策略，严格的执行作业管控措施，无人机激光扫描作业可以避免人员、设备的危险。

激光扫描作业航线高度建议为正高 200～300m，由输电线路两侧沿线路进行往返仿地飞行，飞行路线距离线路大于 50m，保证输电线路的安全。飞行方式如图 8-42 和图 8-43 所示。

无人机激光点云成果如图 8-44 所示。

输电通道隐患排查如图 8-45 所示。

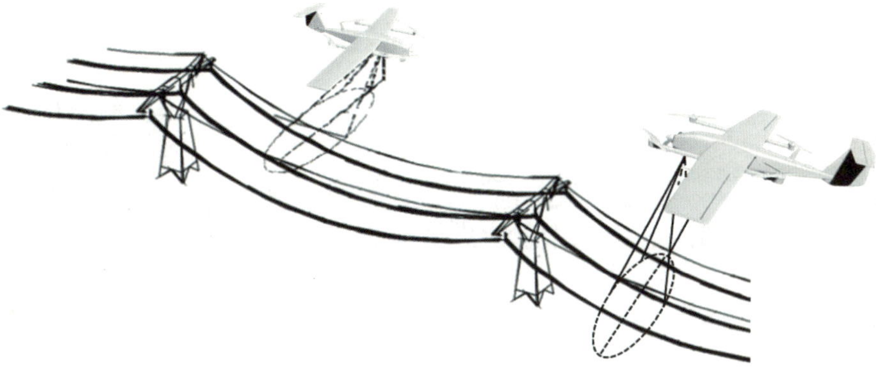

图 8-42　无人机作业方式

图 8-43　高海拔地区无人机激光扫描作业

图 8-44　高海拔地区无人机激光扫描成果

序号	杆塔区间	距小号塔距离（m）	坐标点	隐患类型	水平距离（m）	垂直距离（m）	净空距离（m）	对地距离（m）	等级
1	3935号–3936号	397.19	××°××′××.××″N ×××°××′××.××″E	树木	1.93	9.01	9.22	38.51	危急

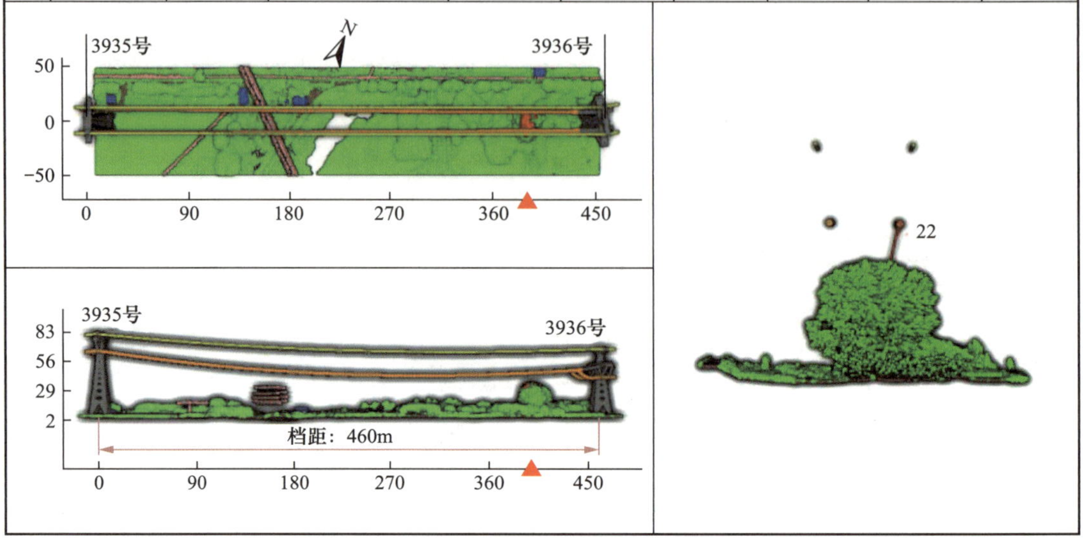

图 8-45　激光扫描安全距离快速分析报告

无人机激光扫描基建竣工量测如图 8-46 所示。

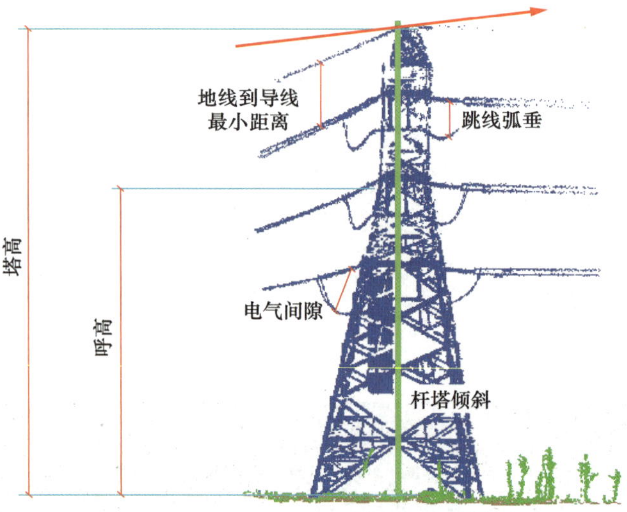

图 8-46　无人机激光扫描基建竣工量测

第二节　变电站相关新技术

一、三维数字化协同化设计

三维数字化协同设计通过地理信息系统、三维建模技术、数字化协同设计技术、数字化设计成果移交技术的集成应用，实现输变电工程的三维虚拟展示和信息一体化，并达到提高设计质量、推动设计技术进步、构建数字化电网、服务全寿命周期过程管理的目的，是BIM技术在输变电工程领域的具体、深化应用。

在变电站设计中采用三维数字化设计手段，从各专业三维建模，到全站的三维布置。在此基础上可进行以下工作：带电距离校验和硬碰撞的检查；从三维布置图中抽取轴视图或者平断面布置图；通过三维设计软件数据库自动统计主要设备材料和工程量数据。例如在配电装置设计上，通过三维设计手段，能准确的校验电气安全净距，在留有足够安全净距的前提下，尽可能减小配电装置占地尺寸，减小占地面积。结合施工进度计划，可进行施工过程的模拟，指导施工安装及优化施工工序，提高工程建设的效率。基于三维数字化设计成果，可以从设计角度出发研究变电站三维数字化移交的内容、流程和展现形式，探索为工程建设服务的新方向。

二、感温电缆敷设方式

对于新建、扩建及在运变电站，应在重要大负荷动力电缆和动力电缆表面加装可恢复式缆式线型感温火灾探测器，接入站内火灾报警装置，并根据设备区域对感温电缆报警区域进行合理分区，实现故障及火灾分区域报警。

（1）电缆沟道内感温线应S型敷设。为了最大范围地探测电缆温度，以便能够为电缆火灾的预防争取时间，感温电缆及感温光纤应有良好的固定措施。施工单位在敷设感温电缆时，应在电缆表面以S型缠绕方式敷设，如图8-47所示。

（2）信号处理器的安装。为了实现整个防区的安防报警系统的统一管理，在报警管理中最好是将信号处理器集中放置在统一的监控室内，负责整个系统报警信息的采集和安防监控。同时，可以与原有视频监控或其他报警系统进行联动。

（3）感温线缆S型布置时，相邻拐点间距不应大于0.8m。

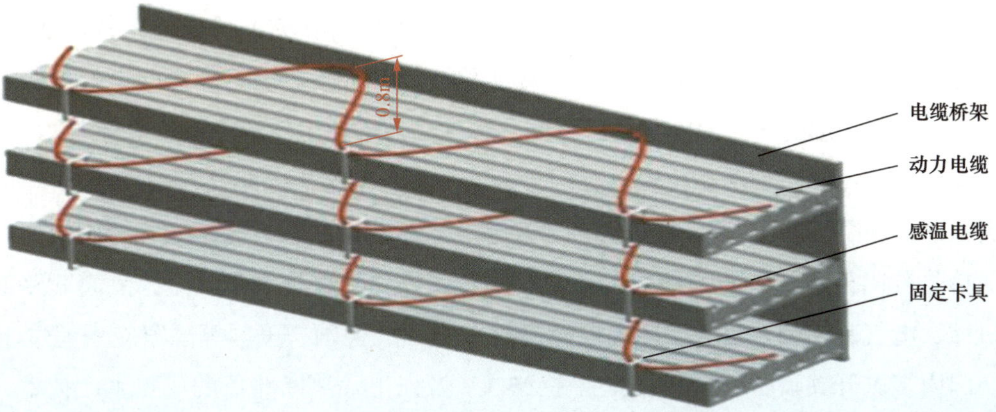

图8-47　感温线缆S型布置安装示意图

三、地网接地电阻短距逆推测量技术

随着电力系统的发展和电压等级的提高，大型发电厂、变电站、特高压直流换流站的建设和运行，变电站的占地面积和尺寸参数大范围地提高，采用传统接地电阻测量方法测量大型接地网接地电阻时，遇到了测量引线过长、测量工作量过大、电源功率要求过高的问题。地网接地电阻逆向短距测量技术，同传统的接地网接地电阻测量方法相比，具有以下优势和特点：

（1）基于地网和电流极形成的电极电位分布曲线的地网接地电阻逆向短距测量原理，将测量中电流线放线距离缩短到 2D～2.5D，极大降低了地网接地电阻测量的工作量；

（2）提出了基于电流极近区地表电位降曲线的补偿电位计算方法，解决了接地网接地电阻短距测量中补偿电位难以准确获取问题；

（3）基于提出的测量原理及电压压线电流线布线方式、电流极选择原则、定位精度、分流参数的研究，研发了地网接地电阻逆向短距测量成套设备，编制了地网接地电阻逆向短距测量技术导则，并在实际工程中得到验证和应用。

目前采用的传统方法测量地网接地电阻中，放线和收线部分工作量平均占据了整个测量总工作量的 90% 左右，其中超大型水电站这个比值还要高，如果按照传统方法 4D～5D 距离而短距测量在 2D～2.5D 距离计算：短距测量将在现阶段的基础上减少 50% 以上的工作量，即社会生产率提升一倍。

四、隔离断路器

传统变电站中，为方便断路器检修，断路器的两侧均布置了隔离开关。但随着断路器技术水平的不断提高，断路器的维护要求已经大幅降低，反而隔离开关频繁暴露出触头发热、操作卡滞、分合不到位等缺陷。隔离断路器是一种具有隔离开关功能的断路器设备，当触头在分闸位置时，可以实现隔离开关的功能。隔离断路器将断路器和隔离开关功能集成在一起，在同一间隔内省去了隔离开关，减少了设备初期投资，同时可集成电子式互感器、接地开关、智能化模块等，断口满足隔离断口的绝缘水平要求，具有集成度高、占地面积小、智能化程度高、维护工作量少等技术特点。

隔离断路器有三种功能位置，分别是合闸位置（同常规断路器）、分闸位置（同常规断路器）、隔离断开位置。在隔离断开位置，主触头以机械方式锁定在分闸位置，并且保持与分闸位置相同的物理位置。为了防止误操作，保护人身安全，隔离断路器具有机械、电气联闭锁。目前，隔离断路器已在巴西、德国、美国等国家应用超过 1000 台。国内多家开关设备制造企业具备了 252kV 及以下隔离断路器的成熟生产技术，部分企业具备 363kV 隔离断路器的研发及生产能力。126、252kV 隔离断路器已陆续在国内应用，且最长运行时间已超过 4 年。

隔离断路器主要解决了以下问题：一是断口绝缘性能具备隔离开关断口的要求，相对于相同电压等级断路器断口绝缘耐受电压水平，隔离断口要求更高。二是在隔离位置，可操作接地开关，接地开关可挂锁，接地开关为可选项。三是隔离开关与接地开关之间有可靠的机械和电气联锁，满足防止电气误操作的基本要求。四是可集成电子式互感器，并可实现在线监测 SF_6 气体状态、机械状态等智能化功能，达到智能化要求。五是可简化接线方式，节省空间和占地面积，降低变电站建设投资。

五、长螺旋钻孔压灌桩技术

长螺旋钻孔压灌桩技术是采用长螺旋钻机钻孔至设计标高，利用混凝土泵将混凝土从钻头底压出，边压灌混凝土边提升钻头，直至成柱，然后利用专门振动装置将钢筋笼一次插入混凝土桩体，形成钢筋混凝土灌注桩。后插入钢筋笼的工序应在压灌混凝土工序后连续进行。与普通水下灌注桩施工工艺相比，长螺旋钻孔压灌桩施工，由于不需要泥浆护壁，无泥皮，无沉渣，无泥浆污染，施工速度快，造价较低。该工艺还可根据需要在钢筋笼上绑设桩端后注浆管进行桩端 后注浆，以提高桩的承载力。

长螺旋钻孔压灌桩技术适用于地下水位较高，易塌孔，且长螺旋钻孔机可以钻进的地层。已在部分变电站工程中应用，受到建设单位、设计单位和施工单位的欢迎，经济效益显著，具有良好的应用前景。

展望与后记

“十四五”是我国构建新型电力系统、巩固能源安全保障、加强西电东送、提高清洁能源消纳利用水平的重要发展阶段，也是青藏等高海拔地区电力发展的重要转折期，青藏地区清洁能源规模化外送需求快速增长，电网发展安全面临新的考验和挑战。电源结构不尽合理、网架结构相对薄弱、输变电设备运行环境恶劣、运维难度较大等问题相对突出，电网设备安全事件也时有发生，未来迫切需要发挥技术创新引领作用，持续提升电网本质安全水平和新能源消纳外送能力。

一是特高压输电技术将成为青藏等高海拔地区清洁能源外送消纳的重要支撑。近期，金上至湖北特高压直流输电工程开工建设，成为首条进入西藏高海拔地区的特高压工程，对西藏清洁能源发展具有战略性、标志性意义。未来随着藏东南等大型清洁能源基地开发，将进一步催生特高压技术需求，特高压工程将在高海拔地区迎来新一轮建设高潮。

二是超高海拔环境下的特高压输变电设计、施工技术面临新的挑战。我国目前已建成的特高压工程海拔高度均在3000m以下，而拟建的藏东南直流特高压外送工程送端站海拔可能要达到4200m，在超高海拔环境下建设特高压工程尚无先例，特高压换流站电气设备的绝缘配置和空气间隙、架空线路（重冰区）覆冰特性及铁塔设计、试验条件、施工建设、运行维护，以及生态环保、高原医疗保障等方面均面临新的更大挑战。

三是研究应用新型GIL输电技术，支撑高海拔复杂地形环境下的清洁能源送出。对于超高海拔等地理气象条件复杂地区的输电工程，其施工安装方便性、运行维护可靠性面临巨大困难和挑战，架空线路翻越雪山已不能满足需求，综合隧道管廊GIL输电技术提供了理想选择。西藏清洁能源外送未来规划了多条特高压输电工程，面对送端高海拔地区特殊复杂的地理条件，研发应用新型交流、直流GIL输电技术可大大降低环境条件对系统的影响。

四是加快推进先进储能技术应用，不断提高电网调节能力和供电保障能力。西藏地区风光资源丰富，大规模光伏并网后光伏发电比重的进一步加大，加剧了对电网安全稳定的影响，近年来弃光限电问题较为严重。未来应鼓励发展储能设施，加快推进抽水蓄能、电化学储能、氢储能等先进储能技术的规模化应用，逐步形成多种储能技术相互融合的储能体系，在关键节点配置储能，提高电网安全稳定运行水平和增强供电保障能力。

五是提升电网数智化技术水平，为电网建设和运行安全保驾护航。当前，能源革命与数字革命相融并进，加快电网数字化智能化转型是保障能源电力安全可靠供应的重要途径。未来青藏高海拔地区电网应与新一代信息技术融合发展，通过数字化智能化手段更好地提升电网工程智慧安装和智能运维水平，增强电网安全稳定运行能力，推动电网实现技术、形态、功能全方位升级。

贯彻落实党的二十大精神，未来要进一步大力实施创新驱动战略，加强青藏等高海拔地区电网规划设计、建设、运维检修等全过程各环节安全、绿色技术研发，注重以输送新能源为主的特高压输电、分布式智能电网等技术装备研制，强化“云大物移智链边”等技术在电网领域的融合创新与应用，为促进西藏清洁能源创新发展，推动西藏新型电力系统示范区建设，加快建成安全可靠、绿色高效的现代电网提供技术支撑保障。

本书为国家电网公司电力科技著作出版基金书。全书共分八章，参与编写的各章主要撰稿人分别是：前言由杨靖波、张小力、王勇（电规总院）主笔编写；第一章由袁俊、段毅、石磊、胡昕、确巴、尹俊强主笔编写；第二章由魏鹏、王东、吕宝华、段毅、张瑞、史川、罗刚、孙树权主笔编写；第三章由魏鹏、王东、牛冲宣、谭浩文、侍雪雷、李水旺、李湛宇、闻潜、王勇（西北院）、殷锴、丁士君、董飞飞主笔编写；第四章由杨磊、朱梦伟、米凯、潘鹏、田维立、白阳主笔编写；第五章由文凡、查玮、杨旭、何仁军、德吉措姆、马骏、王倩倩、史士义、张军宇、陆海荣主笔编写；第六章由魏鹏、周文武、王东、黄利平、孔森、丁民涛、张天龙主笔编写；第七章由刘道福、马林、王艳、黄学文、陈慧芳、闫焱、林方才主笔编写；第八章由刘军、杜孟远、刘亚文、何楷、李大鹏、聂治豹主笔编写；展望与后记由陈海焱、张小力、唐剑主笔编写。

本书成稿过程中，中国电机工程学会给予了大力支持和帮助，国网宣传部、安监部、设备部、科技部、基建部、物资部、国调中心、特高压部、水新部、国网西藏电力有限公司、国网青海省电力公司、电力规划设计总院、西北电力设计院、中国电力科学研究院、北京电力医院、四川电力医院、原武警水电第二总队医院、中国科学院西北生态环境资源研究院、西南电力设计院、四川电力设计咨询有限责任公司、西藏电力公司电力科学研究院、四川送变电建设有限公司、青海送变电工程有限公司、中交第一公路勘察设计研究院有限公司、中铁西北科学研究院有限公司、中国电建集团成都电力金具有限公司、河北硅谷化工有限公司、河南平芝高压开关有限公司、山东泰开互感器有限公司等单位及有关企业为本书提供了翔实的资料，许多电力行业的领导、专家提出了宝贵的意见和建议，在此表示衷心的感谢！

参考文献

[1] 国家电力公司东北电力设计院. 电力工程高压送电线路设计手册第二版［M］. 北京：中国电力出版社，2002.

[2] 国家电网有限公司. 高海拔超高压电力联网工程技术［M］. 北京：中国电力出版社，2021.

[3] 孟遂民. 架空输电线路设计［M］. 北京：中国电力出版社，2007.

[4] 蒋兴良. 易辉. 输电线路覆冰及防护［M］. 北京：中国电力出版社，2002.

[5] 董吉谔. 电力金具手册［M］. 北京：中国电力出版社，2010.

[6] 魏智，金会军，张建明，等. 主动和被动的冻土地温控制方法和技术［J］. 铁道工程学报，2008（11）：20-26.

[7] 马巍，程国栋，吴青柏. 多年冻土地区主动冷却地基方法研究［J］. 冰川冻土，2002，24（5）：579-587.

[8] 王建平，刘伟民，王恒. 我国人工地层冻结技术的现状与发展［J］. 建井技术，2019，40（4）1-4，25.

[9] 孙冠东，焦华喆，陈新明，等. 人工冻结在岩土工程中的应用现状及发展［J］. 煤炭技术，2019，38（6）：7-10.

[10] 郭宏新，马巍，熊治文. 热棒工程［M］. 北京：人民交通出版社，2016.

[11] 蒋兴良，董冰冰，张志劲，等. 绝缘子覆冰闪络研究进展［J］. 高电压技术，2014，（40）2，317-335.

[12] 胡毅. 输电线路运行故障的分析与防治［J］. 高电压技术，2007，（33）3，1-8.

[13] 王洪. 大跨越架空输电线路分裂导线的微风振动及防振研究［D］. 华北电力大学工学博士论文，2009. 11.

[14] 司马文霞，谭威，袁涛，等. 高海拔超高压绝缘子串雷电冲击伏秒特性［J］. 高电压技术，2012，（38）1，29-34.

[15] 陈维江，孙昭英，等. 110kV 和 220kV 架空线路并联间隙防雷保护研究［J］. 电网技术，2006，（30）13，70-75.

[16] 曾祥君，尹项根，林福昌，等. 基于行波传感器的输电线路故障定位方法研究［J］. 中国电机工程学报，2002，（22）6，42-46.

[17] 贾磊，舒亮，郑士普，等. 计及工频电压的输电线路耐雷水平的研究［J］. 高电压技术，2006，（32）11，111-114.

[18] 杨耀先、胡泽勇、路富全，等. 青藏高原近 60 年来气候变化及其环境影响研究进展［R］. 中国科学院西北生态环境资源研究院寒旱区陆面过程与气候变化重点实验室、中国科学院西北生态环境资源研究院那曲高寒气候环境观测研究站、中国科学院大学，2022.

[19] 程维明、赵尚民、叶庆华、张文杰，等. 青藏高原高寒地貌格局与变化［M］. 北京：科学出版社，2017.

［20］中国科学院《中国自然地理》委员会. 中国自然地理：地貌［M］. 北京：科学出版社，1980.

［21］You, Y., et al. In-situ monitoring the thermal regime of foundation backfill of a power transmission line tower in permafrost regions on the Qinghai–Tibet Plateau［J］. Applied Thermal Engineering, 2016. 98: p. 271-279.

［22］Li, G., et al. Laboratory testing on heat transfer of frozen soil blocks used as backfills of pile foundation in permafrost along Qinghai-Tibet electrical transmission line［J］. Arabian Journal of Geosciences, 2014. 8(5): p. 2527-2535.

［23］Guo, L., et al. Displacements of tower foundations in permafrost regions along the Qinghai–Tibet Power Transmission Line［J］. Cold Regions Science and Technology, 2016. 121: p. 187-195.

［24］Yu, F., et al. In-situ monitoring of settlement at different layers under embankments in permafrost regions on the Qinghai–Tibet Plateau［J］. Engineering Geology, 2013. 160: p. 44-53.

［25］Guo, L., et al. Cooling effects of thermosyphons in tower foundation soils in permafrost regions along the Qinghai–Tibet Power Transmission Line from Golmud［J］. Qinghai Province to Lhasa, Tibet Autonomous Region, China. Cold Regions Science and Technology, 2016. 121: p. 196-204.

［26］Mu, Y., et al. Numerical study of long-term cooling effects of thermosyphons around tower footings in permafrost regions along the Qinghai-Tibet Power Transmission Line［J］. Cold Regions Science and Technology, 2016. 121: p. 237-249.

［27］Wang, J., et al. Changes of backfill soil of tower foundation in the permafrost regions with warm ice-rich frozen soil on the Qinghai-Tibet Plateau［J］. Environmental Earth Sciences, 2016. 75(21): p. 1416.

［28］Guo, L., et al. Stability analysis of transmission tower foundations in permafrost equipped with thermosiphons and vegetation cover on the Qinghai-Tibet Plateau［J］. International Journal of Heat and Mass Transfer, 2018. 121: p. 367-376.

［29］Li, G., et al. Freeze–thaw properties and long-term thermal stability of the unprotected tower foundation soils in permafrost regions along the Qinghai–Tibet Power Transmission Line［J］. Cold Regions Science and Technology, 2016. 121: p. 258-274.